U0337945

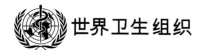

世界卫生组织　　WHO技术报告系列 951

本报告内容为国际专家小组的集体意见
并不一定代表世界卫生组织的决定或颁布的政策

WHO烟草制品管制研究小组

烟草制品管制科学基础报告

WHO研究组第二份报告

胡清源　侯宏卫　等◎译

科学出版社

北京

图字：01-2015-2066 号

内 容 简 介

　　本报告呈现了 WHO 烟草制品管制研究小组在其第四次会议上达成的结论和给出的建议。在第四次会议期间，研究组审议了烟草制品管制方面的一些议题，并生成了以下咨询说明和建议：①关于无烟烟草制品的咨询说明：健康影响、对减害的意义以及研究需求；②关于"防火型"卷烟的咨询说明：降低引燃倾向的方法；③关于强制降低卷烟烟气中有害物质的建议：烟草特有亚硝胺和其他优先成分；④关于卷烟吸烟机抽吸模式的建议。本报告第 1~4 章分别阐述这四个议题，在各章结尾处给出研究组的建议；第 5 章为总体建议。

　　本报告会引起吸烟与健康、烟草化学以及公共卫生学等诸多领域的研究人员的兴趣，可以为从事烟草科学研究的科技工作者和烟草管制研究的决策者提供权威性参考，还对烟草企业的生产实践有重要的指导作用。

图书在版编目(CIP)数据

　烟草制品管制科学基础报告：WHO研究组第二份报告/WHO烟草制品管制研究小组著；胡清源等译. — 北京：科学出版社，2015.6
　（WHO技术报告系列 951）
　书名原文：The scientific basis of tobacco product regulation: second report of a WHO study group (WHO technical report series; no. 951)
　ISBN 978-7-03-044532-2

　Ⅰ.①烟… Ⅱ.①W…②胡… Ⅲ.①烟草制品 – 科学研究 – 研究报告 Ⅳ.①TS45
　中国版本图书馆CIP数据核字(2015)第122350号

责任编辑：刘　冉／责任校对：李　影
责任印制：徐晓晨／封面设计：铭轩堂

科　学　出　版　社　出版
北京东黄城根北街 16 号
邮政编码：100717
http://www.sciencep.com

北京教图印刷有限公司 印刷
科学出版社发行　各地新华书店经销
*
2015年6月第　一　版　开本：890 × 1240 A5
2015年6月第一次印刷　印张：10 7/8
字数：320 000
定价：138.00元
（如有印装质量问题，我社负责调换）

译 者 序

2003 年 5 月，第 56 届世界卫生大会*通过了《烟草控制框架公约》(FCTC)，迄今已有包括我国在内的 180 个缔约方。根据 FCTC 第 9 条和第 10 条的规定，授权世界卫生组织 (WHO) 烟草制品管制研究小组 (TobReg) 对可能造成重要公众健康问题的烟草制品管制措施进行鉴别，提供科学合理的、有根据的建议，用于指导成员国进行烟草制品管制。

自 2007 年起，WHO 陆续出版了五份烟草制品管制科学基础报告，分别是 945，951，955，967 和 989。WHO 烟草制品管制科学基础系列报告阐述了降低烟草制品的吸引力、致瘾性和毒性等烟草制品管制相关主题的科学依据，内容涉及烟草化学、代谢组学、毒理学、吸烟与健康等烟草制品管制的多学科交叉领域，是一系列以科学研究为依据、对烟草管制发展和决策有重大影响意义的技术报告。将其引进并翻译出版，可以为相关烟草科学研究的科技工作者提供科学性参考。希望引起吸烟与健康、烟草化学和公共卫生学等诸多应用领域科学家的兴趣，为客观评价烟草制品的管制和披露措施提供必要的参考。

第一份报告 (945) 由胡清源、侯宏卫、韩书磊、陈欢、刘彤、付亚宁翻译，全书由韩书磊负责统稿；

第二份报告 (951) 由胡清源、侯宏卫、刘彤、付亚宁、陈欢、韩

---

* 世界卫生大会 (World Health Assembly，WHA) 是世界卫生组织的最高决策机构，每年召开一次。

书磊翻译，全书由刘彤负责统稿；

第三份报告 (955) 由胡清源、侯宏卫、付亚宁、陈欢、韩书磊、刘彤翻译，全书由付亚宁负责统稿；

第四份报告 (967) 由胡清源、侯宏卫、陈欢、刘彤、韩书磊、付亚宁翻译，全书由陈欢负责统稿；

第五份报告 (989) 由胡清源、侯宏卫、陈欢、刘彤、韩书磊、付亚宁翻译，全书由陈欢负责统稿。

由于译者学识水平有限，本中文版难免有错漏和不当之处，敬请读者批评指正。

2015 年 4 月

目　　录

致 谢

WHO 烟草制品管制研究小组（TobReg）感谢 WHO 无烟草行动组（TFI）和国际癌症研究机构（IARC）工作组的重要贡献，为卷烟烟气有害物质水平的管制策略提供了科学指导。工作组成员包括：美国疾病控制与预防中心 David Ashley 博士，美国国家癌症研究所（马里兰州贝塞斯达）烟草控制研究课题组 David Burns 博士和 Mirjana Djordjevic 博士，国际癌症研究机构（法国）烟草与癌症研究组组长 Carolyn Dresler 博士，美国明尼苏达大学 Erik Dybing 博士、Nigel Gray 博士、Pierre Hainaut 博士和 Stephen Hecht 博士，Roswell Park 癌症研究所健康行为课题组肿瘤学助理教授 Richard O'Connor 博士，美国国家公共卫生与环境研究所毒理学、病理学与遗传学实验室主任 Antoon Opperhuizen 博士，以及科学家 Kurt Straif 博士。研究组于 2007 年 7 月 25～27 日在美国加利福尼亚州斯坦福大学召开的第四次会议上主要讨论了有害物质的最高限量问题，本报告在会议召开 18 个月后提交给 TobReg，对其进行了定义。

TobReg 还要对以下在第四次会议上受研究组委托撰写背景文章，或者贡献烟草制品管制其他领域专业知识供研究组审议的专家表示感谢，他们是：哈佛大学公共卫生学院（美国马萨诸塞州波士顿）公共卫生实践专业教授 Gregory N. Connolly 博士和加拿大卫生部（加拿大渥太华）烟草控制计划条例及实行负责人 Denis Choinière 先生，感谢他们在降低引燃倾向方面所做的工作；美国国家癌症研究所（马里兰州贝塞斯达）烟草控制研究课题组 Mark Parascandola 博士，Pinney 协会（马里兰州贝塞斯达）传播政策与策略副主席 Mitch Zeller 先生，美国明尼苏达大学精神病学系癌症预防专业 Forster 家族基金会教授 Dorothy Hatsukami 博士，感谢他们对本报告有关减害的章节所作的贡献；另外感谢 Christy Anderson 和 Tore Sanner，他们对本报告基于降低卷烟烟气有害物质水平的产品管制作出了贡献。

WHO 烟草制品管制研究小组第四次会议

美国加利福尼亚州斯坦福大学，2007 年 7 月 25 ～ 27 日

参加者

D. L. Ashley 博士，美国疾病控制与预防中心（美国佐治亚州亚特兰大）应急响应及空气有害物质课题组组长

D. Burns 博士，加利福尼亚大学（美国加利福尼亚州圣地亚哥）医学院家庭与预防医学教授

M. Djordjevic 博士，美国国家癌症研究所（美国马里兰州贝塞斯达）癌症控制与人口科学部烟草控制研究课题组项目负责人

E. Dybing 博士，WHO 烟草制品管制研究小组主席；挪威公共卫生研究所（挪威奥斯陆）环境医学部主任

N. Gray 博士，国际癌症研究机构（法国里昂）科学家

S. K. Hammond 博士，加利福尼亚大学伯克利分校（美国加利福尼亚州伯克利）公共卫生学院环境卫生学教授

J. Henningfield 博士，约翰·霍普金斯大学医学院行为生物学兼职教授；Pinney 协会（美国马里兰州贝塞斯达）研究与健康政策部副主席

M. Jarvis 博士，伦敦大学学院附属皇家自由医院（英国伦敦）癌症研究中心健康行为部首席科学家

K. S. Reddy 博士，全印度医学科学院（印度新德里）心脏病学教授

C. Robertson 博士，斯坦福大学（美国加利福尼亚州）工程学院负责教师与学术事务的高级副院长

G. Zaatari 博士，贝鲁特美国大学（黎巴嫩贝鲁特）病理学与实验医学系教授

秘书处

D. W. Bettcher 博士，WHO《烟草控制框架公约》协调人，无烟草行动组理事，瑞士日内瓦

E. Tecson 女士，WHO 无烟草行动组行政助理，瑞士日内瓦

G. Vestal 女士，WHO《烟草控制框架公约》无烟草行动组法律官员及科学家，瑞士日内瓦

前　言

　　烟草制品管制，即通过测试、强制披露测试结果和规范烟草制品的包装和标识来监管烟草制品的成分和释放物，是任何全面的烟草控制计划的支柱。世界卫生组织《烟草控制框架公约》（WHO FCTC）的缔约方受公约第 9，10，11 条关于烟草制品管制的条款的约束。

　　这些信息由 WHO 烟草制品管制科学咨询委员会（成立于 2000 年，以填补烟草制品管制方面知识的空白）提供，可作为谈判以及随后上述条约条款用语共识的基础。

　　2003 年 11 月，认识到烟草制品管制的重要性，WHO 总干事使科学咨询委员会正式化，成为 WHO 烟草制品管制研究小组（TobReg）。TobReg 的成员包括国际和国内产品监管、烟草依赖治疗、实验室分析烟草成分和释放物及设计特点等方面的专家。TobReg 的工作是基于目前的研究，也进行研究并提出测试，以填补烟草控制的空白。总干事向执行委员会报告研究组的结果和建议，以引起成员国对 WHO 在烟草制品管制上所付出努力的关注。

　　TobReg 准备本技术报告是依照 WHO 无烟草行动的优先顺序和 WHO FCTC 关于烟草制品管制的条款，以响应其人口受该问题影响的成员国的请求。TobReg 第四次会议于 2007 年 7 月 25 ～ 27 日在美国加利福尼亚州斯坦福大学举行。该次会议的议程部分是为了回应

2006 年 2 月 6 ～ 17 日在瑞士日内瓦举行的 WHO FCTC 第一次缔约方会议的 15 号决定，当时缔约方采用模板作为实施框架公约第 9 条和第 10 条的指导方针。根据模板，指导方针应基于 TobReg 和 WHO 无烟草行动组的工作，无烟草行动组可作为 TobReg 的秘书处和协调机构。

本报告呈现了 WHO 烟草制品管制研究小组（TobReg）2007 年 7 月 25 ～ 27 日在美国加利福尼亚州斯坦福大学举行的第四次会议上的结论和建议。该次会议的议程部分是为了回应 2006 年 2 月 6 ～ 17 日在瑞士日内瓦举行的 WHO FCTC 第一次缔约方会议的 15 号决定，当时缔约方采用模板作为实施框架公约第 9 条和第 10 条的指导方针。在 TobReg 的第四次会议上，研究组审议了烟草制品管制领域的一些议题，得出以下咨询说明和建议：

- 关于无烟烟草制品的咨询说明：健康影响、对减害的意义以及研究需求；
- 关于"防火型"卷烟的咨询说明：降低引燃倾向的方法；
- 关于强制降低卷烟烟气中有害物质的建议：烟草特有亚硝胺和其他优先成分；
- 关于卷烟吸烟机抽吸模式的建议。

本报告第 1 ～ 4 章分别论述这四个议题，各章结尾处给出研究组的建议；第 5 章为总体建议。

研究组的成员义务工作，不以其个人能力获取报酬，不作为政府或其他机构的代表；他们的意见并不一定反映 WHO 的决策或政策。

1. 关于无烟烟草制品的咨询说明：健康影响、对减害的意义以及研究需求

1.1 目   的

自从 WHO 烟草制品管制研究小组（TobReg）的前身，烟草制品管制科学咨询委员会于 2003 年提出关于无烟烟草制品的建议以来，无数已发表的报告以及科学咨询组的报告中都强调了无烟烟草制品的健康效应。无烟烟草也就其减少吸烟危害的潜力得到了越来越多的讨论。

本咨询说明无法将所有这些报告都进行详细总结。然而，对 TobReg 来说，很明显需要对 2003 年科学咨询委员会关于无烟烟草制品管制的建议进行修订，以反映知识的进步。此外，从 2003 年的建议面世以来，WHO《烟草控制框架公约》（WHO, 2005）已经生效并在 150 个以上缔约方得以批准，占世界人口的 80% 以上。框架公约的目的是通过监管产品的传播、营销、走私以及使用模式，来降低烟草使用的流行性及其危害。在可能的最大程度上，框架公约的实施是基于有关监管产品的科学数据。

WHO TobReg 的科学咨询说明旨在通过评估烟草制品的传播和管制的科学基础，来促进框架公约的实施。例如，TobReg 于 2005 年

关于水烟筒吸烟的咨询说明明确指出这种越来越流行的烟草使用形式是有害的和令人上瘾的，需要纳入全面的烟草控制努力（TobReg, 2005）。本咨询说明的目的是消除常见的误解，即水烟筒吸烟是一种安全的烟草使用形式，应该免于作为烟草制品管制。毫无疑问，一般而言无烟烟草制品比燃烧型烟草制品（如卷烟）的危害小；然而，无烟烟草制品有助于延续还是减少全球烟草的流行取决于它们的特性，它们的健康效应如何传播，它们如何销售以及如何使用。随着框架公约的实施，这些因素必须加以考虑。本咨询说明提供了实施框架公约的科学指导，这将有助于减少烟草使用及降低其造成的伤害。

1.2 背　　景

自 2003 年来发表的科学出版物，包括若干专家小组的报告，为本咨询说明提供了坚实的基础。本说明基本上取代了"烟草制品管制科学咨询委员会 2003 建议"（2004 年）。致力于解决无烟烟草制品及其健康问题的主要专家小组包括国际癌症研究机构召集的工作组（IARC, 2007），欧盟委员会新兴及新鉴定健康风险科学委员会的初步报告（2008），美国国立卫生研究院应对烟草使用小组（National Institutes of Health, 2006），以及皇家内科和外科学院（2007）。美国遗产基金会和罗伯特·伍德·约翰逊基金会支持的"减少烟草危害战略对话"公布的结论大致同意以前的报告（Zeller, Hatsukami, Strategic Dialogue on Harm Reduction Group, 2007）。也考虑了 Star Scientific 公司召集且不遗余力支持的专家小组的研究结果，该小组也致力于研究无烟烟草制品及其健康问题；小组包括一些药物成瘾、烟草、健康科学和政策等方面的国际学术带头人（Savitz et al., 2006）。此外，该咨询说明依赖 2006 年 7 月美国华盛顿特区举行的第十三届世界烟草与健康会议之后召集的 WHO 关于降低烟草危害的磋商得到的结论。

尽管专家组针对无烟烟草制品探讨的主题范围有所不同，但他们的研究结果普遍支持大概的结论：原本会使用卷烟或其他烟草制品的人使用无烟烟草制品可以减少由烟草带来的危害。一些报告中表达了担忧，即无烟烟草制品使用增加可能会破坏戒烟，或是成为开始吸烟以及既使用无烟烟草制品又使用卷烟的危险因素。这个问题（和本咨询说明强调的其他问题）必须得到解决，所以推广无烟烟草制品使用带来的这样的意外后果对烟草的总危害没有贡献。因此本咨询说明中科学研究也采取类似的优先顺序。本结论也反映了 TobReg 和其他受邀专家在 2007 年 7 月的审议意见（http://www.who.int/tobacco/global_interaction/tobreg/en/）。

1.3　无烟烟草制品的类型

被称为"无烟烟草制品"的产品在形式、成分和加工上有很大的不同，存在很大的区域和国家差异。例如，在印度，生产和销售产品的，既有大型国内和跨国公司，又有街头小贩和未注册的小型家庭企业。相反，瑞典的无烟烟草制品市场由跨国的瑞典火柴公司和少数国内公司占主导地位。

新兴及新鉴定健康风险科学委员会的报告（European Commission,

2008）提供了对产品类型的全面概述，简要总结于表 1.1。原表包含其他信息，包括产品成分和使用以及通常销售的产品的品牌名称。使用原因和使用模式存在不同，有些产品主要在饭后使用，有的至少在一定程度上是用于清洁牙齿，有些几乎是连续使用，至少一种产品被用于安抚出牙的婴儿。一个共同点是所有产品都能够主要通过释放烟碱到口腔和鼻腔从而诱导和维持烟碱成瘾，尽管一些吸收无疑是通过胃肠道消化被吞下的混有烟碱的唾液。使用的产品中烟碱浓度通常相差超过 100 倍。血浆烟碱水平和传输速率取决于 pH 和缓冲能力：提高口腔 pH 至碱性范围导致通过口腔黏膜更快速地吸收烟碱（Food and Drug Administration, 1995, 1996；Fant et al.,1999；Stratton et al.,2001；IARC, 2007；European Commission, 2008）。缓冲剂包括石灰粉、小苏打和灰分。产品中致癌物的浓度，如烟草特有亚硝胺（TSNA）、苯并 [a] 芘、砷、镍、甲醛、放射性钋 -210 和其他有害物质，也存在数千倍的差异，这在 IARC（2007）报告和新兴及新鉴定健康风险科学委员会报告（European Commission, 2008）中有详细描述。

　　这类产品的广泛多样性使得对于特定"无烟烟草"的潜在健康危害难以一概而论。

表 1.1　一些类型的无烟烟草制品

常用名	使用地	使用方式
嚼烟	欧洲，美国	咀嚼使用，也可以通过烟斗吸入
Chimo	委内瑞拉	烟草、其他植物和灰分，过去经口摄入
奶油鼻烟	印度	烟草、丁香油、薄荷醇和其他成分的糊状物，用于口腔和牙齿清洁

续表

常用名	使用地	使用方式
干葡萄渣鼻烟	巴西	干燥、辛辣的烟草粉末，通过呼吸摄入
干鼻烟	格鲁吉亚、德国、英国	干烟草粉末通过呼吸摄入
Gul 或 gadakhu	印度中东部	烟草粉末、糖浆和其他成分，经口摄入或用于清洁牙齿
Gutkha	欧洲和东南亚	槟榔、烟草、熟石灰和香精，咀嚼或口含
Khaini	印度	烟草、石灰膏，有时含有槟榔
Kiwan	印度	烟草、熟石灰和香料，咀嚼或口含
Loose-leaf chew	美国	经加香的粗切的烟草，用于咀嚼
Iq'mik	美国阿拉斯加	烟草和朽木灰，经口摄入以及用于长牙的婴儿
Mawa 或 kiwam	印度	烟草、熟石灰和槟榔，用于咀嚼
Mishri、masheri 或 misheri	印度	用于牙齿或口含的烟草
Moist plug、plug 或 twistchew	美国	加香的烟叶，用于咀嚼或口含
湿鼻烟	瑞典、挪威、美国	湿的、细磨的烟草，用于口含
Nass、naswar 或 niswar	阿富汗、印度、伊朗、巴基斯坦	烟草、灰分、棉籽油或香油、水、熟石灰、薄荷醇和其他成分，口含，有时咀嚼
Pan masala	东南亚	烟草、槟榔、熟石灰、槟榔叶和香精，有时在餐后咀嚼
红牙粉	印度	烟草粉末
Shammah	沙特阿拉伯	烟草、灰分和熟石灰，经口摄入
鼻烟	南非	干烟草粉末，用于嗅闻
Toombak	苏丹	烟草和碳酸氢钠，口含
Zarda	印度	加工过的烟草、槟榔、香料和染料，经口摄入

资料来源：新兴及新鉴定健康风险科学委员会报告（European Commission, 2008）的表1

1.4 健 康 效 应

美国外科医生总会咨询委员会的报告和美国国立卫生研究院召集的共识会议的结果认为无烟烟草制品导致口腔癌、食管癌和其他几个部位的癌症,可导致牙科疾病和成瘾(学术定义为"依赖性和戒断障碍"),还可能是心血管疾病的风险因子（Department of Health and Human Services, 1986）。那份报告之后，这些结论的科学证据得以大大加强。

这些科学团体的结论不能简单概括，因为他们使用不同的方法解决不同的问题。然而，TobReg 发现他们一些基于无烟烟草制品性质和健康效应的结论与其潜在减害策略的评价相关：

- 所有无烟烟草制品都存在危害；除了可致瘾水平的烟碱，它们还包含已知的有害物质。
- 市售产品中有害物质和烟碱浓度存在很大差异。
- 使用不同市场无烟烟草制品引起的风险的程度和性质存在很大不同。
- 无烟烟草制品会导致癌症，癌症的部位和风险程度取决于产品的特点、使用模式和使用程度。
- 无烟烟草制品会导致各种口腔疾病。
- 无烟烟草制品有致瘾性，会导致 WHO《国际疾病分类》第 10 版（WHO，1992）和美国精神疾病协会《诊断与统计手册》（American Psychiatric Association, 1994）中列出的依赖和戒断疾病。
- 无烟烟草制品增加心肌梗死后死亡的风险但不增加心肌梗死的风险。动物试验和人体研究表明，口服烟草对血压和心率有短期影响，这可能对心血管疾病有贡献。

- 尽管印度的一项研究表明孕妇每天的用量与不良妊娠反应之间存在剂量－响应关系，但是怀孕期间出现问题的原因的证据是复杂的；妊娠并发症可能随产品特性以及使用方式和使用程度而不同。
- 无烟烟草制品不会像燃烧型烟草制品如卷烟、烟斗和雪茄那样引起肺部疾病。
- 根据认可戒烟效果所需的标准，无烟烟草制品不是有效的戒烟方式；调查结果表明，有些吸烟者使用无烟烟草替代卷烟。
- 许多无烟烟草制品在营销时宣称可在禁烟场合使用，这表明它们可能会延迟戒烟。
- 一些无烟烟草制品以吸引年轻人的方式来生产和销售，从而刺激烟草使用的开始。
- 无烟烟草制品可能阻碍戒烟或刺激烟草的更广泛使用。
- 对于那些不能完全戒除烟草使用和从使用燃烧型烟草转向使用无烟烟草制品的人来说，无烟烟草制品可能会减少烟草带来的危害；然而，个体效益取决于产品的特性和使用方式。
- 人群效益和风险取决于产品的特性和使用方式，以及该种产品在何种程度上促进燃烧型烟草制品使用者数量增加或在何种程度上延迟吸烟人群戒烟。

1.5　区域和全球使用模式

鉴于吸烟在每一个《烟草控制框架公约》缔约方都是常见的烟

草使用形式，无烟烟草制品的流行率，产品的类型和使用模式都有很大的不同。以欧盟为例，口服无烟烟草（湿鼻烟）的使用很少，其在欧盟大多数国家禁止销售。然而瑞典除外，瑞典男性对其使用率高于吸烟。超过 20% 的挪威（非欧盟成员国）年轻人报告每天使用无烟烟草制品。美国、加拿大、墨西哥和南美的流行率更高。北非的流行率高，而在大多数非洲大陆其他地区流行率低。东南亚无烟烟草制品的总流行率最高，女性使用也很常见。

在挪威、瑞典和美国，几乎所有无烟烟草制品都经商业化生产和销售。相反，在印度和其他东南亚地区的许多产品都是本地制造，通常由小商贩售卖，很少或根本没有标准及规范成分、制造或包装方法的可能性。

由于使用无烟烟草制品，东南亚的口腔癌发生率最高（IARC，2007），而且已有报道不良的生殖影响，如低出生体重、胎龄降低和更多死胎（Gupta，Sreevidya，2004；Gupta，Subramoney，2006）。

1.6　源于无烟烟草使用的减害

由于大多数的危害都不是烟碱而是其他成分引起的，理论上通过改变产品的特性和摄入方式来满足那些无法或不愿戒烟的人对烟碱的需要，可以降低烟草使用者受到危害的风险（TobReg，2007）。由于烟草使用引起的危害的减少可以从广泛的公众健康的角度来观察，通过减少有害物质和病原体暴露，疾病和过早死亡的风险得以降低。例如，可以通过减少携带疟疾螺旋菌的蚊子来控制疟疾，可以通过降低空气污染来控制呼吸道疾病，以及可以通过预防无保护的性行为和吸毒人群公用静脉注射针头来控制艾滋病。WHO《烟草控制框架公约》的目的是通过预防使用、鼓励戒烟、保护人群免于二手烟暴露以及监管产品成分来帮助减少烟草使用引起的危害。

根据不同区域的公众健康，减害的定义和目标有所不同，但为烟草提供了有益的视角。例如，国际减害协会的成立是为了解决其他成瘾性药物而不是烟草和酒精造成的危害，虽然自 2004 年以来其任务包括了酒精和烟草。将减害定义为"主要为了尝试减少所有精神活性物质对个体吸毒者及其家庭和所在社区造成的不良健康、社会和经济后果的政策和规划"（http://www.ihra.net/）。美国医学研究所的一份报告（Stratton et al., 2001）给出了更具体的定义，指"尽管使用该产品可能带来烟草相关有害物质的持续暴露，但能够降低总的烟草相关的发病率和死亡率的"对传统烟草制品的改良产品、新产品和医药产品。

从 WHO《烟草控制框架公约》减少危害的全局角度出发，TobReg 认为预防、停止和减少暴露于二手烟是预防疾病和改善公众健康经过验证的最好的手段。然而，TobReg 也认同先前的专家小组，那些不能或不愿戒烟的人可以通过更换为改变了产品特点和摄入形式的产品来减少危害。同专家组一样，TobReg 强调，任何行动都不应对预防、停止和减少二手烟暴露造成破坏，理想的行动应该支持这些。

为了本咨询说明的目的，TobReg 得出结论，减少烟草使用危害的目标是降低继续使用烟草和烟碱而不愿或无法戒烟的人的发病率和死亡率，适当考虑群体水平的影响。有了这个目标，达成了结论，给出了建议，确定了研究需求，这些结论、建议和研究需求的详情如下。

为了使目标透明，TobReg 建立了无烟烟草制品减害原则。其他专家组，如美国医学研究所（Stratton et al., 2001）也采取了类似的做法。下面列出的原则一般是与医学研究所一致，但也适用于框架公约的原则和目标。

- 与使用含烟碱产品相关的风险存在不同，使用药用烟碱产品带来的风险最低，而使用卷烟通常带来的风险最高。
- 与无烟烟草使用相关的风险根据使用产品的不同而存在不同，有的可能对减害策略很重要，而有的风险太小，对减害策略来说不重要。
- 使用不同无烟烟草制品的相关风险的差异意味着将无烟烟草作为单一产品来评估风险或设定政策在科学上是不恰当的。
- 某一特定产品使用者的风险随使用模式和强度而变化。
- 需要采用苹果式服务统一码成像（apple-type services for unicode imaging，ATSUI）来呈现产品特性与使用模式以及其对风险水平的影响。这种技术提供了 Unicode 编码文本先进的印刷功能，可自动处理许多固有的复杂性文本布局，包括正确渲染双向和垂直脚本系统文本。
- 产品使用的变换可以减少个体危害，但会增加整体人群或部分人群的危害；因此在考虑减少危害的方法时有必要在个体风险和群体水平变化上都进行仔细的科学评估。
- 对个体变换产品来降低危害的可能性及其特征的考虑应包括产品及其释放物的物理和化学特点，它是如何使用的，使用者的有害物质暴露，产品毒性的检测方法，潜在致癌性，与使用有关的疾病风险。
- 对产品变换的人群策略或强制改变产品特性的减害潜力的考

虑应包括非使用者开始使用产品的可能性，产品被用作向更有害制品的过渡或导致全部停止使用的可能性，使用两种烟草产品从而引起更多的有害物质暴露，以及复用更有害的产品从而阻止或延迟使用者戒断（否则这些人有可能戒烟）的可能性，以及非使用者暴露。

- 产品减害的声明会对个体和群体产生不利影响，这种声明应基于令人信服的科学证据。
- 改变产品成分，降低释放物或减少有害物摄入不足以支持降低毒性或危害的声明或暗示。
- 在独立监管机构基于充分的科学数据验证之前，不允许任何烟草制品明确或暗示声称减害。
- 为了评估人群影响，应对使用模式、消费者认知和健康影响进行上市后监控。
- 由于声称暴露减少可以解读为危害减少，因此只有当可以证明特定有害物质水平的降低会引起人群风险水平的降低时，才允许宣称暴露减少。
- 基于来自某一特定人群的证据而做出的危害减少的声明会给易受吸烟危害的群体（他们可能本不会使用烟草制品）带来意想不到的后果。

1.7　结　　论

按照 WHO《烟草控制框架公约》以及本咨询说明的原则和目标，并充分考虑其他专家组的结论，包括 WHO 减害磋商和 TobReg 第四次会议（2007 年 7 月）的参与者，TobReg 形成了关于无烟烟草制品及其减害的以下结论。

- 无烟烟草制品的成分、危险特性以及使用方式具有广泛的多样性。
- 目前的证据表明，所有无烟烟草制品都对健康有危害。
- 所有无烟烟草制品都有致癌性。
- 科学证实与不同无烟烟草制品相关的疾病风险因产品、使用方式和地理区域而异。
- 相比可燃型烟草如卷烟的使用者，无烟烟草制品的使用者通常具有较低的烟草相关发病率和死亡率。
- 对于那些还会继续抽烟的人，以及从吸卷烟转而使用科学证实的低风险的无烟烟草制品的人来说，他们随后患疾病的风险可能会降低。
- 继续使用无烟烟草制品的人可能因产品的特性转变至科学证实的低风险范围而受益。
- 包含鼓励无烟烟草制品使用的减害策略在无烟烟草制品是烟草主要使用类型的区域可能会造成危害，特别是当主要使用的产品具有很大的危险特性时。
- 无烟烟草制品的设计和特性会通过改变口味、香味和易用性、烟碱传输量、致癮性来影响其吸引力，因此会影响其危害潜力。
- 无烟烟草制品除烟草之外的成分影响其吸引力，主要通过改变口味、香味和易用性、烟碱传输量和致癮性来影响其吸引力，因此会影响其危害潜力。
- 无烟烟草制品的包装、标签和营销影响其吸引力、流行率、开始使用率和成癮性，因此会影响其危害潜力。

- 关于从无烟烟草制品开始烟草使用会不会导致随后燃烧型烟草制品更高的使用率，现有的结论还存在矛盾。
- 虽然调查结果表明有些吸烟者放弃吸烟转而使用无烟烟草制品，但无烟烟草制品对戒烟有效的证据尚未达到所需标准。
- 人群水平上无烟烟草制品使用增加成人戒烟的证据仍然不充分，而且随国家而不同。
- 一些无烟烟草制品销售供吸烟者在禁烟场合使用；这种使用对于戒烟的效果尚未明了。
- 同时使用可燃性和无烟烟草制品对有害物质暴露的影响尚属未知。
- 在无烟烟草制品使用广泛的国家，青少年和年轻人使用率最高。
- 成人使用无烟烟草制品的模式因国家而异，在有些国家主要是成年人大量使用，而有些国家的使用者主要局限于年轻人中；营销和社会差异的作用仍然不确定。

1.8　建　　议

TobReg 认为对无烟烟草制品在减少烟草危害方面可能产生的消极或积极作用的建议可能对制定政策和实施框架公约是有用的。提出了以下建议供考虑，虽然某些可能对某些条款是不相干的或不恰当的。对于在尚无无烟烟草制品销售的地区引入无烟烟草制品，TobReg 不持意见，因为这涉及复杂的健康、政治和其他方面的考虑。

- 所有的烟草制品，包括无烟烟草制品，应由一个独立的、科学的政府机构进行全面监管。这种控制要求制造商披露成分。

- 针对无烟烟草制品做出的任何健康声明都必须有充分的科学数据支撑，这些数据应由独立的、科学的政府监管机构检测。
- 由于声称暴露减少可以解读为危害减少，因此只有当有证据可以证明风险降低时才允许做出这类声明。
- 无烟烟草制品的成分和释放物必须进行连续不断的检测，以发现国家和地区间的差异以及随时间的变化。
- 研究使用无烟烟草制品对个体和群体的健康危害和风险对于政府以及框架公约的实施是很有必要的。
- 对于研究无烟烟草制品的效果，以及如何调整其设计和制造以改变其效果，充分的检测是至关重要的，而检测可以为政府以及框架公约的实施提供信息。
- 由于烟草制品带来的风险有差异，烟草控制政策应基于这些差异。

1.9　认识空白和研究需求

其他专家组也考虑了无烟烟草制品和其他类型烟草产品（传统的和改良的）在减少烟草危害方面的潜在作用（如 Stratton et al., 2001；Scientific Advisory Committee on Tobacco Product Regulation, 2003；TobReg, 2004, 2007），TobReg 认可这方面认识的空白，这种认识空白表明谨慎的做法是合适的。

研究和检测无烟烟草制品及其使用以及使用后果和不同政策的影响是必不可少的，这样政策可设置成改善健康并最小化意外后果。烟草营销和使用引起的公共卫生流行病的程度使得必须考虑替代方法，解决知识上的空白，以及避免采取可能加剧区域或全球流行病的措施。研究和检测的一般原则参见 TobReg 的建议"发展烟草制品研究及测试能力以及启动烟草制品测试建议方案的指导原则"（TobReg, 2004）。众多的领域中既存在许多不确定性，又有很强的科学基础。例如，与吸烟者相比，只使用无烟烟草制品的人疾病和过早死亡率的总体风险较低，这一结论有很强的科学依据。然而，关于在吸烟者中促进无烟烟草制品的使用以降低危害对人群产生的影响，以及有关政策和营销方法会改善健康而不是破坏健康促进工作等方面还存在相当大的争论。

这些问题的解决是很复杂的，这是因为无烟烟草制品、营销方法以及影响使用模式的社会、文化和地区因素多种多样。例如，东南亚和瑞典（Foulds et al., 2003；Cnattingius, 2005）以及美国（Department of Health and Human Services, 1986；National Institutes of Health, 2006）的使用模式和健康后果存在实质性差异。新兴及新鉴定健康风险科学委员会（European Commission, 2008）认为"由于社会和文化等方面的差异，无法将一个将有口嚼烟的国家的烟草使用模式外推到其他国家。"

因此，相比于符合其他标准和条件的产品，符合特定标准和特定国家的某些销售条件的产品类别更有可能有益于公众健康。关于确定可以作为烟草替代品来推广的产品类型或产品性能标准，以及可以允许的促销形式或应如何解决文化差异等方面都还缺乏有力的科学依据。然而，要改变现有的认为所有烟草产品都有相同或相似的风险的政策，这些信息是至关重要的。为了指导短期和长期政策，应进行以下研究：

- 彻底表征不同产品类别和品牌中使用的成分差异，并评估其

　　毒性和引起疾病的潜力；

- 更好地了解物理特性，如烟丝尺寸、烟碱含量、游离碱比例、风味、其他设计和感官特性以及包装如何促进致瘾性和产品吸引力；

- 更好地了解哪些产品是由厂商和家庭制造的，尤其是在东南亚地区，了解其毒性和潜在致瘾性，为教育提供依据，从而减少毒性和致瘾性；

- 产品制造后其毒性、危害和潜在致瘾性在不同贮藏条件下如何随时间变化；

- 更好地了解暴露量和暴露时间与疾病风险之间的关系，以定义产品成分的性能标准；

- 完全或部分停止使用产品时的风险降低；

- 使用无烟烟草制品替代卷烟和其他可燃型烟草制品所带来的风险降低；

- 产品的特性、包装和标签、营销和其他形式的信息，这些信息对尝试使用这类产品的人的成瘾风险有贡献，也会促使经常使用者继续使用而不是戒掉；

- 表征使用无烟烟草制品成瘾以及导致吸烟的风险；

- 对于已经在使用成瘾药物的人，表征无烟烟草制品开始成瘾所引发其他成瘾药物包括酒精的使用增多的风险；

- 表征无烟烟草制品开始使用和成瘾延迟或妨碍戒烟而不是替代吸烟的风险；

- 确定无烟烟草制品的使用是否以及在什么条件下能有助于戒烟；

- 各种政策对无烟烟草制品摄入，整体烟草使用和疾病风险的潜在或实际影响；

- 了解哪些区域、性别和种族的人群最有可能受益于或受到无烟烟草制品推广以减少吸烟危害的不利影响；
- 解决社会、种族和营销力量如何影响无烟烟草制品开始使用，以及从使用到成瘾再到戒断的轨迹；
- 更好地理解无烟烟草制品使用对易受吸烟危害群体的影响，如青少年、育龄妇女和免疫功能差的人，这些人可能会因为危害减少的宣传而开始使用无烟烟草制品。

参 考 文 献

American Psychiatric Association (1994) *Diagnostic and statistical manual of mental disorders.* 4th ed. Washington DC.

Cnattingius S (2005) *Häsorisker med svenskt snus. [Health risks of Swedish snus.]* Stockholm, National Institute of Public Health, Karolinska Institute.

Department of Health and Human Services (1986) *Health consequences of using smokeless tobacco. A report of the Surgeon General.* Bethesda, Maryland (NIH Publication No. 86-2874).

European Commission (2008) *Health effects of smokeless tobacco products.* Brussels, Scientific Committee on Emerging and Newly Identified Health Risks.

Fant RV et al. (1999) Pharmacokinetics and pharmacodynamics of moist snuff in humans. *Tobacco Control*, 8:387–392.

Food and Drug Administration (1995) Regulations restricting the sale and distribution of cigarettes and smokeless tobacco products to protect children and adolescents; proposed rule analysis regarding FDA's jurisdiction over nicotine-containing cigarettes and smokeless tobacco products; notice. *Federal Register*, 60:41314–41792.

Food and Drug Administration (1996) Regulations restricting the sale and distribution of cigarettes and smokeless tobacco to protect children and adolescents; final rule. 21 CFR Part 801. *Federal Register*, 61:44396-45318.

Foulds J et al. (2003) Effect of smokeless tobacco (*snus*) on smoking and public health in Sweden. *Tobacco Control*, 12:349–359.

Gupta PC, Sreevidya S (2004) Smokeless tobacco use, birth weight, and gestational age: population based prospective cohort study of 1217 women in Mumbai (Bombay), India. *British Medical Journal*, 328:1538–1540.

Gupta PC, Subramoney S (2006) Smokeless tobacco use during pregnancy and risk of stillbirth: a cohort study in Mumbai, India. *Epidemiology*, 17:47–51.

IARC (2007) *Smokeless tobacco and some tobacco-specific* N-*nitrosamines.*

Lyon, International Agency for Research on Cancer (*IARC Monographs on the Evaluation of Carcinogenic Risks to Humans*, Vol. 89).

National Institutes of Health (2006) *State-of-the-science conference statement on tobacco use: prevention, cessation, and control.* Bethesda, Maryland.

Royal College of Physicians and Surgeons (2007) *Harm reduction in nicotine addiction: helping people who can't quit. A report by the Tobacco*

Advisory Group of the Royal College of Physicians. London.

Savitz et al. (2006) Public health implications of smokeless tobacco use as a harm reduction strategy. *American Journal of Public Health*, 96:1934–1939. Erratum in: *American Journal of Public Health*, 2007, 97:202.

Scientific Advisory Committee on Tobacco Product Regulation (2003) *Recommendation on smokeless tobacco products.* Geneva, World Health Organization.

Scientific Advisory Committee on Tobacco Product Regulation (2004) *Recommendation on tobacco product ingredients and emissions.* Geneva, World Health Organization.

Stratton et al. (2001) *Clearing the smoke: assessing the science base for tobacco harm reduction.* Washington DC, National Academy Press.

TobReg (2004) *Recommendation: guiding principles for the development of tobacco product research and testing capacity and proposed protocols for the initiation of tobacco product testing.* Geneva, World Health Organization.

TobReg (2005) *WHO TobReg advisory: waterpipe tobacco smoking: health effects, research needs and recommended actions by regulators.* Geneva, World Health Organization.

TobReg (2007) *The scientific basis of tobacco product regulation.* Geneva, World Health Organization (WHO Technical Report Series, No. 945).

WHO (1992) *The ICD-10 classification of mental and behavioural disorders:clinical descriptions and diagnostic guidelines.* Geneva, World Health Organization.

WHO (2005) *WHO Framework Convention on Tobacco Control.* Geneva,

World Health Organization.

Zeller M, Hatsukami D, Strategic Dialogue on Harm Reduction Group (2007) *The strategic dialogue on tobacco harm reduction: a vision and blueprint for action*. (in press)

2. 关于"防火型"卷烟的咨询说明：降低引燃倾向的方法

2.1 目　　的

本咨询说明由 TobReg 制定，着眼于对燃烧型烟草制品，特别是卷烟引起的火灾造成的生命财产损失和损害越来越多的关注。目的是为 WHO 及其成员国提供指导，主要关于卷烟造成的火灾风险以及降低这些风险所需采取的措施。本说明还引导研究人员和研究机构将兴趣转向更好地了解与卷烟引发火灾相关的死亡和损伤。

2.2　背景和历史

卷烟和其他可燃烟草制品是世界范围各国火灾相关死亡和损伤的主要原因。2003 年，北美发生了 25600 起卷烟引起的火灾，估计造成 760 人死亡，1520 人受伤，直接财产损失达 4.81 亿美元（Hall，2006）。2005 ～ 2006 年在欧盟 14 个成员国和挪威的调查表明这些国家每年大约有 1.1 万起卷烟引起的火灾，造成 520 人死亡，1600 人受伤，

1300 万欧元的物质损失（J. Vogelgesang，未发表的数据，2006）。扩展到欧盟 25 国和挪威，1.29 万起火灾，650 人死亡，2400 人受伤，4800 万欧元的物质损失是可以避免的。在澳大利亚新南威尔士，233 例火灾死亡中有 32 例直接归因于卷烟，另外有 63 例可能是由于卷烟引起的。澳大利亚每年吸烟导致的火灾有 4574 起，而有贡献的可能高达 78894 起。澳大利亚国家法医信息系统将 2000～2005 年间 678 例火灾死亡中的 67 例直接归因于卷烟。此外，澳大利亚约 7% 的森林大火是由于被丢弃的卷烟。1998 年卷烟相关火灾造成澳大利亚 8060 万澳元的损失，根据消费者价格指数这相当于 2006 年的 1.240 亿澳元。在加拿大，每年有 3000 起火灾是由吸烟物品引起的，导致 70 人死亡，300 人受伤和 4000 万加元的财产损失（D. Choinière，未发表的数据，2006）。

卷烟防火安全标准的出台，意味着卷烟要么自熄，即停止抽吸后熄灭，要么改变阴燃特性，使得不太可能着火，这能防止很大一部分的死亡、受伤和财产损失。符合这些设计标准的卷烟通常被称为"防火型"或"低引燃倾向"卷烟。

美国国会颁布了 1984 年卷烟安全法案，要求消费者保护局建立一个技术研究组来确定设计最小引燃倾向的卷烟的技术、经济和商业可行性，并向国会报告结果。在其 1987 年发布的最后报告中，该研究组认为这个目标在技术上是可行的，可能在经济上也是可行的。美国国会随后通过了 1990 年防火型卷烟法案，该法案要求美国国家标准与技术研究所设计一项标准方法用于测定卷烟的引燃倾向。然而，该法案未授权任何政府机构监管卷烟引发火灾倾向的减少。

第一项性能标准被称为"模拟家具点火测试法"，利用织物和泡沫来模拟一件家具，在其上测试燃烧的卷烟是否能传递足够多的热量来点燃这些材料。第二项性能标准被称为"卷烟熄灭法"，使用一系列层数的滤纸来吸收热量，测试卷烟是否能产生足够的热量点燃纸张。卷烟熄灭法简单可重复，而且每次测试所需时间少于模拟家具点火测试法。因此卷烟熄灭法由美国材料与测试协会（American Society for Testing and Materials, 2004）改进并公布作为测量卷烟引燃倾向的标准测试方法（ASTM E2187）。

多年来，烟草行业声称无法制造低引燃倾向卷烟，甚至贿赂消防组织来阻止法律通过。然而，烟草行业本身确认了这种卷烟可以被制造，并评估了其性能。行业进行了 80 多年的研究，累计 300 多项关于"防火型"卷烟设计的专利。科学基础很先进，烟草行业和卷烟纸制造商还在继续他们的研发。

菲利普·莫里斯公司于 1974 年开始了设计"防火型"卷烟的探索。自 20 世纪 70 年代后期或 80 年代初期开始，雷诺公司以及布朗和威廉姆森公司也开展了广泛的测试项目。早在 1980 年罗瑞拉德就开始检测其卷烟的引燃倾向。雷诺识别了改变卷烟纸燃烧速度的方法，卷烟纸的燃烧速度能影响引燃倾向，从而于 20 世纪 80 年代开发了原型，利用 Ecusta 纸业公司的卷烟纸，成功地降低了引燃倾向。雷诺 1979 年识别的因素与技术研究组十年后在其发布的最后报告（1987 年）中发现的因素几乎一样，结论是"防火型"卷烟在技术上是可行的，可能在经济上也是可行的（Gunja et al., 2002）。

菲利普·莫里斯的一份内部文件称："历史的处理结果表明，引燃测量的时间与引燃卷烟在标准织物上达到的最高温度相关。进一步的分析表明，这些最高温度与隔离卷烟的质量燃烧速率（MBR）成比例。这降低了实现目标 MBR 的设计问题。"（Philip Morris, 1987）。

技术研究组和行业认为会影响燃烧速率的卷烟结构参数的是包装纸的性能，如透气率、孔隙度、氧扩散、化学添加剂（如柠檬酸盐或石灰石）、烟支圆周和烟丝密度（Ohlemiller et al., 1993）。

技术研究组的报告发布后，雷诺重新将其研究重点放在以获消费者接受为目标的"防火型"卷烟上。其他公司的"防火型"卷烟项目取得了类似进展。早在20世纪80年代早期，布朗和威廉姆森、菲利普·莫里斯和雷诺就从 Ecusta 和 Schweitzer 纸业公司获得低引燃纸。在20世纪80年代，布朗和威廉姆森使用 Schweitzer 纸设计了两种卷烟原型，并试验了 Kimberly-Clark 牌的卷烟纸。最常用来降低引燃倾向的包装方法是将超薄同心带应用于传统卷烟纸（图2.1）。这些条带，有时相当于"减速带"，通过限制氧气燃烧余烬，使卷烟在未抽吸时熄灭（Connolly et al., 2005）。有阻燃带的卷烟纸要么通过水基在线过程生产，

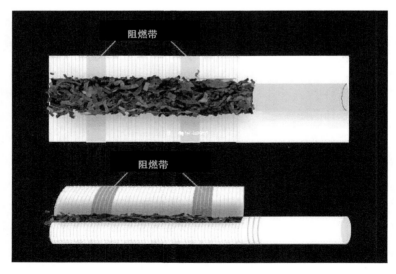

图 2.1　低引燃倾向卷烟的组成

被称为"纸带"，要么通过额外的水或溶剂基质印刷，被称为"印带"（Thelen, 2006）。在 20 世纪 90 年代早期，菲利普·莫里斯使用如果不抽吸就会熄灭卷烟的纸带设计了一款卷烟。早在 1985 年就测试了有阻燃带的卷烟，在 2000 年菲利普·莫里斯发布了一款有"精选防火型纸"阻燃带的 Merit 品牌卷烟（Gunja et al., 2002）。行业内部的测试表明，阻燃带的宽度和位置可以用来控制引燃倾向，较宽的阻燃带和较小的带间距离与引燃倾向的最大降低相关。菲利普·莫里斯公司的内部研究表明用来放置阻燃带的技术很精确。

2.3 管 制 对 策

监管引燃倾向的首部法律是由美国纽约州通过的，其中规定所有在该州销售的卷烟必须是低引燃倾向的。纽约卷烟消防安全标准（纽约州代码、规定和条款官方汇编第 18 条 429 款）于 2004 年 6 月 28 日生效。自那时起，加拿大和美国 19 个州强制降低卷烟的引燃性能标准。所有现有的卷烟消防安全标准都是仿照纽约的标准，要求制造或售卖的卷烟满足引燃倾向性能标准，使卷烟在无人注意的情况下也不太可能引起火灾。最近，澳大利亚政府规定了卷烟的强制安全标准，涵盖了澳大利亚生产或进口的卷烟的性能、检测、包装和标记要求。贸易行为（消费品安全标准）（减少卷烟火灾风险）条例 2008 于 2008 年 9 月 23 日生效。南非的烟草制品控制法案于 2008 年 2 月 23 日修订，添加了为卷烟引燃倾向设置标准的权限。其他国家，包括新西兰和欧盟成员国，正在考虑类似的政策，欧盟委员会正在研究提出标准的可行性。

加拿大和纽约州的法律都包含 ASTM 标准测试方法，即在无气流的环境中将点燃的卷烟放在多层标准滤纸上（图 2.2）。滤纸无法阴燃，且会从卷烟吸收热量。燃烧持久性是可燃柔软陈设可获得的能量的指标。因此，该指标是卷烟是否燃烧至全长。在这两个地方采用的标准要求放置在 10 层厚度滤纸上的 40 种测试卷烟中经过全长燃烧的不超过 25%。一般不限制制造商使用何种技术来满足标准。2006 年澳大利亚标准协会公布一种测定卷烟熄灭倾向的标准测试方法草案，该方法也是基于 ASTM 测试方法。

纽约卷烟消防安全标准包括关于卷烟引起火灾的报告和调查的规定，卷烟的测试和认证，包装标签的要求，纳税印花和强制执行。消防部门必须在完成调查的 14 天内报告所有疑似卷烟引起的火灾，且必须提供品牌和类型、依从性打分以及购买卷烟的地点及方式等方面的信息。卷烟制造商有责任按照纽约标准来测试各自的品牌并向火灾预防与控制办公室以及司法部长提供书面认证。火灾预防与控制办公室需要测试疑似引发火灾的卷烟，并重新测试任何卷烟，制造商对其进行的改变可能会改变其依从性。在纽约州，除非卷烟已被认定符合标准，否则纳税印花不可用于卷烟包装（J. Mueller，未发表数据，2006）。

纽约火灾预防与控制办公室有权审查书籍、文件、票据和其他记录，并实施民事处罚和禁停。强制执行包括对虚假认证和销售不符合要求卷烟的处罚。公共卫生官员有权对零售经销商进行处罚。火灾预防与控制办公室及税收与财政办公室的办公人员有权查封不合格的卷烟，缴获的卷烟将被摧毁（J. Mueller，未发表数据，2006）。在美国所有州中，烟草公司都需要支付测试和印花费用。加拿大与纽约州采用同一标准，其规定自 2005 年 10 月 1 日起加拿大生产或

(a)

(b)

图 2.2　测试卷烟引燃倾向性能标准的标准方法

(a) 将点燃的卷烟放在多层标准滤纸上；(b) 将点燃的卷烟放置于无气流的环境中

进口到加拿大的所有卷烟应满足低引燃倾向的标准。加拿大的法律适用于生产和进口层面，而美国各州的法律适用于零售商出售的卷烟。

在纽约州约 1200 种卷烟品牌已被认证为合格（New York Office of Fire Prevention and Control, 2008）。加拿大卫生部（Health Canada, 2008a）对制造商和进口商的卷烟进行采样以确定其是否遵循了条例列出的标准。由于"防火型"卷烟法规的需要，加拿大的卷烟制造商已经对几乎所有品牌进行了改进（D. Choinière，未发表数据，2006）。加拿大卫生部采集的样品的分析结果会在互联网上公布并定期更新。

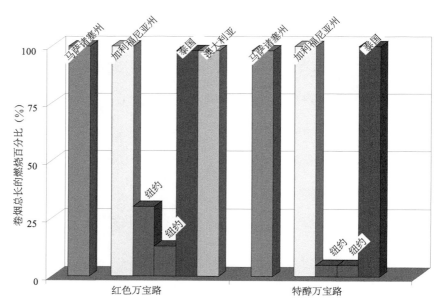

图 2.3　美国马萨诸塞州、加利福尼亚州、纽约以及澳大利亚和泰国的主要香烟
品牌的引燃性倾向

资料来源：哈佛大学公共卫生学院烟草控制研究计划

消防安全标准实施后，纽约州使用卷烟熄灭法对销售的 5 个品牌卷烟的引燃倾向进行了测试；每个品牌的燃烧长度为 2.5% ～ 30%（Connolly et al., 2005）。相比之下，马萨诸塞州和加利福尼亚州以及纽约在法规通过之前，还有澳大利亚和泰国，其销售的同样品牌的卷烟的燃烧长度均为 100%（图 2.3）。

2.3.1　人群中管制措施的有效性

目前的管制措施无法消除卷烟火灾相关的死亡，但旨在随着时间的推移减少这类事故，并期望未来卷烟设计的变化能使之继续减少。同时，政府必须提高对卷烟相关火灾频率的数据收集，并规划管理办法来解决这一问题。初步数据表明，政府将从实施监管降低引燃倾向中受益。

遵循基于 ASTM 方法的标准应能减少引起阴燃的卷烟数量，进而减少引发火灾。该标准的有效性应通过记录卷烟引起的火灾和相关的死亡、受伤和损失进行连续监测。火灾报告存在质量问题，方法也许应该重新考虑了。关于卷烟消费减少、垫子标准改善和防火标准改变的可靠信息也很难获得。

关于市场上低引燃倾向卷烟的人群效应的初步数据表明消防安全标准实施后的头两年纽约卷烟相关火灾数量和死亡人数都有所降低（图 2.4）。

在加拿大，对低引燃倾向卷烟的监管影响评估预测卷烟消防安全标准将会使卷烟引起的火灾数量减少 34% ～ 68%（Health Canada, 2008b）。随着越来越多的国家开始监管引燃倾向，评估这种卷烟的效果将变得更容易。

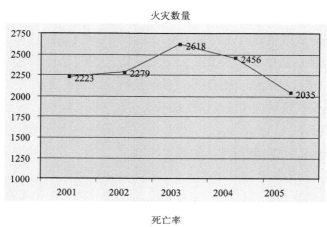

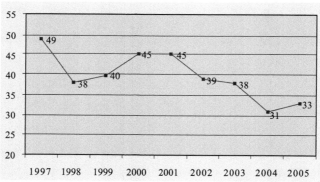

图 2.4　纽约州实行卷烟消防安全标准前后，由吸烟材料引发的火灾数量（上图）
和火灾中死亡率（下图）

资料来源：Mueller（2006）

2.3.2　管制注意事项

释放物和生物学试验

人们担忧卷烟设计的变化可能导致暴露（通过分布、燃烧温度和释放物）的变化，可能会使这些产品的危害更大。初步的数据表明这不是一个严重的问题。

在美国，依据 1990 年防火型卷烟法案，美国国家标准与技术研究所烟草研究所测试实验室（TITL）比较了 14 种最畅销卷烟品牌的低引燃倾向卷烟的焦油、烟碱和一氧化碳释放量，未发现显著差异（Ohlemiller et al., 1993）。加拿大的初步数据表明羰基化合物、焦油、一氧化碳和烟碱传输有小的变化（M. J. Kaiserman，未发表数据，2006）。

有阻燃带的卷烟的行业内部测试也表明它们的毒理学终点大体上与普通卷烟相同，包括致突变性和有害物质的释放浓度（Theophilus et al., 2007a,b）。菲利普·莫里斯公司评估了有阻燃带的卷烟的某些毒理学特征，发现"基于所用的化学和生物分析，两种卷烟间不存在显著差异"。其他包括雷诺在内的公司在科学会议上发表了类似的研究结果（Patskan et al., 2000；Appleton, Krauuter, Lauterbach, 2003；Misra et al., 2005），雷诺一直反对低引燃倾向卷烟法规，声称会增加风险（Theophilus et al., 2007a,b）。烟草行业声称有阻燃带的卷烟会引起意想不到的风险，即掉落"炭灰"（一种很轻、很短暂的碎片），宣称 2000 年美国关于有阻燃带的卷烟的消费者投诉中有 11% 与炭灰掉落相关。英美烟草公司 1988 年的研究表明在其测试范围，纸张透气度不影响炭灰保留（Dittrich, 1988）。

加拿大在 2005 年卷烟引燃倾向法案实施前后，请安大略省 42 名吸烟者比较了其抽吸的品牌，未发现抽吸行为和呼出一氧化碳的显著差异（Hammond et al., 2007）。

安全感

卷烟制造商宣称，抽吸"防火型"卷烟会给人一种虚假的安全感，而这可能会导致火灾风险行为增加。根据加拿大在卷烟引燃倾向法规开始生效前进行的一项调查，过去的一周中 12% 的现有吸烟者在床上吸过烟，17% 的人报告他们平时会任由点燃的卷烟在无人看管的情况下燃烧（M. J. Kaiserman，未发表数据，2006）。加拿大安大略省的另一项调查显示，将近四分之一的吸烟者会任由卷烟在无人看管的情况下燃烧，15% 的人过去 30 天内在床上吸过烟，这表明火灾风险行为的频率很高（O'Connor et al., 2007）；随访研究的早期数据显示 1 年后这样的行为变化不大（O'Connor，2008）。

经济效应

美国哈佛大学公共卫生学院的研究显示，实施卷烟消防安全标准后纽约州的卷烟销售没有下降，证明了技术研究小组 1987 年得出的结论（Connolly et al., 2005）。美国的一项全国性调查结果也显示，纽约消防安全标准对吸烟者感知卷烟口味、抽吸行为或戒断意向等没有明显影响，驳斥了卷烟制造商认为该法案会给消费者可接受性带来负面影响的说法（O'Connor et al., 2006）。

加拿大卫生部（Health Canada, 2008c）估计，如果遵守低引燃倾向卷烟措施的成本完全由卷烟制造商来承担的话，其营业利润将减少 2.9% ～ 5.9%；他们可以提高价格来抵消成本的增加。虽然价格可能会有一些上涨，但每个生产商会提高多少价格还是不确定的，这将取决于烟草制品市场上的竞争。鉴于市场竞争的程度，成本的增加（例如每箱 0.13 ～ 0.26 美元）不太可能完全转化为价格上涨。

执行和遵守

在纽约州约 1200 种卷烟品牌已被认证为合格（New York Office of Fire Prevention and Control, 2008）。加拿大卫生部对制造商和进口

商的卷烟进行采样以确定他们是否遵循了条例列出的标准，发现"防火型"卷烟法规引起几乎所有品牌的改进（D. Choinière，未发表数据，2006）。加拿大卫生部采集的样品的分析结果会在互联网上公布并定期更新。

纽约州已经引入验证行业报告，每 3 年对卷烟进行独立检测，并与其行业报告进行比较。检测的成本是每种品牌 400 ～ 700 美元，但会随着更多国家参与而降低。美国其他州依赖纽约州，尚未进行测试。美国正致力于协调各州的报告和检测。美国国家标准与技术研究所为实验室提供技术支持，包括一个参比卷烟（http://firesafecigarettes.org/assets/files/niststandard.pdf）和少量资助。目前有六个检测实验室。纽约州已检测的卷烟品牌在网上可见：http://www.dos.state.ny.us/fire/cigarette.htm。

国际标准化组织（ISO）可能采用与 ASTM E2187 相同的标准，只是格式不同。参考 ASTM 标准的测试方法另外起草一份指导文件可能需要 1 ～ 2 年。

2.4　研究需求

2.4.1　技术

目前需要进行研究来确保低引燃倾向卷烟法规的有效性并为未来的政策提供依据。改变燃烧率从而降低引燃倾向的主要方法是通过降低卷烟纸的透气度来减少氧气扩散。应该对制造商实现这一目的所使用的技术进行监测，包括不同品牌阻燃带布局的差异以及其他设计特点带来的影响。一些研究人员利用对产品的反向工程来检查其阻燃带特性，如存在、数量、宽度和间距；滤嘴通风和压力下降；纸的孔隙度和柠檬酸盐含量；烟草重量和密度以及卷烟圆周。

卷烟公司和造纸厂商正在进行基于产业研发的研究和项目，以跟进美国国家标准与技术研究所取得的成果和纽约州的标准。进一步的研究和科学文献综述，行业文档和其他资料对监测关于卷烟引燃倾向和性能的产业成果很重要。

一些降低引燃倾向的专利有非常低孔隙度和增加打孔的纸张，向烟支中心加入阻燃剂，纸上有纤维素带，纸张外使用化学物质，向烟棒中加入膨胀粉。最后这项是通过减小加热时的密度来降低引燃倾向（Stevenson, Graham, 1988）。

2.4.2　测试方法

需要测试引燃倾向的方法，如热成像，方法在有效且高效测试中的潜在应用可能会包括在法规中。

2.4.3　监督和监测

应该对卷烟引起的火灾和火灾造成的损失进行调查和监测，以判断政策的成果，确定标准是否应采用。纽约州的措施似乎减少了因卷烟引起的火灾死亡人数，但还需要高质量的火灾发生率的报告和数据来确认。要求数据必须准确、及时，且数量足够多，以获得统计显著性。需要监测的结果包括火灾以及相关损失、伤害和死亡的发生率（D. Hemenway，未发表数据，2006）。调查人员的能力需要提升，以便能够在火灾现场确定火灾是否由卷烟引起，以及还有什么其他的因素对火灾的严重程度有贡献。

应基于人群健康和火灾最佳减少百分比等标准来随时间跟踪降低引燃倾向措施的影响。

纽约州卷烟消防安全标准包含的条款允许火灾预防与控制办公室审查技术进步 3 ～ 4 年后火灾发生率相关的信息，以考虑对标准的修订。其他行政区域可能希望采用类似的方法。

2.4.4 释放物暴露和吸烟行为

对释放物暴露和吸烟行为变化的进一步评估应考虑到产品设计、焦油和烟碱以及一氧化碳的释放、抽吸行为、滤嘴分析和暴露生物标志物。

采用基准和随访措施的人群调查，例如美国 Roswell Park 癌症研究所（RPCI）和哈佛大学公共卫生学院在进行的调查，应该包括这样的问题："你家里曾有过卷烟引起的着火吗？""你让卷烟自熄的频率为多少？""你的卷烟的燃烧锥或烟灰多久自己掉落一次？"这种分析还应评估调查前 30 天火灾风险事件的发生率。火灾风险行为的信息应包括烧过的衣服和家具的实例、无人看管的在燃卷烟、吸烟以及在床上吸烟时打盹儿和睡着。

烟草行业声称，降低卷烟引燃倾向的一些方法可能会增加烟气传输进而增加毒性。尚无证据表明低引燃倾向卷烟会增加吸烟引起疾病的风险。卷烟烟气是一种高度复杂的混合物，含有超过 4000 种化学物质，而且这些化学物质和烟雾的毒性之间的关系

尚不明确。低引燃倾向卷烟的烟气有可能与普通卷烟的烟气毒性
相当。

2.5　发现和建议

卷烟引发的火灾和造成的死亡

卷烟引发的火灾和相关的死亡是世界性的重大公共卫生问题。
虽然死亡人数远远低于吸烟造成的死亡人数（美国卷烟引发火灾死
亡 900 人，因吸烟死亡 46 万人），但这个数字仍然很高，需要政策
来减少它。

低引燃倾向卷烟应该是强制性的

由于卷烟是住宅相关火灾和死亡的主要原因，且已有技术可以
降低引燃倾向从而降低卷烟引发火灾的可能性，各成员国应要求降
低卷烟的引燃倾向，与美国国家标准与技术研究所的标准一致，或
者采用其他已被证明有效的标准。国家和其行政区域应保留基于人
群数据评估标准有效性，进而修改标准的权利。

加拿大公共卫生法中已采取措施减少引燃倾向，澳大利亚和美
国的大多数州也将消防安全措施列入法律。在欧盟国家，这样的措
施被认为是消费者保护立法的框架。

这些措施覆盖的产品不仅应包括卷烟，如果有证据表明雪茄和
其他燃烧型烟草产品的引燃倾向应得以规范的话，这些产品也应包
括在内。注意事项包括国家或州财政拨款，确定负责认证的当事人
或机构，再认证所需的延迟，确定负责审核品牌的机构，审核的范
围和频率，对人群影响的评价，收费和罚款，咨询委员会，以及监

管是否会被联邦法律所取代。各国应该要求烟草制造商测试引燃强度，向主管机构报告结果并支付实施措施的费用。

目前独立实验室的检测能力很小。如果各国采取措施，要求由 ISO 标准 17025 "检测和校准实验室能力的通用要求"所认可的独立实验室来进行引燃倾向测试，那么独立实验室的检测能力会增加。行业提供的结果应该由独立测试进行验证。立法和监管措施应赋予主管机构权利采取适当的法律行动以确保遵守标准。

不应允许风险声明

由于低引燃倾向卷烟必须提供给整体人群，因此不允许制造商声称其降低了火灾风险。如果他们这样做了，消费者可能会认为他们降低了整体的健康风险。公共教育活动应作为降低引燃倾向方案的一部分，以告知消费者所有的卷烟都是致命的并且吸烟者应该戒烟。这类方案还应包括教育活动来教育公众如何预防火灾。

必须监控低引燃倾向卷烟的有效性

需要充分、恰当的监测、报告和存档来记录降低引燃倾向的技术用以降低卷烟引发火灾的死亡、受伤和财产损失的有效性。这种评估将增加公众保障，带来卷烟引发火灾引起的不必要损失的更有效减少。

国际合作是必要的

有权益的机构和部门之间的国际合作很有必要，用以协调对低引燃倾向卷烟的教育、宣传、测试、研究和评价，并在 WHO 所有地区采取这类措施。

参 考 文 献

American Society for Testing and Materials International (2004) *ASTM E2187-04. Standard test method for measuring the ignition strength of cigarettes.* West Conshohocken, Pennsylvania, ASTM International.

Appleton S, Krauuter GR, Lauterbach JH (2003) Toxicological evaluation of a new cigarette paper designed for lowered ignition propensity. In: *57th Tobacco Science Research Conference, Program Booklet and Abstracts*, No. 16, p. 27. Raleigh, North Carolina, North Carolina State University, Tobacco Literature Service.

Connolly GN et al. (2005) Effect of the New York State cigarette fire safety standard on ignition propensity, smoke constituents, and the consumer market. *Tobacco Control*, 14:321–327.

Dittrich DJ (1988) *Influence of cigarette design on coal retention.* Southampton, BAT (UK and Export) Ltd. Research and Development Centre (Report No. RD. 2125).

Gunja M et al. (2002) The case for fire cigarettes made through industry documents. *Tobacco Control*, 11:346–353.

Hall J (2006) *The smoking-material fire problem.* Quincy, Massachusetts, National Fire Protection Association, Fire Analysis and Research Division.

Hammond D et al. (2007) The impact of Canada's lowered ignition propensity regulations on smoking behaviour and consumer perceptions. In: *Society for Research on Nicotine and Tobacco 13th*

Annual Meeting Proceedings. Available at: http://www.srnt.org/ meeting/2007/pdf/onsite/2007 srntabstractsfinal. pdf. Accessed 23 October 2008.

Health Canada (2008a) Laboratory analysis of cigarette for ignition propensity. http://www.hc-sc.gc.ca/hl-vs/tobac-tabac/legislation/reg/ ignition-alllumage/ index_e.html. Accessed 23 October 2008.

Health Canada (2008b) Industrial Economics, Inc. (2004) *Economic evaluation of Health Canada's regulatory proposal for reducing fire risks from cigarettes.* Prepared for Health Canada. Available at: http://www. hc-sc.gc.ca/hl-vs/pubs/ tobac-tabac/evaluation-risks-risques/benefits-avantages5-eng.php#3. Accessed 23 October 2008.

Health Canada (2008c) Industrial Economics, Inc. (2004) *Economic evaluation of Health Canada's regulatory proposal for reducing fire risks From cigarettes.* Prepared for Health Canada. Available at: http:// www.hc-sc.gc.ca/ hl-vs/pubs/tobac-tabac/evaluation-risks-risques/ ecoimpacts-impactseco7- eng.php#2. Accessed 23 October 2008.

Mueller J (2006) Cigarette fire safety standards. In: *Second international conference on fire safer cigarettes.* Boston, Massachsetts, Harvard School of Public Health.

Misra M et al. (2005) Toxicological evaluation of a cigarette paper with reduced ignition propensity: in vitro and in vivo tests. *Toxicologist*, 84 (Suppl. 1):1186.

New York Office of Fire Prevention and Control (2008) *List of cigarettes certified by manufacturers.* Available at: http://www.dos.state.ny.us/fire/ pdfs/ cigaretteweblist.pdf. Accessed 23 October 2008.

O'Connor RJ (2008) New research on fire safe cigarettes. In: *Third international conference on fire 'safer' cigarettes.* Norwood, Massachusetts, National Fire Protection Association and Harvard School of Public Health.

O'Connor RJ et al. (2006) Smokers' reactions to reduced ignition propensity cigarettes. *Tobacco Control,* 15:45–49.

O'Connor RJ et al. (2007) Prevalence of behaviors related to cigarette-caused fires: a survey of Ontario smokers. *Injury Prevention,* 13:237–242.

Ohlemiller TJ et al. (1993) *Test methods for quantifying the propensity of cigarettes to ignite soft furnishings.* Gaithersburg, Pennsylvania, Technology Administration, National Institute of Standards and Technology, Department of Commerce (NIST Special Publication 851).

Patskan G et al. (2000) Toxicological characterization of a novel cigarette paper. *Toxicologist,* 54:398.

Philip Morris (1987) *Project Tomorrow—status and plans,* 25 November 1987. Richmond, Virginia (Bates No. 1002816087-6088).

Stevenson WW, Graham J (1988) *Reduced ignition propensity smoking article.* United States Patent No. 4 776 355, 11 October 1988.

Thelen VK (2006) *Fire-safe cigarettes: an overview. Top paper: performance by understanding.* Traun, Delfort Group. Available at: http:// www. delfortgroup.com/toppaper/archive/toppaper_0206.pdf.

Theophilus EH et al. (2007a) Toxicological evaluation of cigarettes with two banded cigarette paper technologies. *Experimental Toxicology and*

Pathology, 59:17–27.

Theophilus EH et al. (2007b) Comparative 13-week cigarette smoke inhalation study in Sprague-Dawley rats: evaluation of cigarettes with two banded cigarette paper technologies. *Food Chemistry and Toxicology*, 45:1076–1090.

附录 2.1 公示法案
卷烟消防安全标准和消防队员保护法

1. 名称。该法案可引称为"消防安全标准和消防队员保护法"。

2. 判决。

立法机关裁决并声明：

a. 卷烟是各州和各国火灾引发死亡的主要原因。

b. 美国每年有 700 ～ 900 人因卷烟引发的火灾而死亡，3000 人因此受伤，[____ ～ 2005 年] 各州 [ ] 次住宅火灾和 [ ] 起事故是由卷烟引起的。

c. 受害者中有很大一部分是非吸烟者，其中包括老人和儿童。

d. 卷烟引起的火灾每年造成美国数十亿美元的财产损失，导致各州数百万美元的损失。

e. 卷烟火灾对消防队员造成了不必要的危害，并消耗了市民本可避免的应急响应费用。

f. 2004 年，纽约州实施了卷烟消防安全条例，要求纽约州出售的卷烟应满足消防安全性能标准；2005 年，佛蒙特州和加利福尼亚州颁布了卷烟消防安全法，直接将纽约州的条例引入了法令；2006 年，伊利诺伊州、新罕布什尔州和马萨诸塞州加入制定这类法律的行列。

g. 2005 年，加拿大实施了包含在其他州法中的纽约州消防安全标准，成为第一个拥有卷烟消防安全标准的国家。

　　h. 纽约州卷烟消防安全标准是基于美国国家标准与技术研究所、国会研究团队和私人产业几十年来的研究。

　　i. 卷烟消防安全标准使各州的成本最小化，也最大限度地减轻卷烟制造商、分销商和零售商的负担，因此应该成为本州的法律。

　　j. 因此本州适宜采用卷烟消防安全标准，该标准在纽约州有效地减少了卷烟引发火灾并导致死亡、伤害和财产损失的可能性。

　　3. 术语。本法案中：

　　a. "代理"是指经 [管理卷烟印花税的政府机构] 授权可采购并在卷烟包装上贴印花的任意个体。

　　b. "卷烟"是指：

　　（1）任何用于抽吸的卷，全部或部分由烟草或任何其他物质制成，不论大小或形状，以及这种烟草或物质是否经过调味，是否与其他任何成分掺杂或混合，其包装或表面覆盖了纸或任何其他烟叶以外的物质或材料；或

　　（2）任何裹着含有烟草的任意物质的用于抽吸的卷，因为它的外观、填料中用的烟草的类型，或其包装和标签可能会使消费者将其作为上述段落（1）中所描述的卷烟而购买。

　　c. "主管"是指 [执行本法案规定的政府机构] 的主管。

　　d. "制造商"是指：

　　（1）制造或生产卷烟或造成卷烟得以在任何地方制造或生产并计划在本州出售的包括要在美国出售的进口卷烟的任意实体；或

　　（2）任意地方的第一个购买者，计划在美国出售其他地方生产的卷烟，且卷烟原本的制造商并未打算在美国销售；或

　　（3）任何成为本条款第（1）和（2）段描述的实体的继任者的实体。

　　e. "质量控制和质量保证计划"是指执行的实验室程序，用以确

保操作偏差、系统和非系统方法误差以及设备相关的问题不影响测试结果。该程序保障了所有用来验证卷烟与本法案一致性的测试试验的测试再现性保持在本法案第 4 条款附属条款 a 第（6）段中所需的再现性范围内。

f．"再现性"指的是单个实验室对卷烟的重复测试的结果 95% 情况下所落在的值的范围。

g．"零售商"指的是除了制造商或批发商以外从事烟草制品销售的任何人。

h．"销售"指的是对权利或持有或两者一起的任何转让、交换或交易，有条件的或没条件的，以任何方式或以任何手段或任何因此的协议。除了现金和信贷销售以外，以卷烟为例，奖品或礼物以及以金钱以外任何报酬来交换卷烟，均被认为是销售。

i．"出售"是指卖出或提供，或同意做同样的事。

j．"批发商"指的是除了制造商以外的任何向零售商或其他以再贩卖为目的人销售卷烟或烟草制品的人，以及任何在其房屋或其他任何人的房屋拥有、经营或维护一个或多个卷烟或烟草制品自动售货机的人。

4. 测试方法和性能标准

a．除了本节附属条款 g 列出的以外，任何未经本节所列的测试方法检测并达到指定性能标准，即制造商未依照本法案第 5 条款 [负责实施本法案条例的政府机构] 存档的书面认证，以及未依照本法案第 6 条款进行标记的卷烟不得在本州出售或用于出售，或者出售或用于出售给本州的人。

（1）卷烟测试应依照美国材料与测试协会（ASTM）标准 E2187-04 "卷烟引燃倾向测量的标准测试方法"。

（2）测试应在 10 层滤纸上进行。

（3）依据本条款的方法，一次测试试验中，全长燃烧的卷烟不应超过 25%。每一测试卷烟需要由 40 次重复试验组成一个完整的试验。

（4）本条款要求的性能标准只可应用于一个完整的试验。

（5）书面认证应基于得到认可遵守国际标准化组织（ISO）ISO/IEC 17025 标准或 [负责实施本法案条例的政府机构] 要求的其他类似的认证标准的实验室进行的测试。

（6）实验室依照本条款进行测试，应执行质量控制和质量保证计划，包括确定测试结果再现性的步骤。再现性值应不超过 0.19。

（7）如果卷烟经测试符合本法案，则用于任何其他目的本条款都不需要进行额外的测试。

（8）[负责实施本法案条例的政府机构] 执行或赞助的用以确定卷烟遵守要求性能标准的测试应依照本条款执行。

b. 提交认证的依照本法案第 5 条款在卷烟纸上使用低透气度条带来达到本条款要求的性能指标的每种卷烟，其烟支周围的纸上至少应有两个相同的条带。至少一个完整的条带应位于距卷烟点燃端至少 15mm 处。对于条带按照设计放置的卷烟来说，至少要有两个条带完全位于距点燃端至少 15mm 处和距滤嘴 10mm 处的烟支上，或对于非过滤嘴卷烟来说位于距标签端 10mm 处的烟支上。

c. [负责实施本法案条例的政府机构] 认定无法依照本条款 a 附属条款 (1) 中规定的测试方法进行测试的卷烟的制造商，应向 [负责实施本法案条例的政府机构] 提议该卷烟的测试方法和性能标准。测试方法一经批准，且制造商提议的性能标准经 [负责实施本法案条例的政府机构] 测定与本条款附属条款 a（3）所规定的性能标准等效，则制造商可以采用该种测试方法和性能标准来保证该种卷烟符合本法案第 5 条款。如果 [负责实施本法案条例的政府机构] 确定另一个州制定了包含与本法案中相同的测试方法和性能标准的低引燃倾向卷烟标准，并且 [负责实施本法案条例的政府机构] 发现负责执行那些要求的行政人员已认可制造商提议的对于某一特别卷烟的替代测试方法和性能标准符合该州消防安全标准法案或法规中与本条款相当的规定，那么 [负责实施本法案条例的政府机构] 应授权制造商采用替代测试方法和性能标准来保证该种卷烟可在本州出售，除非 [负责实施本法案条例的政府机构] 有合理依据来说明为何替代测试方法在本法案中不应被接受。本条款的其他可适用的要求应该应用于制造商。

d. 每个制造商应将对所有出售卷烟进行的所有测试的报告副本保存 3 年，并使 [负责实施本法案条例的政府机构] 和司法部长依据书面要求可以获得这些报告副本。任何无法在收到书面要求 60 天内提供报告副本的制造商应当受到民事处罚，超过 60 天后制造商仍无法提供副本则每超出 1 天须缴纳不超过 10000 美元的罚款。

e. [负责实施本法案条例的政府机构] 可以采用后续 ASTM 测量卷烟引燃倾向的标准试验方法，因为与依照 ASTM 标准 E2187-04 和本条款附属条款 a（3）中的性能标准对任意卷烟全长燃烧率的测试相比，该后续方法不会导致相同卷烟全长燃烧率的变化。

f. [负责实施本法案条例的政府机构] 应审议本条款的有效性，并且每三年向立法机关报告 [政府机构的] 结果，如果合适的话，也报告立法建议，以提供本法案的有效性。报告和立法建议应当在每三年期总结后不迟于 6 月 30 日提交。

g. 本条款附属条款 a 的要求不应禁止：

（1）批发或零售商销售其现有卷烟库存，或在本法案生效后批发或零售商能够确定卷烟上的州税印花是在法案生效前粘贴的，并且批发或零售商能确定库存是在法案生效前购买的，且库存购买量与上年同期相当时；或

（2）卷烟的销售只是为了消费者测试目的。在本附属条款，"消费者测试"是指制造商（或在制造商的控制和指导下）为了评估消费者对卷烟的接受度而进行的卷烟评价，只使用必要数量的卷烟，且在受控环境中使用，即卷烟或是在现场使用或是在测试完成后返回给测试人员。

h. 本法案应依照纽约卷烟消防安全标准的实施和主旨来执行。

5. 认证和产品的变化

a. 各制造商应向 [负责实施本法案条例的政府机构] 提供书面认证来证明：

（1）认证中列出的每种卷烟都已经过本法案第 4 条款的测试；且

（2）认证中列出的每种卷烟都符合本法案第 4 条款规定的性能标准。

b. 认证中列出的每种卷烟都应描述以下信息：

（1）包装上列出品牌或商品名；

（2）风格，如淡或超淡；

（3）长度（毫米）；

（4）圆周（毫米）；

（5）风味，如薄荷或巧克力（如果可以的话）；

（6）过滤嘴或非过滤嘴；

（7）包装描述，如软包或硬包；

（8）依照本法案第 6 条款进行标识；

（9）如果不同于执行测试的制造商，应列出实验室的名称、地址和电话；

（10）测试的时间。

c. 该认证应可使司法部长获得以确保符合本法案，应使 [负责实施本法案条例的政府机构] 获得以确保符合本条款。

d. 本条款认证的每种卷烟每三年应重新认证。

e. 制造商应为认证中列出的每一种卷烟向 [负责实施本法案条例的政府机构] 支付 250 美元的费用。[负责实施本法案条例的政府机构] 有权每年对该费用进行调整，以确保满足处理、测试、执行和监督等本法案所要求活动的支出。

f. [国库] 设立了一项被称为 "卷烟消防安全标准和消防员保护法执法基金" 的独立的永久性基金。该基金包括制造商提交的所有认证费用，并且除了其他任何用于这样的目的的款项以外，还应提供给 [负责实施本法案条例的政府机构] 来独自支持本法案的处理、测试、执行和监督等活动。

g. 如果制造商已根据本条款认证卷烟，其后对该卷烟作出任何改变，该改变可能使其对本法案要求的低引燃倾向标准的符合性发生改变时，则该种卷烟将不能在本州出售或用于出售，除非制造商依照本法案第 4 条款的测试标准重新测试该卷烟并依照本法案第 4 条款的要求保存重新测试的记录。任何不符合本法案第 4 条款性能标准的改造卷烟将不得在本州销售。

6. 卷烟包装标识

a. 制造商依照本法案第 5 条款认证的卷烟应进行标识指明符合本法案第 4 条款的要求。标识应为 8 号字或更大，包括：

（1）产品的商品条形码（UPC 码）的改变，在 UPC 码上或周

围区域印刷可见的标识。该标识可能由字母、数字或符号字符连同UPC 码永久印花、镌刻、压花或印刷；或

（2）卷烟包装或玻璃纸包上任何永久地印花、镌刻或压花的可见的字母、数字或符号的组合；或

（3）标明卷烟满足本法案标准的印刷、印花、镌刻或压花的文字。

b. 制造商应只使用一个标识，并保持所有包装标识一致，包括但不限于盒、条、箱以及制造商营销的品牌。

c. 应告知 [负责实施本法案条例的政府机构] 所选择的标识。

d. 认证任意卷烟时，制造商应向 [负责实施本法案条例的政府机构] 提供其提议的标识用于批准。收到请求后，[负责实施本法案条例的政府机构] 应批准或不批准提交的标识，除了以下 [负责实施本法案条例的政府机构] 应批准的：

（1）依据纽约卷烟消防安全标准批准出售和在使用的任何标识；或

（2）标志着满足消防标准的字母"FSC"以 8 号或更大的字永久地印刷、印花、镌刻或压花在包装上或 UPC 码附近。

如果 [负责实施本法案条例的政府机构] 在收到批准请求的 10 个工作日内未做出回应，提议的标识应被视为获得批准。

e. 制造商不应修改经批准的标识，除非此修改已依照本条款通过 [负责实施本法案条例的政府机构] 的批准。

f. 制造商在依照本法案第 5 条款认证卷烟时，应向其售卖卷烟的所有批发经销商和代理商提供一份认证的副本，还应向从批发经销商或代理商购买卷烟的零售商提供足够多的制造商依照本条款所使用的包装标识的说明的副本。批发经销商和代理商应向其销售卷烟的零售商提供一份从制造商处获得的这些包装标识的副本。批发

经销商、代理商和零售商应允许 [负责实施本法案条例的政府机构]、[负责实施本州卷烟税法案条例的政府机构]、司法部长和办事人员检查依照本条款标识的卷烟包装标识。

7. 处罚

a. 制造商、批发商、代理商或任何其他有意出售或用于出售卷烟的个人或实体，除了通过零售销售，违反本法案第 4 条款，须处以不超过 100 美元每包出售或用于出售卷烟的民事罚款，在任何情况下对任何个人或实体 30 天内的罚款不超过 10 万美元。

b. 零售商有意出售或用于出售卷烟违反本法案第 4 条款时，须处以不超过 100 美元每包出售或用于出售卷烟的民事罚款，在任何情况下对任何零售商 30 天内的罚款不能超过 2.5 万美元。

c. 除了法律规定的任何处罚以外，任何从事卷烟生产的公司、合伙人、投资人、有限责任合伙公司或协会，有意制作依照本法案第 5 条款的虚假认证，每一例假认证应受到最少 7.5 万美元最多 25 万美元的民事处罚。

d. 任何个人违反本法案的其他条款在初犯时须处以不超过 1000 美元的民事处罚，再犯时每次处以不超过 5000 美元的民事处罚。

e. 任何已出售或用于出售的卷烟若不符合本法案第 4 条款的性能标准要求，应 [根据本州法律与没收违禁品相关条款] 予以没收。根据本条款没收的卷烟应当予以销毁；然而，在销毁任何根据这些规定没收的卷烟之前，应允许卷烟商标权的真正持有人对这些卷烟进行检查。

f. 除了法律规定的任何其他补救措施，[负责实施本法案条例的政府机构] 或司法部长可以将违反本法案的行为归档在 [法院名称]，包括申请禁令救济或追回本州因违反本法而遭受的任何成本或损害

（包括涉及具体违反的执法费用和检察官费用）。每一项违反本法案或法案采用的条例或规程的行为都构成一次单独的民事违法行为，[负责实施本法案条例的政府机构]或司法部长可能因这些行为获得经费。

g. 每当[负责实施本法案条例的政府机构]的任何执法人员或正式授权代表发现未按本法案第 6 条款规定的方式标识的卷烟，这些人员特此获得授权允许没收这种卷烟。这种卷烟将上缴[税收和财政部门]，并应由本州没收。根据本条款，没收的卷烟应当予以销毁；然而，在销毁任何根据这些规定没收的卷烟之前，应允许卷烟商标权的真正持有人对这些卷烟进行检查。

8. 执行

a. [负责实施本法案条例的政府机构]本着执行本法案的目的，可以根据[州行政程序法]，颁布法规和条例。

b. [负责实施本州卷烟税法案条例的政府机构]在定期对批发经销商、代理商和零售商进行检查时，经[州卷烟税法]授权，可以检查卷烟以确定其是否按照本法案第 6 条款要求进行标识。如果卷烟没有按要求标识，[负责实施本州卷烟税法案条例的政府机构]应通知[负责实施本法案条例的政府机构]。

9. 检查

为执行本法案的条例，司法部长、[州税务和财政部门]和[负责实施本法案条例的政府机构]，以及经正式授权的代表和其他执法人员有权审查任何拥有、控制或占有任何存放、储存、出售或用于出售卷烟的场所以及场所内存有卷烟的人的书籍、文件、发票和其他记录。每个拥有、控制或占有任何存放、储存、出售或用于出售卷烟的场所的人，被要求向司法部长、[州税务和财政部门]和[负责实施本法案条例的政府机构]，以及经正式授权的代表和其他执法人员提供方法、设施和条件来进行本条款授权的检查。

10. 卷烟消防安全标准和消防员保护法案基金。

国库设立了被称为"卷烟消防安全标准和消防员保护法执法基金"的专项基金。基金包括本法案第 7 条款所收缴的所有款项。这些款项应存入该基金的账户，除了其他任何可用于该目的的款项，提供给负责实施本法案条例的政府机构以支持消防安全与预防计划。

11. [国家名称] 外出售的。

本法案中的任何规定不应解释为禁止任何人或实体制造或销售不符合本法案第 4 条款规定的卷烟，例如卷烟正在或将要盖印销往另一个州或包装销往美国外的另一个国家，以及如果个人或实体已采取合理措施保证这些卷烟不会在本州出售或出售给本州的人。

12. 取代。

如果取代本法案的联邦低引燃倾向卷烟标准得以采纳并生效，则该法案废止。

13. 生效日期。

本法案颁布后的第 13 个月的第 1 天正式生效。

纽约州条例的链接：

http://www.dos.state.ny.us/fire/amendedcigaretterule.htm

加拿大低引燃倾向卷烟条例的链接：

http://canadagazette.gc.ca/partII/2005/20050629/html/sor178-e.html

3. 强制降低卷烟烟气中的有害物质：烟草特有亚硝胺和其他优先成分

3.1 行动纲领和建议

世界卫生组织《烟草控制框架公约》（FCTC）在第9条和第10条中确认了对烟草制品监管的需要。现有的产品监管策略基于现行ISO抽吸模式下吸烟机测得每支卷烟的焦油、烟碱和一氧化碳（CO）值，是导致危害性的原因。由于允许吸烟机所测结果作为暴露或风险的测量方法，对吸烟者产生了误导，使其认为测试结果低的卷烟风险少，是可用于戒烟的合理方法。这种危害性终止了继续基于每支卷烟机测焦油和烟碱的产品管制策略，需要建立一种新的方法。成立了WHO烟草制品管制研究小组/国际癌症研究机构（TobReg/IARC）工作组，旨在建立一种替代方法。

本报告建议的管制策略基于产品性能测试，目标是降低卷烟主流烟气中有害物质水平。建议设定所选择的主流烟气每毫克烟碱有害物质限量，禁止销售或进口超过这些限量的卷烟品牌。规定有害物质含量水平以每毫克烟碱计的目的是消除测量的干扰：以每支卷烟产生的烟气来定量，以及使用ISO焦油、烟碱和CO值作为人体暴露和风险测量所产生的误导。它接近于标准条件下产生的烟气毒性的产品表征。

禁止基于任何机测值的消费者认知也是必要的。这将减少消费者误以为机测值代表吸烟者暴露的可能性，如现行的焦油、烟碱和一氧化碳值所产生的误导。

TobReg 认为理想的产品监管策略要包括人体暴露和损伤的测量；然而，审查将暴露或危害性生物标志物用于产品监管的现有证据表明，目前不存在已经过验证的危害性生物标志物。存在经验证的暴露生物标志物，但产品使用中产生的这些生物标志物的差异，不能与使用该产品的吸烟者的特征差异区分开，使在产品监管中利用暴露生物标志物存在问题。由于这些限制，TobReg 认为目前有效的监管策略是基于产品成分和吸烟机产生烟气释放物来限制产品的性能标准，而不应是基于风险或危害性的测量。

有害物质清单的选择基于以下几方面的评估：对动物和人体的毒性数据、毒性指标、不同品牌的有害物质变化、有害物质降低的可能性，包括的成分应来自烟气气溶胶的粒相和气相部分以及来自卷烟烟气中不同的化学物质类别。还应考虑选择对心血管和肺有害性及致癌性的化合物。用于管制化合物的选择所依据的最重要的标准是毒性证据。

反映卷烟品牌有害物质水平变化情况的已有数据提供了确定含量水平降低的一组初始观察值，市售的一些产品已达到了这一水平。在此提出了使用这些数据确认被监管市场的合适水平的一种方法。初始水平的设定在降低烟气有害物质水平的整体策略中是第一步，进一步的措施将依据我们对可能扩展内容和新技术发展的认识。本报告中推荐的水平代表了 TobReg 从已有数据经最实际的权衡后做出的判断，考虑到需要管制一系列的有害物质，管制要求有害物质实质性降低，但不推荐设定的水平消除掉数据集合中的牌号的大多数。鼓励监管机构从自己的市场获取数据，当然可以选择不同的水平，以期更适合实际情况。鼓励监管机构依据在其市场中销售牌号的数据设定水平，并使用本报告提供的原则。

应分阶段实施所推荐的管理策略，开始阶段要求卷烟制造商向监管机构按年度报告有害物质水平；接下来，应公布对有害物质设定的水平，超出设定水平的品牌不能销售；最后，管制执行设定的水平。

人们希望，当这种监管战略全面实施后，监管部门将采取更进一步的措施来降低有害物质的管制水平。这些措施可采取的方式是随着新技术或产品设计的开发设定出目标或时间表。

在表 3.1 中列出了建议管制降低的有害物质和从已有的数据获得的建议管制初始水平。使用修改后的、更深度抽吸的参数的吸烟机测试模式获取数据，其卷烟滤嘴的通风孔被封闭，TobReg 建议监管机构在提出管制策略时执行这种测试模式。

表 3.1   建议管制降低的有害物质

有害物质	含量 (μg/mg 烟碱)		设定限量值的标准
	国际牌号 [a]	加拿大牌号 [b]	
NNK	0.072	0.047	数据组的中位值
NNN	0.114	0.027	数据组的中位值
乙醛	860	670	数据组中位值的 125%
丙烯醛	83	97	数据组中位值的 125%
苯	48	50	数据组中位值的 125%

续表

有害物质	含量 (µg/mg 烟碱)		设定限量值的标准
	国际牌号 [a]	加拿大牌号 [b]	
苯并 [a] 芘	0.011	0.011	数据组中位值的 125%
1,3- 丁二烯	67	53	数据组中位值的 125%
一氧化碳	18400	15400	数据组中位值的 125%
甲醛	47	97	数据组中位值的 125%

注：NNK，4-(N- 甲基亚硝胺基)-1-(3- 吡啶基)-1- 丁酮；NNN: N′- 亚硝基降烟碱

a 基于 Counts 等 (2005)

b 基于报告给加拿大卫生部的数据，排除了 NNN 含量 >0.1 ng/mg 烟碱的品牌，即大部分的美国和高卢品牌（http://www.hc-sc.gc.ca/hl-vs/tobactabac/legislation/reg/indust/constitue.html）

在表 3.1 中的"国际牌号"一列给出的水平是基于混合型美国式卷烟牌号的国际样品（Counts et al., 2005）。"加拿大牌号"一列的数据是基于向加拿大卫生部报告的一些代表主要含有烤烟（浅色烟）的卷烟牌号。这两种风格的卷烟类似于在其他国家销售的产品。监管机构应使用自己市场上报告的数据（如果可得到）来设定水平，或者他们可以选择与从已管制的市场中获得的卷烟最接近的数据。在报告中，两种风格的卷烟水平差异特别大的是烟草特有亚硝胺（TSNA）N′- 亚硝基降烟碱（NNN）和 4-(N- 甲基亚硝胺基)-1 -(3- 吡啶基)- 1- 丁酮（NNK）。

如在 TobReg 第一份报告（WHO，2007）中所描述的此种监管方法，使用 NNN 和 NNK 的中位值作为建议水平，是因为有充分的证据表明，现有技术可以大大降低烟气中这些有害物质的量。对于其他有害物质，推荐的初始水平为中位值的 125%，表明现有方法减少这些毒物存在较大的不确定性。大幅度降低水平应是这一策略的最终目标。

建议的管制策略专注于标准条件下的产品和产生的烟气。管制降低烟气有害物质的每毫克烟碱计水平会使卷烟管制与其他降低吸烟者使用产品中已知有害物质的管制方法保持一致。降低产品中有害物质的水平是一种被广泛接受的监管实践。预期的结果是，排除市场上那些有害物质水平最高的牌号。这种策略不基于也不依靠实际测量或估算人体暴露或风险，因此不能被用来量化人体暴露、风险或疾病的减少。它依靠的是测量已明确的有害物质，当它们存在于标准条件下产生的烟气中时。

监管当局有责任确保公众不被推荐的机测结果和管制调整的数值所误导。这是因为公众被现行 ISO 方案下焦油、烟碱和一氧化碳机测值的发布所误导。科学上还没有明确机测卷烟烟气中任何单个的有害物质的减少，包括这篇报告中提到的那些，会减少实际人体暴露或疾病风险。管制降低或从市场中除去含量水平较高的一些牌号，不表示其余的品牌是安全的，或者比除去的牌号有更少危险，也不表示市场上产品的安全性获得了政府批准。

TobReg 建议任何基于机测值的监管方法，应明确禁止使用机测值，或牌号测试水平的相对排名，在销售、促销或向公众发布的其他信息，包括产品商标中，作为风险或暴露的指标。声明某牌号已经符合政府的监管标准也应被禁止。

3.2 简　　介

防止开始使用烟草制品、促使戒烟和保护公众免受二手烟暴露是由世界卫生组织《烟草控制框架公约》确认的降低烟草相关发病率和死亡率的最有效的方法。

公约还认为，无论如何，烟草制品需要被监管，如在该公约的第 9 条和第 10 条规定的。TobReg 拟定了一系列烟草制品管制科学基础报告（WHO，2007）。本报告是该系列报告中的第二份，更进一步规定了作为产品监管方法，如何管制降低卷烟烟气机测的有害物质水平。该报告是由 TobReg 和 IARC 共同努力的结果，后者召集了一个工作组向 TobReg 报告。

烟草制品的管制需要一些或一系列的可以评估烟草制品的度量标准。最常见的是基于 ISO 和美国联邦贸易委员会（FTC）的测试方案，测量每支卷烟机测焦油、烟碱和一氧化碳值。科学的共识是每支卷烟的测量值不能提供人体暴露或抽吸不同牌号卷烟时相对人体暴露的正确估计 (Stratton et al., 2001；National Cancer Institute, 2001；Scientific Advisory Group on Tobacco Product Regulation, 2002；Department of Health and Human Services, 2004a)。对吸烟者公布这些测量值，导致他们相信如果改用不同机测值的卷烟牌号，他们的暴露和风险会有所不同，从而造成危害。任何新的产品监管策略都应考虑目前报告的每支卷烟的焦油、烟碱和一氧化碳值造成的危害，并应该促使纠正这种危害。这种持续的危害妨碍了目前基于每支卷烟焦油、烟碱和一氧化碳机测值的监管策略被认可，需要新的监管方法。

一些 ISO/FTC 抽吸方案之外的吸烟机抽吸方案已被仔细检查，尤其是使用深度抽吸参数的方案，其中部分或所有的卷烟滤嘴通风孔被封闭。列举的这些例子由美国马萨诸塞州和加拿大政府建立。这些方案通常得到比以每支卷烟计更高的测量值，并减少了品牌之间的差异。然而，该方案继续按每支卷烟的焦油和烟碱值对牌号进行排名。深度抽吸方案得到的每支卷烟测量值的排名不能提供人体暴露或吸烟者抽吸不同牌号卷烟时相对暴露的有效估计。因此，当以每支卷烟计时，即使是深度抽吸方案的测量值也可能误导吸烟者。

一种吸烟机测试方案只能得到一组有害物质的数据。与吸烟机相反，吸烟者个体在抽吸同一牌号的不同烟支时会改变抽吸模式，而且卷烟设计的变化可以导致吸烟者系统性改变他们抽吸不同设计的卷烟的方式。吸烟者抽吸行为的这些变化限制了使用机测烟气值作为暴露的估计。个别吸烟者寻求获得能充分满足他们烟瘾的烟碱摄入量，但在一般吸烟人群中烟碱的摄入水平相差很大 (Benowitz et al., 1983；Jarvis et al., 2001)。获得想要的烟碱水平的抽吸模式也有巨大变化（烟斗尺寸、抽吸持续时间、抽吸间隔和吸入深度），吸烟者在吸一支卷烟到吸另一支卷烟，或抽一口到抽另一口时抽吸模式可能会有所不同 (Djordjevic, Stellman, Zang, 2000；Melikian et al., 2007a,b)。这些变化的原因意味着从一个单一的标准化的机测方案得到的焦油、烟碱和一氧化碳值不能可靠估计吸烟者的暴露。

卷烟设计的变化，特别是滤嘴通风率，与吸烟人群的正常抽吸模式的实质性差异有关，而且吸烟者转换牌号时试图改变抽吸模式来保持他们的烟碱摄入量 (National Cancer Institute, 2001)。焦油、烟碱、一氧化碳和其他有害物质的数值由于吸烟机参数的差异有很大的不同，其他有害物质的水平在以每支卷烟和每毫克焦油或烟碱表示时都存在变化。在不同设计的产品被吸烟者抽吸时的系统性差异，以及当卷烟抽吸方式不同时的数值差异使比较不同牌号每支卷烟机测值作为人体暴露估计是毫无意义的。因此，目前广泛使用的吸烟机测试方案不能用于提供人体暴露的估计，不应该被用作支持降低暴露或风险的声明。

　　吸烟机测试的局限性促进了通过血液、尿液和唾液中的生物标志物定量测量吸烟者实际暴露的工作。当测量吸烟者个体的这些生物标志物时，无论如何，它们受个体特征和吸烟行为特征，以及抽吸产品特性的影响 (National Cancer Institute, 2001；Scientific Advisory Group on Tobacco Product Regulation, 2002)。识别生物标志物水平的变化是产生于产品的差异还是产生于吸烟行为（比如谁使用产品和他们如何使用产品）的差异是一个巨大的科学挑战。需要研究解决这些问题使暴露生物标志物可以成为产品监管的有效工具。市场上牌号的多样性，吸烟者自主选择使用不同的产品，以及吸烟者如何使用该产品的差异，造成了现有科学知识水平下将暴露的生物标志物用于监管策略来监察卷烟产品差异很困难。

　　不同的卷烟所引起的危害的差异性会是产品监管的一个很有效的测量标准。生物有效剂量的标志物（在关键的靶器官或组织的有害物质水平）可能会在未来被发现并验证，期待这些能提供更精确地测量烟气摄入量的方法，更好地预测烟气毒性（Stratton et al., 2001）。测量损伤或验证疾病风险生物标记物也可能在不久的将来实现。与目前流行病学测量可能的疾病后果的方法比较，它们将使疾病风险差异评估更快速。这些进展也可能用于烟草制品之间的风险差异性评价。目前，无论如何，这种测量方法尚未被验证用于可靠地、独立地预测使用不同产品的吸烟者的烟草相关疾病风险差异（Hatsukami et al., 2004）。

　　测量人体暴露和人体损伤的局限性表明，在不久的将来，产品的监管方法可能局限于测量产品设计特点和释放物的差异而不是测量它们被吸烟者的使用。使用吸烟机产生烟气的化学测量方法作为产品危险摄入评估存在的全部局限性，或许意味着目前对产品毒性监管评估的牌号之间差异进行科学评估的局限。

　　基于吸烟机产生烟气的测量可简便、持续地进行，并提供在标准条件下吸烟时设计特性对烟气释放物中有害化合物影响的信息。测量吸烟机产生的烟气不能提供的是了解吸烟者如何对设计的改变做出反应，测量实际或相对的人体暴露，或评估吸烟者对暴露的响应或风险的后果。然而，在获得用于产品监管的暴露和危害测量标准之前，测量吸烟机产生的烟气可以作为一种有用的、临时的监管工具。因为以每支卷烟计的测量值存在误导性，TobReg 建议测量值以每毫克烟碱的有害物质计，来消除前者造成的机测值反映吸烟者的暴露这一误解，正如现在使用 ISO 焦油、烟碱和一氧化碳值所产生的。以每毫克烟碱有害物质表示可以在标准条件下产生烟气来测试卷烟，也可以以烟碱定量的毒性来表征烟气特性。这种表征变化可以消除对于产品毒性特征和暴露的误解，但是，禁止认为这些值是对风险暴露的测量，仍需要作为管制方法的一部分。

3.3　背　　　景

　　2004 年 10 月 26～28 日在加拿大蒙特贝洛举行的会议上（WHO，2004），TobReg 认为基于 ISO/FTC 方法的焦油、烟碱和一氧化碳机测值误导消费者和监管机构，从而造成危害；他们还建议，这些测量不应再被吸烟者认为是暴露或风险的测量。同时，TobReg 认为在发现有效的风险生物标志物之前，放弃使用 ISO 方法测量焦油、烟碱和一氧化碳作为监管手段，将会造成监管或信息空白，这对 WHO 成员国来说不是最有益的方法。

ISO 技术委员会 TC126 认识到机测值的滥用，已正式表决通过一项决议，作为所有吸烟机测试标准的基本原则，声明如下：

- 吸烟机抽吸方案不能体现所有的个体吸烟行为；
- 推荐在不同的机器吸烟强度条件下测试产品以收集主流烟气的方法；
- 吸烟机测试对设计和监管目的的卷烟释放物表征是有用的，但对吸烟者公布吸烟机测试会导致其对不同品牌之间暴露和风险的误解；
- 机测烟气释放物数据可作为对产品摄入的危害评估，但它们不意味着也不是有效的人体暴露或风险的测量。将产品之间的机测差异作为暴露或风险的差异是滥用 ISO 标准测试 (ISO, 2006)。

在建立方法来评估不同牌号卷烟的实际暴露、危害或风险差异之前，作为烟草产品管制的一项临时步骤，TobReg 建议在标准条件下测试作为考察产品毒性的一种方法。这种方法应用于产品管制策略类似于其他消费产品所应用的，其中，监管标准重点是减少产品（在本例中是烟气）中存在的已知毒物水平，而不需要来自人群暴露的测量。这种方法是有局限的，因为它提供了很少的人体暴露信息，但它确实可应用于完善建立监管策略。

尽管存在这些限制，但改变监管策略是必要的，因为卷烟非常有害，以及使用基于每支卷烟焦油及烟碱值的现状，正在通过欺骗消费者相信机测值低的卷烟风险较低而造成损害。所以，建立所提出的临时方案是迫切的，因为基于实际暴露和吸烟者危害的测量还需要大量的研究。

TobReg 的建议是按下面描述的测试方法，定量机测烟气中每毫克烟碱特定有害物质的水平。规范每毫克烟碱的有害物质的含量，使对人体暴露标准测量的关注转向对标准条件下产品特性的关注。这种转变可能减少以每支卷烟表示有害物质水平差异的误导作用。因为卷烟中的烟碱是吸烟者寻求的主要的成瘾物质，所以，决定以每毫克烟碱而不是以每毫克焦油为标准规范。这种有害物质含量的标准化测量将有助于考察卷烟设计与烟气成分之间的关系。它们也为监管部门提供了一个减少烟草烟气中已确认有害物质水平的机制，使监管部门可采取监管行动，同时进一步发展烟草烟气有害物质危害的科学评估。

为了就如何最佳实施 TobReg 规定的策略制定出科学指导，世界卫生组织无烟草行动组（WHO TFI）和国际癌症研究机构（IARC）设立了一个工作组来规定管制减少烟草烟气有害物质。2006 年 4 月 9 ～ 10 日在法国里昂的会议上完成了第一份报告，TSNA 的限量及如何在监管策略中应用它们的方法是该份报告 (WHO, 2007) 的重点。本报告对包括亚硝胺在内的烟气有害物质进行了说明，是 2006 年 10 月 12 ～ 13 日在瑞士日内瓦及 2007 年 3 月 22 ～ 23 日在美国加利福尼亚州圣地亚哥召开的工作组会议上完成的。为了完整性，本报告包括了关于 TSNA 第一份报告的摘要。

3.4 关于强制降低烟草特有亚硝胺的第一份报告

作为 WHO 的建议，第一份报告 (WHO, 2007) 建议管制降低每毫克烟碱的 NNN 和 NNK 机测值。提出的水平被采用作为世界卫生组织的标准，并被个别国家作为管制降低的 TSNA 水平。TSNA 是强致癌物质，有明确的证据表明，改变烟草烤制方法和其他工艺方法可以大大降低烟气中的水平 (Peele, Riddick, Edwards, 2001；IARC, 2004)。各国的牌号中这些亚硝胺水平有明显的变化，如澳大利亚和加拿大的数据所表明的那样 (Australian Department of Health and Aging, 2001；Health Canada, 2004)。来自同一制造商的国际品牌样品也显示 TSNA 水平差异很大 (Counts et al., 2005)。TSNA 有致癌能力，并且有证据表明，现有技术可大幅度降低 TSNA 水平，从而限制卷烟牌号的数量，使其达到监管水平，这通过改变烟草使用方式无法达到，因此 TSNA 被认为是初期管制降低被作为监管策略来使用的理想有害物质。

NNK 和 NNN 的致癌性在大量的实验室动物研究中已被严格地确认。基于这些有害物质的动物致癌性数据、人体暴露数据和机制研究，NNN 和 NNK 都被 IARC 列为人体致癌物质（第 1 类)(Cogliano et al., 2004；IARC, 2007)。

未燃烧烟草中 NNK 和 NNN 的水平与烟气中的 NNK 和 NNN 水平相关，且对其有显著贡献。NNK 和 NNN 在烟草烤制和加工中形成。改变这些过程，特别是在烤制过程中除去丙烷加热，是目前可以做到的，这能大大减少烟草中的水平，从而减少烟气中的水平 (Peele, Riddick, Edwards, 2001；IARC, 2004)。除了烤制中使用热源的影响，还已知 NNK 和 NNN 水平在不同烟草类型中存在显著差异，在晾制加工的白肋烟中比烤烟中高。其他研究表明，烟草硝酸盐水平对烟气 NNK 和 NNN 水平有贡献。综上，证据强烈表明，现有技术可显著降低卷烟烟气中 NNK 和 NNN 的水平。

基于菲利普·莫里斯品牌国际样品的数据，在第一份报告中明确了每毫克烟碱 NNN 和 NNK 的变化，由 Counts 及其同事 (2004)

发表。虽然这项研究是基于似乎现有最好的国际数据，显然反映了来自单个制造商混合型品牌的选定样品，其含有的亚硝胺比目前一些国家（尤其是澳大利亚、加拿大和英国）市场上的品牌高得多。因此，这里提出的每毫克烟碱的水平指南旨在向没有数据或数据不足的国家提供信息。在其市场上主要品牌为亚硝胺水平较低的烤烟的国家，建议最好基于测量本国市场实际销售的卷烟来建立自己的监管水平。

考察 NNN 和 NNK 水平 (Counts et al., 2005) 表明，被测试的菲利普·莫里斯品牌烟气释放物 NNN 的中位值浓度约为 114 ng/mg 烟碱，浓度范围是 16 ～ 189 ng/mg。在测试品牌中 NNK 的中位值水平是 72 ng/mg 烟碱，浓度范围是 23 ～ 111 ng/mg。这些数据表明，烟气释放物中 NNN 114 ng(0.114 μg) /mg 烟碱或更低水平，菲利普·莫里斯公司在国际市场上销售的一半卷烟可达到。因此，该水平反映了这种化合物一个易于达到的初始水平，来实行管制降低水平，而在此水平之上的卷烟应被逐出市场。

同样提出了烟气释放物中 NNK 的限量为 72 ng（0.072 μg）/mg 烟碱。

这些值的设定基于那些国际品牌报告的中位值，这些品牌的亚硝胺水平高于澳大利亚、加拿大和英国卷烟的美国混合型卷烟。比较这些国家有害物质含量表明，卷烟中使用的烟草在吸烟时产生的 NNN 和 NNK 水平，远远低于 Counts 及其同事测试样品的中位值。加拿大卷烟的烟气有害物质释放量数据 (Health Canada, 2004)，一旦将美国和高卢品牌排除在外，则显示 NNN 含量中位值为 26.9 ng/mg 烟碱，NNK 含量中位值为 46.6 ng/mg 烟碱。加拿大 NNN 水平的中位值低于用于建立推荐限量的国际品牌的四分之一，表明两点，大幅降低 NNN 水平的卷烟能被生产和成功销售，建议个别国家最好基于自己市场所销售的产品来设定限量。

来自澳大利亚的数据是类似的情况。用加拿大深度抽吸方法测量澳大利亚卷烟烟气有害物质含量的中位值 (Australian Department of Health and Aging, 2001)，在测试品牌中，NNN 是 19.5 ng/mg 烟碱，NNK 是 25.6 ng/mg。这表明进一步降低亚硝胺的水平有很大空间，生产有广泛市场号召力的低亚硝胺水平的卷烟是可能的。

在个别牌号中 NNN 和 NNK 水平往往是紧密相关的，这产生了一个问题，即是否需要管制降低两种亚硝胺的水平。含有白肋烟的美国混合型卷烟 NNN 水平高于 NNK，主要含有烤烟的加拿大品牌的 NNN 水平低于 NNK，比较两者看不到这种相关性。

图 3.1 显示了按 NNK 水平升序绘制的每个加拿大牌号的 NNN 和 NNK 每毫克烟碱的数据。大多数 NNN 和 NNK 水平高的是美国或法国的牌号，TSNA 差异可能是由于使用烟草配方的差异，以及这些配方中烟草亚硝胺水平的差异。然而，同样明显的是，在美国牌号特别是高卢牌号中的 NNN 和 NNK 水平之间的关系是不同的。这表明，设置 NNN 和 NNK 管制水平可以识别在监管水平以上不同的品牌，特别是当使用烟草的配方发生变化时。

此外，随着新的烤制及其他技术的出现有可能消除 TSNA(那些包含在未燃烧的烟叶或配方中的亚硝胺) 的形成，高温产生 TSNA 的问题将变得更加重要。在吸烟时烟碱（叔胺）比降烟碱（仲胺）的亚硝化速度更慢。这将有利于形成 NNN、N'- 亚硝基新烟草碱（NAT）和 N'- 亚硝基假木贼碱（NAB），而不是 NNK。因此，必须对 NNN 和 NNK（或 NNN 加 NNK）都设定限量，来监管符合管制降低目标而设计的卷烟的烟气 TSNA 成分的意外变化。如本报告提

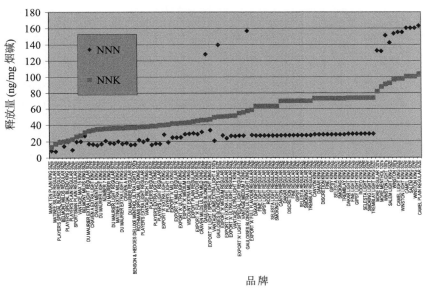

图 3.1 　加拿大各品牌卷烟的 NNN 和 NNK 释放量

NNK：4-(N-甲基亚硝胺基)-1-(3-吡啶基)-1-丁酮；NNN: N'-亚硝基降烟碱

供的数据显示，NNN 是在美国混合型卷烟的主要 TNSA，而在加拿大烤烟型卷烟中 NNK 为主，这说明在从菲利普·莫里斯品牌的国际样品向其他国家市场或向其他制造商的样品外推数据时需要谨慎。

3.5 　产品管制策略中强制降低有害物质水平的使用

拟议的管制策略的目标是降低标准条件下测量的、允许销售的卷烟烟气中有害成分的水平。第二个目标是防止烟气有害物质的水平高于目前市场上已有品牌的卷烟上市。

TobReg 建议的管制策略是基于公共卫生中公认的预防方法。这些方法通过建立产品性能标准及实行良好操作规范（GMP），普遍性降低在任何产品中已知的有害物质。并不要求对所考虑的物质，任一单个有害物质的一个较低的水平（剂量）和人类疾病的一个较低水平（响应）之间有具体联系的证据。只需要知道某物质是有害的，并且减少或去除该物质的过程存在。这种方法不需要实际减少危害的证据；相应地，符合这些监管不支持声称某一品牌是安全的或比其他品牌有更少的危险。

以单位烟碱含量表达烟气中的有害物质水平，使随着不同牌号烟气中烟碱量变化的有害物质水平可以被量化，至少是在用吸烟机测试方案产生烟气的条件下。这种有害物质相对烟碱值的规范化使人关注吸烟产生有害成分的混合物，而不是关注每支卷烟的测量值，当使用这些值来估计吸烟者实际吸烟量时是有误导性的。关注变为标准化的吸烟机测试方案产生的烟气的毒性，而不是产生烟气的数量。这种标准化的毒性测量可以被用于监管卷烟产品。

建议的管制方法通过从市场上排除烟气水平超过特定管制水平的牌号，管制降低每毫克烟碱特定有害物质的含量。目前市场上牌号间有害物质水平的变化显示降低有害物质的水平在技术上是可实现的，因为大量现有牌号已达到了较低水平。排除市场上每毫克烟碱烟气有害物质的水平高的牌号应该能降低市场上剩余牌号每毫克烟碱机测有害物质的平均水平。随着时间推移，逐步减少烟气中的有害物质的量也可以通过逐步降低管制水平实现，或随着减害技术发展，通过设置指标或目标进一步降低有害物质含量。

在现有的牌号中利用有害物质水平的差异来设置限量，确保卷烟的生产工艺能同时满足吸烟者接受度和达到监管限量。此外，这种做法可以鼓励卷烟制造商自愿减少产品有害物质释放物到能达到的最低水平，即使低于既定监管限量。

监管水平的初始建议来自国际品牌的样品有害物质测定值(Counts et al., 2005)和那些提交给加拿大卫生部 (2004) 的报告中的数据。依靠这两个表仅仅是一个临时步骤。本报告建议方法包括要求对给定市场出售的各牌号的机测值进行多年报告的建议。市场特定数据可以最终被用来确立实际发生的变化，以便更准确地确定适当的监管水平。

使用考察相关市场有害物质水平变化的数值而不是使用国际样品的一个数值，通过比较国际样品与报告给加拿大卫生部的加拿大牌号的苯并 [a] 芘测量值来举例说明。将国际牌号按苯并 [a] 芘每毫克烟碱从最低水平到最高水平排序时，各牌号从 5.7 ng/mg 烟碱到 13.8 ng/mg 烟碱范围内显示出一个连续、平稳增长的趋势。相比之下，加拿大的牌号从最低到最高值 (图 3.2) 排序显示上升到约为 9.6 ng/mg 烟碱时，突然跳到 16.8 ng/mg 烟碱。对这个突然的不连续性水平不是立即可以清楚解释的，但明确的是应考察实际加拿大的数值而不是假定国际牌号的样品将为加拿大市场提供一个适当的说明来确定限制性降低。

目前还不清楚是否减少本报告所确定的高优先级有害物质水平将实际减少伤害，或者，甚至是实际减少这些有害化合物的暴露。因此，本提案一个必不可少的组成部分是，监管机构承担责任以确保消费者不会直接或间接被告知，或被引导去相信，符合依据本提案所建立的毒性限量的卷烟是危险性少的、已被政府批准的或符合政府制定的健康或安全标准的。特别是，按这份报告中提议的任何吸烟机产生烟气的指标对卷烟牌号排名，有很大地可能被吸烟者看

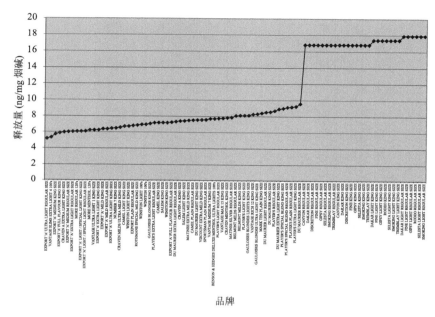

图 3.2　加拿大品牌卷烟中的苯并 [a] 芘释放量

作抽吸不同牌号可能造成的暴露或伤害存在可靠的差异。向消费者传达这样的排名，或让他们直接或间接被告知，很可能影响吸烟者的行为，这将造成伤害，类似于目前被告知 ISO 焦油、烟碱和一氧化碳排名所造成的损害。

　　任何基于机测值的健康或暴露声明都必须被禁止，直到建立经过科学验证的暴露和危害的测量，使监管机构能确定，品牌之间的差异确实减少了实际暴露和风险。因此，目前禁止声明的策略将限制新标准成为营销工具以及被用来误导消费者的可能性。

　　按牌号对有害物质水平进行测量，以及与测试和报告相关的成本预期由卷烟制造商承担。结果应向监管机构报告，样品测试结果应由独立实验室验证。另外，一些监管机构可以用烟草产品税收或许可证的资金自己进行测试。

导致长期、重复地暴露于可引起疾病的烟草有害物质的是烟草使用的成瘾性。贡献于和促进成瘾的烟草制品特性是一个潜在的烟草制品管制重点，其能对疾病的负担产生重大影响。致瘾评估方法和识别影响成瘾因素的方法是 TobReg 正在进行的其他重点工作。它们不在本报告中讨论，但未包括这些内容并不意味着不重要。

在本报告中有害物质的选择是基于若干因素，包括目前确定为有害的烟气成分的证据，已知其有害性及在多个牌号卷烟中被检测到。随着我们的烟气化学知识的扩展和烟气有害物质的毒性证明变得更加完整，优先有害物质的清单可能会发生变化。

提议的管制降低的主要目标是减少目前市场上牌号有害物质的释放量。然而，在缺乏有效的产品监管时，当引入了新牌号或更改现有牌号的特性时，使市场上牌号综合的有害物质释放量实际上增加，这种情况是可能的。这种可能性应被某些市场特别关注，其目前有害物质的水平低于在其他市场销售的牌号。图 3.1 中所示的数据表明，在加拿大销售的高 NNK 水平的牌号大多也在法国和美国销售，而不是主要在加拿大市场销售的牌号。澳大利亚也存在类似的情况（图 3.3）。2001 年在澳大利亚销售的（包括菲利普·莫里斯的牌号）和向澳大利亚政府报告（Australian Department of Health and Aging, 2001）的牌号的每毫克烟碱 NNN 和 NNK 的平均值和范围，与 Counts 及其同事（2005）的论文中报道的确认为澳大利亚的菲利普·莫里斯万宝路牌号中更高的 NNN 和 NNK 水平是很好的对比。随着万宝路成为澳大利亚市场领先的品牌，如它在其他市场中一样，NNN 和 NNK 水平的差异预计将增加在澳大利亚市场上卷烟的这些有害物质的平均释放量。设置有害物质水平将提供一个能防止比现有品牌有更多有害物质释放量的新品牌上市的监管策略。

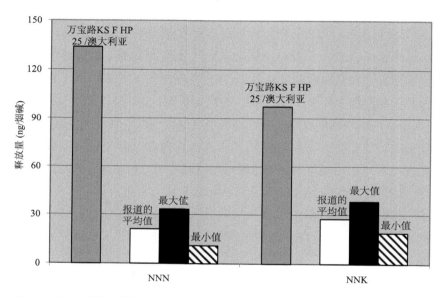

图 3.3　1999 年澳大利亚政府报告中各品牌卷烟中 NNN 和 NNK 的每毫克烟碱释放量平均值和范围，澳大利亚菲利普·莫里斯公司万宝路品牌的 NNN 和 NNK 释放量

NNK，4-(N- 甲基亚硝胺基)-1-(3- 吡啶基)-1- 丁酮；NNN，N'- 亚硝基降烟碱；
KS，特长型；F，滤嘴；HP, 硬盒装

3.5.1　吸烟机测试方法的选择

烟气有害物质的测量需要吸烟机生成烟气。不同吸烟机测试方案产生不同水平的有害物质每毫克烟碱值，按有害物质进行的牌号相对排名也随所使用的测试方案而改变。如有可能，按多个方案进行测量是很有用的，以便考察测试结果和按牌号的排名如何随测量方法而改变。

考察能获得多个牌号机测数据的三种吸烟机测试标准方法：ISO/FTC 方案、马萨诸塞州卫生局方案（抽吸容量略大、50% 通风口被封闭）、加拿大卫生部使用的修改的深度抽吸方案。这些方法都各有优缺点，但修改的深度抽吸方案在拟议的管制策略中被选为测量有害物质最适合的方法。此方案修改自现有的 ISO 方案：抽吸容量从 35 mL 增加到 55 mL，抽吸间隔从 60 s 减少到 30 s，所有的通风孔都被封闭，用聚酯薄膜胶带 (Scotch 品牌产品 600 号透明胶带) 在其上固定，切断使它覆盖圆周，从滤嘴底部到滤嘴接装接缝被紧密结合 (Health Canada，2000)。该测试方案被加拿大政府称为 "ISO 修改 (深度) 方案"，但本报告所述为 "修改的深度抽吸" 方案，以避免它与现有的 ISO/FTC 方案之间的混淆。

选择修改的深度抽吸方案基于几个标准。首先，这个方案产生的烟气量较多，重复测量 TSNA 的变异系数降低，是对建议的有害物质的初始设定的监管考虑。图 3.4 显示了四种 TSNA(N'- 亚硝基假木贼碱，N'- 亚硝基新烟草碱，NNN 和 NNK) 的平均变异系数，其中的每个国际牌号的卷烟由 Counts 等 (2005) 测定，在图中显示了所有三种吸烟机测试方案的结果，以机测的每个牌号的焦油值为横坐标作图。

由图 3.4 可见，当抽吸方案产生的焦油约低于 10 mg 时，重复测量 TSNA 的变异性增大。ISO 和马萨诸塞两种方案测量的包括大量低于 10 mg 的国际牌号，相应地，在重复测量中显示出更大的变异性。只有修改的深度抽吸方案在重复测量所有不同焦油水平的牌号时具有稳定的变异性。

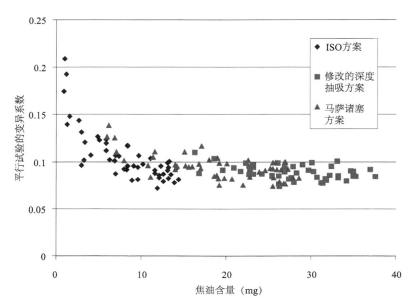

图 3.4　通过三种吸烟机模式对各品牌焦油含量水平的测定绘制的四种致癌物质
亚硝胺的平行试验的平均变异系数图

　　选择修改的深度抽吸方案的第二个原因是，对于某些设计特点，更深度的吸烟机参数下，个别烟气有害物质水平可能大大高于使用 ISO 吸烟条件的测量值，即使是统一按每毫克烟碱报告。在吸烟机条件下生成更高的测定值符合更深度的人的吸烟轮廓，因此可以更好地反映产品在这些深度条件下的表现。

　　第三，在选择吸烟机测试方案时，TobReg 认为必须选择一个方案能够准确地描述除了滤嘴通风率之外的卷烟设计变化，通过每毫克烟碱表示来修正有害物质的释放量不足以说明更深度抽吸条件下的释放量。

卷烟滤嘴中使用活性炭是一个例子，设计更改时产生的影响不能通过按毫克烟碱计来很好地说明。使用 ISO 吸烟方案 (35 mL 的抽吸容量，60 s 的抽吸间隔，2 s 的抽吸持续时间，不封闭通风孔) 测试活性炭滤嘴卷烟的烟气中挥发性化合物 (例如苯、1,3- 丁二烯、丙烯腈) 的传输表明，这些化合物水平显著低于其他烟气有害物质，包括烟碱。

只要滤嘴中包含足够的活性炭，这种降低就是存在的，即使是在深度抽吸方案时，即采用修改的深度抽吸条件 (55 mL 的抽吸容量，30 s 的抽吸间隔，2 s 的抽吸持续时间，100% 通风孔被封闭)。新上市的万宝路 (UltraSmooth) 正在美国犹他州盐湖城销售，即为一个例子，其滤嘴中有足够的活性炭，在修改的深度抽吸方案下挥发性化合物的释放量显示降低。在美国佐治亚州亚特兰大销售的万宝路 (UltraSmooth) 和在美国北达科他州销售的万宝路 (UltraLight)，活性炭较少，无论如何，在深度抽吸方案下挥发性物质存在突破点，导致测试值较高。对这两个产品，在 ISO 方案抽吸时，显示烟气挥发性物质水平大大低于其他没有活性炭滤嘴的卷烟的类似传输，即使按每毫克烟碱表示差异仍然存在。当在修改的深度抽吸方案下抽吸这些产品时，无论如何，挥发性成分水平增加的比例远远大于烟碱的增加。对于这些中等水平活性炭滤嘴的牌号，在 ISO 抽吸方案中按每毫克烟碱计算的数据，不能用来修正在深度抽吸模式下测得的其增加的烟气有害物质释放量。

监管当局需要修正在其管辖范围内销售产品的有关信息，选定的监管吸烟方案应该能够描述，在深度抽吸时设计特点的改变导致的烟气有害物质传输大大地高于烟碱传输。虽然没有一种吸烟机抽吸方案能完美描述卷烟有害物质释放量，但 TobReg 认为，修改的深度抽吸方案比其他两种方案具有明显的优势。

当用不同的吸烟方案测试卷烟时，并按每毫克烟碱计算烟气传输，在不同抽吸条件下，相关的每毫克烟碱传输量存在明显的差异。表 3.2 显示了 Counts 及其同事 (2005) 提供的数据，使用三种不同抽吸方案 (ISO/FTC、马萨诸塞州卫生局、修改的深度抽吸) 关注了三种烟气有害物质 (丙烯醛、苯并 [a] 芘和 NNN) 的传输，按每毫克烟碱计，在相同抽吸条件下测定了五种卷烟类型 (两种全香型、两种淡味型和一种超淡味型)。

两种全香型卷烟 (E5 和 E7) 显示，在三种抽吸条件下，三种有害物质的相对传输量几乎没有变化。当抽吸参数变得更加深度且封闭通风孔时，两种"淡味"卷烟 (E17 和 E24) 和"超淡味"卷烟 (E33) 以每毫克烟碱计的丙烯醛显著增加。当抽吸参数变得更加深度且封闭通风孔时，两种"淡味"卷烟和"超淡味"卷烟以每毫克烟碱计的苯并 [a] 芘则维持不变。以每毫克烟碱计的 NNN 在两种"淡味"卷烟中表现出不一致的模式，但在抽吸参数更深度且通风孔被封闭时略有减少。对于"超淡味"卷烟，在抽吸参数更深度且通风孔被封闭时以每毫克烟碱计的 NNN 大大降低。

这些结果表明，抽吸方案不仅影响了烟气稀释度的差异，而且还影响了卷烟燃烧性能从而改变了有害物质的相对传输量。这影响了在不同抽吸方案下测试烟气有害物质的相对水平。这些结果与 TobReg 建议 1（WHO, 2004）一致，它表示，如果条件允许，除了 ISO/FTC 方案，使用在更深度抽吸条件下测试卷烟的第二套抽吸参数。在可能的情况下，测试应覆盖一个抽吸参数范围来了解烟气释放物的有害物质传输。

表 3.2　不同的吸烟机条件下特定有害物质的递送量

序号	生产商和卷烟类型	丙烯醛 (μg/mg 烟碱)		
		ISO/FTC 模式	马萨诸塞模式	修改的深度抽吸模式
E5	Marlboro KS F SP/US	54.31	54.10	58.13
E7	L&M KS F HP/EU	71.11	66.04	74.73
E17	L&M KS F Lt/EU	61.38	69.17	84.93
E24	Marlboro KS F HP Lt/UK	56.79	63.93	78.86
E33	Marlboro KS F HP Ult/EU	40.69	53.02	69.32

序号	生产商和卷烟类型	苯并 [a] 芘 (μg/mg 烟碱)		
		ISO/FTC 模式	马萨诸塞模式	修改的深度抽吸模式
E5	Marlboro KS F SP/US	11.7	9.0	9.9
E7	L&M KS F HP/EU	12.9	11.6	10.0
E17	L&M KS F Lt/EU	12.8	11.6	9.6
E24	Marlboro KS F HP Lt/UK	11.1	9.5	10.0
E33	Marlboro KS F HP Ult/EU	8.1	7.4	7.7

序号	生产商和卷烟类型	NNN (ng/mg 烟碱)		
		ISO/FTC 模式	马萨诸塞模式	修改的深度抽吸模式
E5	Marlboro KS F SP/US	154	145	151
E7	L&M KS F HP/EU	96	84	93
E17	L&M KS F Lt/EU	101	84	95
E24	Marlboro KS F HP Lt/UK	85	77	64
E33	Marlboro KS F HP Ult/EU	116	91	74

　　注：ISO, 国际标准化组织；FTC, 美国联邦贸易委员会；KS, 特长型；F, 滤嘴；SP, 软盒装；US, 美国；L&M, Liggett & Meyers; HP, 硬盒装；EU, 欧盟；Lt, 清淡型；UK, 英国；Ult, 超淡型；NNN: N'- 亚硝基降烟碱

　　资料来源：Counts 等 (2005)

3.5.2　有害物质的数据来源

以一致的修改的深度抽吸方案测试的有害物质综合列表从下列三个来源获得：Counts 及其同事 (2005) 发表的文献，比较了菲利普·莫里斯公司生产的一系列国际牌号，2004 年依法向加拿大卫生部报告的一组加拿大牌号 (Health Canada, 2004)，以及一组澳大利亚牌号 (Australian Department of Health and Aging, 2001)。这三个来源的数据列于附录 3.1。数据比较使用了在修改的深度抽吸方案且通风孔全部被封闭条件下的测量结果。

对加拿大数据略作修改，除去了美国风格的混合型卷烟牌号和法国制造的高卢牌号。此修改是为了除去那些 TSNA 高的牌号 (NNN 水平 >100 ng/mg 烟碱)，其可能使更传统的加拿大风格牌号 (图 3.1) 的平均值失真。此外，Vantage Rich 12 特长型和 Vantage Max 15 特长型的甲苯、苯乙烯的值被从分析中删除，因为它们似乎已经被改变了次序，因此，当包括它们时，所有牌号同一有害物质的最大值和最小值都极大地失真。

3.5.3　强制降低的有害物质的选择标准

考虑的有害物质包括向加拿大卫生部 (2004) 报告的名单上的物质和 Counts 及其同事 (2005) 测试的物质。由加拿大卫生部选择出的这份名单代表了那些对烟气毒性贡献最大的成分。

名单的优先顺序基于化合物对动物和人类的已知毒性，毒性指数（成分的浓度乘以其毒性效果），在各牌号中有害物质的变化情况，用现有的方法降低烟气有害物质的潜力，需要包括烟气不同相中（气体和粒相）不同化学物质分类的代表成分，以及反映心脏、肺部疾病和癌症的毒性。选择用于监管的化合物最重要的标准是毒性证据。

此外，市场上牌号的有害物质每毫克烟碱的释放量有着非常大的差异，或通过删除较高的释放量可减少这种差异。牌号之间的有害物质释放量的变化应远远大于单一牌号重复测量的变化。否则，需要对每个牌号的每种有害物质进行重复测量，以获得平均值的精确估算值，测试成本将成比例地增加。

降低特定的烟气有害物质每毫克烟碱水平的技术或其他方法的可行性也是一个考虑因素。当烟草加工或卷烟设计和制造中易于进行的改变已知可用于降低某些烟气有害物质水平，则可对这些有害物质设定限量，因此这些物质有更高的优先级。卷烟中有害物质的生成至少有三个途径，这可能会影响减少它们水平的能力。如 TSNA 主要在烟草被处理（烤制）时产生，可以通过改变生产工艺降低其水平。对主要在有机材料燃烧过程中产生的有害物质，如多环芳烃（如苯并 [a] 芘）和一氧化碳，改变设计特点、烟草配方和加工工艺（例如催化剂）可能会大大降低它们的水平。燃烧产生的其他有害物质产生于以各种原因添加到产品中的物质（例如加工助剂、糖和香料）；其中包括醛类和其他挥发性有机化合物，如乙醛、甲醛、丙烯醛和丙烯腈，它们对烟气毒性有极大的贡献。这些有害物质水平可通过降低或去除产品中的糖类添加剂来降低。

最后一个考虑因素是在市场品牌中含量低的某特定有害物质（如加拿大品牌中 TSNA 含量低）。对于这些市场，可通过设置有害物质的限量来防止其他市场中有害物质水平远远高于本土品牌的牌号进入。

满足所有这些特性的有害物质的清单将会很长，监管的有害物质的数量越大，在现有的市场出现的失真将越多，监管责任也将越复杂。因此，TobReg 考察了有害物质报告清单，以确定较少的化合物数量，来平衡已明确的重点与监管结构的实际问题。

考察毒性证据

选择用于监管的化合物，一个最重要的考虑是化合物的已知毒性。对所有烟气中化合物的毒性进行综述超出了本报告的范围，但对监管建议或报告的那些化合物的毒性证据进行了综述。

考察有害物质水平和毒性定量数据

表征产品和释放物的化学危险通常包括估计单个成分的水平，并描述这些成分造成不利影响（毒性）的自身特性，和由此产生的造成不利影响（效果）的固有强度。鉴于有很多烟气成分（超过 4000 种），且许多化合物的毒理学信息有限，存在各种有害物质之间相互作用的可能性，因此抽吸型烟草制品及其释放物的综合危险特性是非常复杂的。Fowles 和 Dybing (2003) 提出了一种简化体系，通过计算癌症风险和非癌症风险指数，描述卷烟烟气成分的危害特性。该体系包括，标准 ISO 吸烟机方法测得的单个烟气有害物质的释放量乘以肿瘤和非肿瘤效力因子。

在本报告中扩展了 Fowles 和 Dybing (2003) 设计的方法，对重要的烟气有害成分的释放量采用已发布的、基于修改的深度抽吸方案且以每毫克烟碱计的数据。在修改的深度抽吸方案中收集到的烟气量大于 ISO 吸烟机条件下的，且烟气是在烟草燃烧更加深度的条件下产生的。每毫克烟碱计有害物质水平已被确定为一种手段，来减少以每支卷烟表示有害物质水平的差异产生的误导 (WHO, 2004)。

癌症效力因子

使用 Dybing 等 (1997) 的 T25 癌症效力估算方法。 T25 值是在特定组织位点动物产生肿瘤比例高于背景值 25% 的长期每日剂量。T25 值是对统计学上造成肿瘤显著增加的最低剂量进行线性外推测定的。T25 值的癌症生物测试基础计算参考数据载于附录 3.2。对于目前的计算，T25 值被转换成每毫克癌症效力因子 (1/T25)。

非癌症效力因子

使用了 2005 年 2 月，由加利福尼亚州环境保护局环境健康风险评估办公室发布的长期参考暴露水平 (http://www.oehha.ca.gov/air/chronic_rels/AllChrels.html)。该水平是一种化学物质在空气中的传播水平，等于或低于这个水平，对长期暴露的个体没有任何预期的不利健康影响。参考暴露水平来自人体和动物毒理学数据及靶体系中存在的每种物质。对于目前的计算，参考暴露水平被视为各个有害物质非癌症效力因子的倒数，本报告使用"耐受水平"代替"参考暴露水平"。

有害物质动物致癌性指数和有害物质非癌症响应指数

有害物质动物致癌性指数，是卷烟烟气中的单个组分的每毫克烟碱计的量值乘以其癌症效力因子（1/T25）。有害物质非癌症响应指数是卷烟烟气中的单个组分的每毫克烟碱计的量值乘以其非癌症效力因子（或除以其耐受水平）。

在数据集内的所有牌号有害物质动物致癌性指数和有害物质非癌症响应指数计算自每种有害物质每毫克烟碱的平均水平，载于附录 3.3 的表 A3.1 至表 A3.3。估算指数的数据来自修改的深度抽吸方案下吸烟机产生的烟气测量值，包括菲利普·莫里斯国际品牌 (Counts et al., 2005)，加拿大品牌 (Health Canada，2004) 和澳大利亚品牌 (Australian Department of Health and Aging，2001)。从三个数据集报告的水平计算指数，以平均值、90% 位值和每支卷烟每毫克烟碱的最大值表示。数据集包括多达 43 种有害物质的释放量水平；一些元素，如砷、铬、硒，在一些数据集中没有被报告或定量。在加拿大的数据中没有报告 2- 丁酮的信息。

数值能被计算出的烟气中测量的 14 种致癌物的 T25 绝对值和每毫克致癌物每毫克烟碱的 T25 值载于附录 3.3 的表 A3.1 至表 A3.3（计算 T25 值的方法见附录 3.2）。有害物质动物致癌性指数通过单位毫克 T25 值乘以每毫克烟碱的释放量来计算。有害物质非癌症响应指数通过每毫克烟碱的释放量乘以可耐受水平的倒数（或除以耐受水平）来计算。

表 3.3 和表 3.4 列出了从三个数据集得到的平均有害物质动物致癌性指数和有害物质非癌症响应指数。按动物致癌性指数和有害物质非癌症响应指数对有害物质排名可看到类似的图。按致癌性，1,3-丁二烯、乙醛、异戊二烯、NNK、苯和镉排名最高。因为 4- 氨基联苯的实验数据不适于估算 T25 值，这种人体致癌物的有害物质动物致癌性指数无法计算。按有害物质非癌性响应，丙烯醛的指数比其他有害物质更高（靶标：呼吸系统、眼睛）；接下来按乙醛（靶标：呼吸系统）、甲醛（靶标：呼吸系统、眼）和氰化氢（靶标：心血管系统、神经系统、内分泌系统）的次序排名。

表 3.3　按照试验动物致癌性指数得到的烟气中有害物质的排序表

有害物质	平均值			整体
	Counts 等 (2005)	加拿大数据	澳大利亚数据	
1,3- 丁二烯	11.4	8.9	9.5	9.9
乙醛	7.0	5.7	5.5	6.1
异戊二烯	4.6	2.9	3.6	3.7
NNK	4.7	3.8	1.8	3.4

续表

有害物质	平均值			整体
	Counts 等 (2005)	加拿大数据	澳大利亚数据	
苯	2.7	2.8	2.4	2.6
镉	1.6	2.4	1.2	1.7
丙烯腈	1.7	1.4	1.2	1.4
氢醌	1.1	1.3	1.2	1.2
邻苯二酚	0.49	0.75	0.50	0.58
NNN	0.55	0.22	0.10	0.29
苯并 [a] 芘	0.0082	0.0096	0.0081	0.0086
2- 萘胺	0.00081	0.00077	0.00047	0.00068
1- 萘胺	0.00049	0.00032	0.00028	0.000363
铅	0.00	0.00	0.00	0.00

注：NNK, 4-（N- 甲基亚硝胺基）-1-（3- 吡啶基）-1- 丁酮

表 3.4　按照非癌症响应指数得到的烟气中有害物质的排序表

有害物质	平均值			平均值
	Counts 等 (2005)	加拿大数据	澳大利亚数据	
丙烯醛	1127	1188	983	1099
乙醛	77.2	62.9	61.1	67.1
甲醛	13.7	25.8	20.0	19.8
氰化氢	22.7	15.9	13.0	17.2
氮氧化物	5.0	2.2	2.1	3.1
镉	2.4	3.6	1.8	2.6
1,3- 丁二烯	2.7	2.1	2.3	2.4
丙烯腈	2.5	2.0	1.8	2.1
一氧化碳	1.5	1.2	1.1	1.3
苯	0.66	0.68	0.57	0.64
甲苯	0.24	0.24	0.18	0.22
砷	0.16	–		0.16
甲基乙基酮	0.09	–	0.07	0.08

有害物质	平均值			平均值
	Counts 等 (2005)	加拿大数据	澳大利亚数据	
氨	0.11	0.06	0.05	0.07
苯酚	0.06	0.09	0.06	0.07
汞	0.04	0.03	0.00	0.02
苯乙烯	0.02	0.01	–	0.02
间、对甲基苯酚	0.01	0.02	0.01	0.01
邻甲基苯酚	0.01	0.01	0.00	0.01

　　卷烟烟气中致癌物质和非致癌物的精确排序是基于综合每毫克烟碱计吸烟机释放量与所测有害物质的毒性资料。量化三组数据测试产品的个别有害物质对毒性的潜在独立贡献的一种方法是比较危险指数。一般来说，危险指数无论是按每个平均值、90% 位值还是有害物质的最大值进行计算，都得到相同的排名顺序。另一项发现是，三个数据集按致癌性和非致癌性的相对排名顺序全都相似，虽然它们覆盖了不同的烟草品牌。这表明，类似的基本产品设计和燃烧过程的一般特点使产品的危险性在相当程度上是一致的，在所有三个数据集牌号中，监管考虑的化合物的优先级是类似的。

　　这里所使用的对卷烟烟气有害物质排名的方法有明显局限性。因为对每个测量的有害物质是单独进行处理的，没有考虑相互之间化学作用的可能性，即或者提高或者降低烟气的危害性。进一步说，这些计算仅对那些 T25 值和耐受水平有估计值的有害物质是可能的，而不是对所有剩余的约 4000 种烟气成分 (IARC, 2004)。此外，许多所测试的化合物不能得到效力因子，43 个化合物中有 21 个缺乏耐受水平值，并仅对一些毒物进行了适当的致癌性生物测试。因为许多效力因子来自动物试验，从动物模型推断对人类的适用情况也存在局限性。这些局限妨碍了使用这些指数作为定量估计这些有害物质可能的暴露危害或风险，或不同牌号卷烟的危害或风险。然而，它们的确提供了一套有用的标准来考虑如何选择须管制的有害物质。

有害物质水平在牌号中的变化

在不同牌号卷烟之间的每毫克烟碱有害物质水平的变化是第二个准则，用来确定须管制降低的有害物质，即那些可能对降低每毫克烟碱平均水平影响最大的物质。主要标准仍然是与毒性有关的；然而，如果不同牌号的值是紧密集中在均值附近的，将几乎不能降低有害物质的平均水平。相应地，管制降低的有害物质围绕中点值有大的变化，将导致在均值以上水平的牌号最大限度地降低水平。

牌号间变化的测量

吸烟机测量卷烟牌号之间有害物质水平的变化很大一部分是由于滤嘴通风孔产生的烟气稀释。在测试方案中以每毫克烟碱计和封闭所有通风孔的目的是减少通风率对建议监管水平值的影响。

不同有害物质水平的变化可以表示为变异系数，即牌号间的测量标准偏差除以所有牌号的平均值。然后将变化系数表示为每个有害物质对均值的变化百分数，从而可以直接比较不同牌号间有害物质变化的大小。考察每个数据集市售牌号的每种有害物质的变异系数载于附录3.4。

实际关注的一个问题是对指定牌号指定有害物质重复测量的差异。使用不同测试方法测试不同有害物质，测试重复性差别很大。使用重复测量来估计牌号的平均值（真值），重复测量的变异确定了对平均值（真值）的置信区间。当重复测量的变异很高时，需要更多的测量来估计平均值，使在指定置信区间内时有小的变异。作为一个实际问题，监管机构将不得不验证烟草公司报告的一些有害物质数据，通过比较有害物质报告和验证的平均值，以确定是否烟草公司报告的值超出了独立实验室测量平均值估算的标准误差。如果重复测量的变异很高，要么需要进行大量的测量，要么增大对平均值的置信区间，使得监管烟草行业有害物质的测试和报告很困难且费用高。

在测试不同的有害物质时，牌号间的变异和重复测量的变异可以合并在一个单一的测试中。特定品牌每毫克烟碱有害物质的平均值在牌号间的变异系数，可以通过除以每个牌号每毫克烟碱有害物质的重复测量的变异系数的平均值（即牌号之间的变异系数除以重复测量的变异系数），表示为一个比值。这一测量提供了相对于测量重复性的牌号间变异的大小，并可能确定牌号变异足够大的有害物质，来支持管制降低的监管，且使验证烟草企业烟气毒性报告的监管负担是适度的。

表 3.5 列出了菲利普·莫里斯国际牌号、加拿大牌号和澳大利亚牌号的变异系数比值。阴影表示的单元格是其动物致癌性指数和非癌症响应指数已计算的物质。考察三个数据集中每个的有害物质的比值和排名表明，在三个市场中的卷烟牌号有害物质的变化存在重大的差异。例如，苯并[a]芘在加拿大牌号中排名高，在菲利普·莫里斯国际牌号中要低得多。相比之下，一些有害物质，如苯酚和一氧化碳在三个数据集中的每个的排名都高。

在菲利普·莫里斯国际牌号和加拿大牌号中个别有害物质的比值表明牌号间的变异足够大，管制减少大多数的有害物质水平，会实质性影响保留在市场上牌号的水平。

表 3.5 不同品牌中每毫克烟碱含有害物质的变异系数与平行试验的
平均变异系数的比值

菲利普·莫里斯		加拿大品牌 （排除法国和美国品牌）		澳大利亚 品牌	
有害物质	比值	有害物质	比值	有害物质	比值
NNN	4.89	苯并 [a] 芘	4.90	间苯二酚	2.75
一氧化碳	4.83	苯酚	4.90	苯酚	2.71
N'- 亚硝基新烟草碱	4.72	异戊二烯	4.87	邻甲基苯酚	2.57
镉	4.19	间对甲基苯酚	4.27	4- 氨基联苯	2.48
苯酚	3.93	一氧化碳	4.22	镉	2.41
一氧化氮	3.84	NNK	4.12	NNN	2.39
氮氧化物	3.74	2- 萘胺	3.81	一氧化碳	2.27
间、对甲基苯酚	3.65	邻甲基苯酚	3.78	3- 氨基联苯	2.27
总氰化氢	3.55	4- 氨基联苯	3.75	N'- 亚硝基新烟草碱	2.07
氢醌	3.5	甲苯	3.58	汞	1.96
氨	3.41	氰化氢	3.39	间、对甲基苯酚	1.95
铅	3.05	丁醛	3.33	苯并 [a] 芘	1.94
氰化氢（滤嘴）	3.03	镉	3.31	2- 萘胺	1.90
喹啉	3.01	丙酮	3.28	喹啉	1.88
苯乙烯	2.98	苯	3.27	苯乙烯	1.78
甲醛	2.97	甲醛	3.24	氰化氢	1.75
氰化氢（卷烟纸）	2.93	铅	3.22	1,3- 丁二烯	1.67
邻甲基苯酚	2.88	乙醛	3.21	苯	1.61
NNK	2.86	丙烯醛	3.10	丁醛	1.60
N'- 亚硝基假木贼碱	2.86	N'- 亚硝基新烟草碱	3.09	NNK	1.60
4- 氨基联苯	2.62	喹啉	2.89	异戊二烯	1.55
丙醛	2.53	1,3- 丁二烯	2.88	N'- 亚硝基假木贼碱	1.55
乙醛	2.52	氮氧化物	2.78	1- 萘胺	1.53
丙烯醛	2.51	丙醛	2.78	氨	1.53
丙酮	2.5	丁烯醛	2.74	乙醛	1.49
丁醛	2.49	NNN	2.72	一氧化氮	1.45

菲利普·莫里斯		加拿大品牌 （排除法国和美国品牌）		澳大利亚 品牌	
有害物质	比值	有害物质	比值	有害物质	比值
异戊二烯	2.47	氢醌	2.71	甲基乙基酮	1.44
邻苯二酚	2.44	一氧化氮	2.56	氮氧化物	1.43
吡啶	2.36	吡啶	2.44	丙醛	1.43
3-氨基联苯	2.08	丙烯腈	2.40	丙烯醛	1.42
丙烯腈	2.05	邻苯二酚	2.38	吡啶	1.42
丁烯醛	2	氨	2.36	甲苯	1.41
1,3-丁二烯	1.92	N'-亚硝基 假木贼碱	2.14	丙烯腈	1.28
间苯二酚	1.9	苯乙烯	1.93	丙酮	1.28
苯并[a]芘	1.89	1-萘胺	1.75	邻苯二酚	1.11
甲基乙基酮	1.88	3-氨基联苯	1.74	氢醌	0.99
2-萘胺	1.73	间苯二酚	1.72	甲醛	0.98
甲苯	1.72	汞	1.59	丁烯醛	0.92
汞	1.62			铅	0.43
苯	1.55				
1-萘胺	1.53				
砷	0.88				

注：NNN, N'-亚硝基降烟碱；NNK, 4-(N-甲基亚硝胺基)-1-(3-吡啶基)-1-丁酮

图 3.5 至图 3.7 表明了第二种考察牌号间变异的方法，显示了数据集牌号中每种有害物质的最大值和最小值，表示为该有害物质与中位值的比值。也显示了 90% 位值，以中位值的 125% 作界线。此形式可直接考察牌号有害物质数值范围，没有对有害物质重复测量的变异作任何调整。90% 位值表示了用以确认单一牌号或几个牌号的有害物质高于中位值的异常值，相应地只有少数牌号每毫克烟碱的水平高。图 3.5 至图 3.7 还显示，菲利浦·莫里斯国际牌号和加拿大牌号比澳大利亚牌号表现出更大的变异，这可能部分因为向澳大

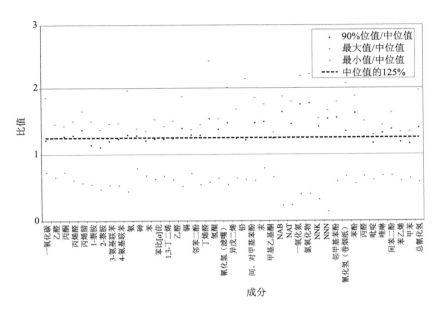

图 3.5 　修改的深度抽吸模式下，菲利普·莫里斯品牌卷烟中每毫克烟碱所含每种成分的最大值、最小值、90% 位值与中位值的比值

利亚政府报告的牌号数量少 (15 个)。此外，在每个数据集中，一些有害物质的变异成比例地大于其他有害物质，表明如果对这些有害物质设置管制限量会产生比较大的影响。一些有害物质，最大值大大高于 90% 位值，表明在数据集中较少牌号中这些毒物的水平不成比例地偏高。

值得注意的是，即使法国和美国牌号被排除，加拿大数据集仍显示每毫克烟碱 TSNA 水平的变异很大，表明对于其市场上混合型卷烟的比例不高的国家，对这些化合物设置国家水平可能是合理的。

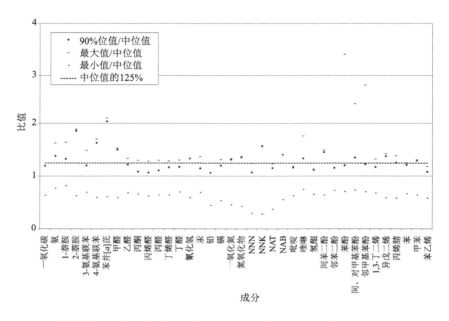

图 3.6 修改的深度抽吸模式下，加拿大品牌（排除法国和美国品牌）卷烟中每毫克烟碱所含每种成分的最大值、最小值、90% 位值与中位值的比值

数据集间的变异性

有害物质水平变异的一个更有用的方法是比较不同数据集的有害物质水平的平均值。这能确定修改的深度抽吸方案下释放量的变异，是为不同市场提供的卷烟设计差异造成的。这种变异可能允许通过更改卷烟设计或配方降低所确定的有害物质。如果在某市场销售或由某生产商生产的牌号的每毫克烟碱有害物质平均水平，大大不同于其他市场或其他制造商的牌号，制造有害物质释放量水平较低的卷烟显然是可能的。这类证据可用于确定每毫克烟碱有害物质水平的目标用于监管机构设定为管制目标，因为它确定的水

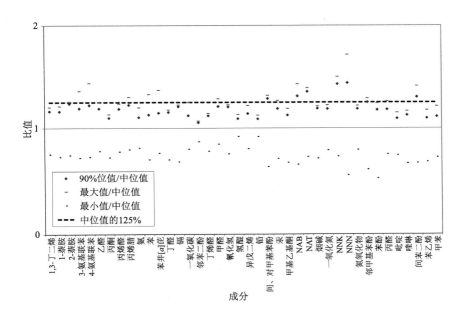

图 3.7　修改的深度抽吸模式下，澳大利亚品牌卷烟中每毫克烟碱所含每种成分的最大值、最小值、90% 位值与中位值的比值

平可以通过比单一市场或单一制造商更广泛的不同的卷烟设计来实现。

　　图 3.8 显示了加拿大数据、排除法国和美国牌号的加拿大数据和澳大利亚数据的品牌间的每个有害物质每毫克烟碱的平均水平。这些平均值表示为 Counts 等报告的菲利普·莫里斯国际品牌的平均值和指定数据集的每毫克烟碱有害物质平均值的比值。数据集之间有害物质水平的变异是较大的，有时超过在数据集内牌号间水平的变异。菲利普·莫里斯国际牌号、加拿大和澳大利亚的牌号之间的差异并不限于公认的 TSNA 水平的差异性，变异大小表明，考察不同

市场出售的牌号的有害物质释放量的差异能更好地了解可以通过改变卷烟设计和制造规范达到的每个有害物质的水平。

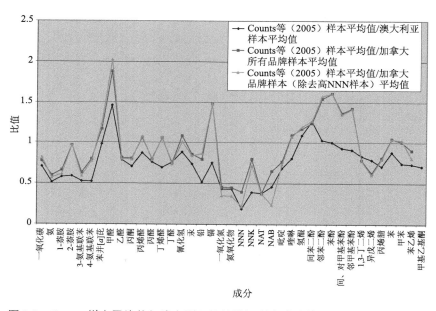

图 3.8　Counts 样本平均值与澳大利亚品牌卷烟所含成分的平均值的比值，以及
Counts 样本平均值与两种加拿大样本的平均值的比值

3.6　有害物质报告和管制建议

在上述标准的基础上确定了考虑为高优先级的有害物质清单（表 3.6）。包括了苯并 [a] 芘，尽管它的有害物质动物致癌性指数低，因为它是在烟气中发现的多环芳烃类的一个代表，且因为有大量的证据确立

了这些多环芳烃中许多物质的致癌性。虽然实验数据不能计算适当的 T25 值，但加上了有害物质 4- 氨基联苯，因为它是一种人体致癌物。异戊二烯被删去，因为其结构类似于 1,3- 丁二烯，且它的动物致癌性指数低。包括了 NNK 和 NNN，因为它们在第一份报告 (WHO，2007) 中已被确定为管制降低释放量的有害物质。包括了巴豆醛，是因为其 α, β- 不饱和醛结构的反应活性，虽然缺乏耐受水平值。也包括了一氧化碳，即使它的非癌症响应指数较低，因为它被认为是与心血管疾病存在机制性有关。

表 3.6　优先级有害物质的初步名单

有害物质	备注
乙醛	TACI 6.1, TNCRI 67.1
丙烯醛	TNCRI 1099
丙烯腈	TACI 1.4, TNCRI 2.1
4- 氨基联苯	人体致癌物，但没有 T25 估算的实验数值
2- 萘胺	TACI 0.68
苯	TACI 2.6
苯并 [a] 芘	TACI 0.01
1,3- 丁二烯	TACI 9.9, TNCRI 2.6, 第 1 类人体致癌物
镉	TACI 1.7, TNCRI 2.6
一氧化碳	TNCRI 相对较低，却在机理上与心血管疾病中的内皮功能紊乱有关
邻苯二酚	TACI 0.58
丁烯醛	醛类具有活性烯烃结构，无阈值，致癌性证据不足
甲醛	TNCRI 19.8
氰化氢	TNCRI 17.2
氢醌	TACI 1.2
氮氧化物	TNCRI 3.1
NNN	由 WHO (2007) 鉴定
NNK	由 WHO (2007) 鉴定

注：TACI, 有害物质动物致癌性指数；TNCRI, 有物质物非癌症响应指数；NNN, N'- 亚硝基降烟碱；NNK, 4-（N- 甲基亚硝胺基）-1-（3- 吡啶基）-1- 丁酮

工作组还审查了没有可用的 T25 值或耐受水平值的其他有害物质。在三个数据集中，卷烟烟气中的几种金属（砷、镉、铬、镍、铅、汞、硒），要么含量水平太低，要么不能定量。虽然这些金属的毒性很强，但只发现镉处于对动物致癌性指数和非癌症响应指数有明显贡献的水平，因此被包括进来。

表 3.6 中暂定的 16 种有害物质清单，满足了充分的致癌性证据或已知的呼吸或心脏毒性证据的标准，在不同国家不同牌号中的水平存在变异性，易于测试且具有在产品中降低释放量的可能性。

这个 16 种优先级有害物质的初步清单加上 NNN 和 NNK，进而被作为一组，讨论其如何减少到被监管机构认为是可以进行监管的数量。作为一个综合的专家评估，结果表明，7 种化合物（除了 NNN 和 NNK）是卷烟烟气中最危险的有害物质，有可能在烟气释放物中降低，代表了不同化合物类型和烟气的不同相中的有害物质，并显示有肺和心血管毒性和致癌性。这 7 种化合物是：

- 乙醛
- 丙烯醛
- 苯
- 苯并 [a] 芘
- 1,3- 丁二烯
- 一氧化碳
- 甲醛

16 种初步清单中其他的有害物质也应被测量和报告。

3.6.1　优先成分的毒性

提议监管的化合物

乙醛：虽然乙醛是一种较弱的致癌物，但卷烟主流烟气中的乙醛浓度接近于烟碱，是致癌的 TSNA 总量的 1000 倍以上和苯并 [a] 芘浓度的 100000 倍。乙醛广泛存在于日常饮食和环境中，是乙醇的主要代谢产物。它也被认为是与大鼠的内分泌和神经元对烟碱的响应有影响的一种行为型强化剂 (Cao et al., 2007)。Feron 等 (1991) 通过对大鼠和仓鼠乙醛吸入强化证明了它的致癌性 (IARC, 1999a)。乙醛被广泛认为是与酒精消费有关的头颈癌的主要原因 (IARC, 1999a；Brennan et al., 2004；Baan et al., 2007)。乙醛的遗传作用已经被总结 (IARC, 1999a)，在各种真核细胞遗传毒性试验中得到了阳性响应。在吸烟者的白细胞中已发现乙醛的 DNA 加合物，戒烟后降低 (Chen, 2006)。乙醛对人类的致癌性证据不足 (IARC, 1999a)。乙醛曾先后被 IARC 工作组 (IARC, 1999a) 评价为"可能对人体致癌"（第 2B 类）和被美国卫生与人类服务部 (Department of Health and Human Services, 2004b) 评价为"合理预期的一种人体致癌物"。

丙烯醛：丙烯醛是普遍存在的燃烧产物，通过吸入存在职业和环境暴露 (IARC, 1995a)。丙烯醛具有强烈的刺激性，并显示一系列毒性作用，包括纤毛毒性 (IARC, 1995a；Kensler, Battista, 1963)。它会导致人类眼睛和呼吸道刺激性，且重复吸入会引起上、下呼吸道病变。犬吸入丙烯醛后，产生急性充血、支气管上皮细胞病变并发现了肺气肿 (IARC, 1995a)。丙烯醛增强了人支气管特异性抗原刺激被动致敏的收缩反应 (Roux et al., 1999)。丙烯醛已被确认为有害的空气污染物，特别是对于有哮喘的人 (Leikauf, 2002)。有一项研究例外，

在引发 - 加剧试验方案中对大鼠用丙烯醛处理（腹腔注射）接着定量喂食尿嘧啶使其产生膀胱癌，没有报告丙烯醛的致癌影响 (Cohen et al., 1992)。丙烯醛作为化疗药物环磷酰胺的代谢产物被普遍认为具有膀胱毒性。丙烯醛 –DNA 加合物已在各种人体组织中被确认，且在吸烟者口腔组织中比非吸烟者的水平高 (Chung, Chen, Nath, 1996；Nath et al., 1998)。吸烟者肺肿瘤的 P53 肿瘤抑制基因的突变模式类似于丙烯醛引起的 DNA 损伤的模式 (Feng et al., 2006)。 IARC 工作组的结论是丙烯醛的人体致癌性无法分类（第 3 类)(IARC, 1995a)。

　　苯：人体苯暴露主要是通过空气吸入。苯污染源包括汽车发动机尾气、工业废气和自助加注汽油时的燃油蒸发。苯在食品中也少量存在。对于吸烟者和暴露于二手烟的非吸烟者，卷烟烟气都是苯的主要来源 (Department of Health and Human Services, 2004b)。苯诱发小鼠骨髓细胞染色体畸变、微核、姐妹染色单体交换 (IARC, 1987)。对大鼠和小鼠通过各种途径的苯暴露可引起多种类型的肿瘤，包括口服、吸入、注射、真皮施用 (IARC，1987；Department of Health and Human Services, 2004b)。职业暴露的人群流行病学研究表明，苯引起急性和慢性骨髓白血病 (IARC, 1987；Department of Health and Human Services, 2004b)。苯被 IARC (IARC，1987) 和美国卫生与人类服务部 (Department of Health and Human Services, 2004b) 同时列为人体致癌物 (IARC 第 1 类)，可能是导致吸烟者患白血病的一个诱因 (IARC, 2004)。

　　苯并 [a] 芘：苯并 [a] 芘是多环芳烃类致癌物的一个典型代表，它是有机物不完全燃烧的产物，作为一类混合物存在于卷烟烟气和一般环境中。苯并 [a] 芘一直是这种混合物的一个组成成分，被认为是致癌物多环芳烃的代表。相当多的证据支持多环芳烃类物质是引起吸烟者肺癌和其他癌症的重要原因 (Hecht, 1999；Pfeifer et al.,

2002；Hecht, 2003)。卷烟烟气中多环芳烃致癌物质包括苯并 [a] 芘、苯并 [a] 蒽、甲基䓛类，苯并荧蒽类，茚并 [1,2,3-cd] 芘和二苯并 [a,h] 蒽，总含量至少是苯并 [a] 芘的 5～10 倍 (IARC, 2004)。某些多环芳烃，包括一些在卷烟烟气中的，是诱导啮齿动物肺和气管肿瘤以及小鼠皮肤肿瘤的强效局部活性致癌物质。卷烟烟气冷凝物中富集多环芳烃的馏分是小鼠皮肤致癌物质 (Hecht, 1999)。吸烟者摄入多环芳烃已清楚表明，且有确凿的证据，在一些吸烟者的肺组织中存在衍生自苯并 [a] 芘的 DNA 加合物 (Hecht, 2002；Boysen, Hecht, 2003；Beland et al., 2005)。吸烟者的肺肿瘤在 P53 肿瘤抑制基因的突变模式类似于苯并 [a] 芘细胞培养引起的多环芳烃二醇环氧代谢物的体外 DNA 损伤模式 (Denissenko et al., 1996；Smith et al., 2000；Pfeifer et al., 2002；Tretyakova et al., 2002)。在吸烟者肺肿瘤中观察到的 KRAS 致癌基因突变模式也类似于在用多环芳烃诸如苯并 [a] 芘处理的动物肺肿瘤中发现的 (Westra et al., 1993；Mills et al., 1995；Nesnow et al., 1998；Ahrendt et al., 2001)。总的来说，这些观察结果强有力地支持多环芳烃导致吸烟者肺癌和其他癌症的作用。IARC 工作组将苯并 [a] 芘归类为人体致癌物（第 1 类)(Straif et al., 2005)。

　　1,3- 丁二烯：除了通过吸烟，1,3- 丁二烯暴露主要发生在职业环境中，主要是通过吸入途径 (IARC, 1999c；Department of Health and Human Services, 2004f)。它常常是聚合物和共聚物的制造以及合成橡胶生产中的一个中间体。1,3- 丁二烯是一种小鼠和大鼠的多器官致癌物。在小鼠中诱导肿瘤的位点包括造血系统、心、肺、前胃、哈德氏腺、包皮腺、肝、乳腺、卵巢、肾，在大鼠肿瘤中观察有胰腺、睾丸、甲状腺、乳腺、子宫、外耳道皮脂腺 (IARC, 1999a；Department of Health and Human Services, 2004a)。在暴露于 1,3- 丁二烯或其环氧代谢产物的小鼠及职业性暴露的工作者中分离出的淋巴细胞中观察到 *Hprt* 基因突变 (Department of Health and Human Services, 2004b)。1,3- 丁二烯环氧代谢产物形成的 DNA 加合物，包括交联键 (Park, Tretyakova, 2004)。这些代谢产物在啮齿动物和人体中形成 (Department of Health and Human Services, 2004b)。美国卫生与人类服务部 (Department of Health and Human Services, 2004b) 将1,3- 丁二烯分类为"一个已知的人体致癌物"，IARC 工作组声明其为人体致癌物（第 1 类）(IARC, in press)。

一氧化碳：一半的一氧化碳是由于有机材料不完全燃烧产生的，汽车尾气是主要来源。一氧化碳内源性形成来自血红蛋白的代谢降解，碳氧血红蛋白水平约为 0.7%。一氧化碳与氧竞争同血红蛋白结合，一氧化碳的亲和力比氧大 250 倍。一氧化碳减少了氧从血红蛋白中释放，导致组织缺氧。一氧化碳有神经毒性作用，可能是与一氧化氮的释放相关。暴露于一氧化碳水平为 2000 mg/L 的空气中 3 ～ 4 小时导致人体内的碳氧血红蛋白含量达 70%，以致死亡。在吸烟者中不太可能发生一氧化碳相关的急性症状，他们通常含有的碳氧血红蛋白水平约为 5% ～ 6% (Scherer, 2006)。一氧化碳被认为降低了吸烟者的氧传输，导致内皮功能紊乱和促进动脉硬化及其他心血管疾病的发展 (Department of Health and Human Services, 2004a；Ludvig, Miner, Eisenberg, 2005；Scherer, 2006)。

甲醛：甲醛暴露产生于内源性代谢，除了吸烟还存在多种职业和环境暴露。在多个体外系统和人类暴露及实验动物暴露中甲醛存在基因毒性。甲醛吸入暴露诱导大鼠鼻腔鳞状细胞癌，而在小鼠和仓鼠吸入和其他途径强化研究中得到复杂性结果。根据甲醛职业暴露相关的流行病学研究及 IARC 工作组 (IARC, 2006) 提供的在多种位点产生的癌症，有充分证据表明甲醛引起鼻咽癌，强有力但不足够的证据表明职业暴露甲醛与白血病诱因之间相关，有限的流行病学证据表明甲醛导致鼻窦癌。综合所有的证据，IARC 工作组认为，甲醛是人体致癌物（第 1 类)(IARC, 2006)。美国卫生与人类服务部 (Department of Health and Human Services, 2004b) 认为甲醛是"合理预期的人体致癌物"。

提议报告的化合物

丙烯腈：丙烯腈是用于制造人造纤维、树脂、塑料、弹性体和橡胶的重要的工业化学品 (Department of Health and Human Services, 2004b)。在职业场所吸入和皮肤暴露是除了吸烟以外的主要暴露。对大鼠口服或吸入强化时，丙烯腈在多个位点诱发肿瘤，包括前胃、中枢神经系统、乳腺、外耳道皮脂腺。在暴露于丙烯腈工作者的流行病学研究中始终没有发现癌症发病率的增加 (IARC, 1999a ; Department of Health and Human Services, 2004b)。在某些基因毒性测试中丙烯腈引起突变 (IARC, 1999a)。它易于形成蛋白质加合物，可能通过其环氧代谢产物，发现吸烟者比不吸烟者具有更高的丙烯腈 – 血红蛋白加合物水平 (IARC, 1999a ; Fennell et al., 2000)。IARC 工作组认为丙烯腈是可能的人体致癌物（第 2B 类)(IARC, 1999a)，美国卫生与人类服务部 (Department of Health and Human Services, 2004b) 认为它是"合理预期的人体致癌物"。

4- 氨基联苯：已普遍地停止了 4- 氨基联苯的商业用途和生产，而吸烟可能是目前人体暴露的主要来源。在口服强化 4- 氨基联苯后，兔和狗引发膀胱乳状瘤和癌症，小鼠的多位点引发肿瘤，包括血管肉瘤、肝细胞肿瘤和膀胱癌。对大鼠皮下注射诱发乳腺和肠肿瘤。在狗的短期致突变性测试中，4- 氨基联苯有基因毒性，在狗的膀胱上皮组织形成 DNA 加合物 (IARC, 1987)。吸烟者的 4- 氨基联苯 – 血红蛋白加合物已被定量测试 (Skipper, Tannenbaum, 1990)，吸烟者的水平高于不吸烟者，与剂量相关，戒烟后减少 (Maclure et al., 1990；Skipper, Tannenbaum, 1990；Castelao et al., 2001)。流行病学研究结果表明，4- 氨基联苯会诱发膀胱癌 (IARC, 1987；Department of Health and Human Services, 2004b)。国际癌症研究机构和美国卫生与人类服务部均将 4- 氨基联苯划分为人体致癌物（IARC 第 1 类），是吸烟者患膀胱癌的可能原因 (IARC, 1987, 2004；Department of Health and Human Services, 2004b)。

镉：吸入含镉的环境空气中的微粒、食物或饮用水消费可产生镉暴露。职业性和消费者暴露也会产生。镉盐的致癌性已经在大鼠和其他物种的多项研究中被证明 (IARC, 1999b；Department of Health and Human Services, 2004b)。各种镉化合物的吸入引起大鼠肺肿瘤，呈剂量 – 效应关系阳性结果。气管内镉化合物的强化也会诱导产生大鼠肺肿瘤。大鼠口服时，氯化镉引起白血病和睾丸肿瘤的剂量相关性增加。镉对几种哺乳动物诱导 DNA 和染色体体外损伤。职业暴露工作者的一些流行病学研究表明，镉暴露导致肺癌。镉被国际癌症研究机构和美国卫生与人类服务部 (Department of Health and Human Services, 2004b) 列为人体致癌物 (第 1 类)(IARC, 1999b)。

邻苯二酚：邻苯二酚天然存在于多种食品中，例如水果和蔬菜。在化学品制造中可能被释放到环境中，但它并不是一个常见的环境污染物。口服邻苯二酚，显示未导致小鼠肿瘤，但引起几种大鼠胃腺癌。它对小鼠的皮肤 (与苯并 [a] 芘协同) 和大鼠的舌、食道和胃有相当大的致癌活性协同作用。邻苯二酚引起体外哺乳动物细胞基因突变。没有可用的流行病学数据。IARC 工作组认为邻苯二酚是可能的人体癌症物（第 2B 类）(IARC, 1999a)。

巴豆醛：巴豆醛是在汽油和柴油发动机废气中的一种有害物质，存在于多种食品中 (IARC, 1995b)。它也可通过脂质过氧化内源性地产生 (Chung, Chen, Nath, 1996)。在大鼠口服后巴豆醛诱导肝脏肿瘤结节，在多种基因毒性测试中引起突变 (IARC, 1995b)。人体组织中检测到巴豆醛–DNA 加合物，包括吸烟者的口腔黏膜及肺 (Chung et al., 1999；Zhang et al., 2006)。乙醛也可形成这些加合物。IARC 工作组的结论是巴豆醛不属于人体致癌物（第 3 类）(IARC, 1995b)。

氰化氢：氰化物以糖苷形式存在于多种食品，如坚果和豆类中。氰化氢和其他氰化物代谢为硫氰酸盐，存在于十字花科蔬菜中。氰化氢是非常有毒的，人口服剂量 0.5 ～ 3.5 mg/kg 体重或吸入 270 mg/L 的空气几分钟，则导致立即死亡。它通过抑制呼吸链中的细胞色素氧化酶起作用。吸烟可以降低对氰化氢的解毒作用，一般通过形成硫氰酸盐，导致吸烟者慢性氰化氢暴露，因而引起弱视、球后视神经炎和不育 (Scherer, 2006)。氰化氢可使吸烟者伤口愈合不良 (Silverstein, 1992)。

对苯二酚：对苯二酚以共轭状态存在于各种植物的叶片、果实和树皮中，以及某些职业场所，如摄影。它还可用于治疗皮肤色素沉着。对苯二酚是苯的代谢物，可能参与苯诱发的白血病。对苯二酚对小鼠存在适度致癌性，在一项研究中诱导女性肝细胞腺瘤，在另一项研究中则是对于男性。它导致雄性大鼠肾小管腺瘤；在大多数测试中缺乏促进肿瘤的活性。没有令人信服的流行病学数据表明对苯二酚是一种致癌物质。在各种体外系统它是致突变的。对苯二酚导致大鼠肾病以及再生障碍性贫血、肝脊髓细胞萎缩和胃黏膜溃疡。IARC 工作小组的结论是，对苯二酚不应划分为人体致癌物

（第 3 类）(IARC, 1999a)。欧盟将对苯二酚划分为第 3 类致癌物（"致癌作用的证据有限"）(http://ecb.jrc.it/classification-labelling/)。

2- 萘胺：在一些国家禁止商业使用和生产 2- 萘胺，除了卷烟烟气以外可能有少量的暴露源 (Department of Health and Human Services, 2004b)。2- 萘胺对许多动物物种是致癌的。口服后，它造成了地鼠、狗和非人灵长类动物的膀胱肿瘤和小鼠肝脏肿瘤。在大鼠中观察到膀胱癌，在 A/J 鼠肺腺瘤的应变生物测试中，它显示了阳性结果。2- 萘胺在老鼠和兔中增加姐妹染色单体交换率，在各种其他短期遗传毒性检测中呈阳性。在狗体内试验中膀胱和肝细胞中形成了 DNA 加合物。流行病学研究最终证明 2- 萘胺引起人体膀胱癌 (IARC, 1987)。IARC(1987) 和美国卫生与人类服务部 (Department of Health and Human Services, 2004b) 均将 2- 萘胺划为人体致癌物 (IARC 第 1 类)，可能导致吸烟者膀胱癌 (IARC, 2004)。

氮氧化物：烟草烟气中含有一氧化氮、二氧化氮和氧化亚氮，虽然新生成的烟气中几乎只含有一氧化氮，而在烟气"老化"中迅速形成二氧化氮。烟草的硝酸盐含量决定了烟气中的氮氧化物释放量 (IARC, 1986)。一氧化氮有诱导血管舒张功能，并已作为新生儿靶向肺血管扩张剂 (Weinberger et al., 2001)。在水溶液中，一氧化氮能衰变为亚硝酸盐和三氧化二氮，可形成亚硝基化谷胱甘肽和胺类化合物。胺的亚硝化反应可以导致致癌的亚硝胺的形成。这种体内亚硝化已经在吸烟者的一些研究中表明 (Hecht, 2002)。一氧化氮也会引起 DNA 链断裂和碱基变化，可能直接导致致突变作用和致癌作用。它与过氧化物反应生成过氧亚硝酸盐，是会导致脂质过氧化的氧化剂，可能导致 DNA 损伤以及影响表面活性物质功能 (Weinberger et al., 2001)。一氧化氮可能通过增加烟碱的吸收有助于烟碱成瘾，减少紧张症状以及增加后突触多巴胺水平 (Vleeming, Rambali, Opperhuizen, 2002)。一氧化氮很容易氧化为二氧化氮这种肺部刺激物。世界卫生组织给出的二氧化氮 1 小时平均标准值是 200 μg/m³，每年平均标准值为 40 μg/mm³ (http://www.who.euro.int/document/E87950.pdf)。

3.6.2 测试有害物质的方法

抽样和报告

用于监管和报告的每个产品应该按年度报告有害物质的测试结果。时间和地域差异是产品差异性的重要来源，应包括在产品内和产品间的差异实验中。样品搜集应按 ISO 8243 中描述的标准方法进行抽样。在不同次的一系列样本中应包括卷烟。报告周期 (1 年) 应至少分为 5 个子周期。在每个子周期内，每个品牌抽取 200 支卷烟 (每盒 20 支卷烟取 10 盒或等值)。每个样品应来自不同取样点。每个分析方法使用的卷烟应同样分配到每个子周期。如果由于任何分析问题，需要反复测试，应该使用更多的样品。这些样品的分析结果应合并后进行报告。

样品可以从制造商或进口商的营业场所或零售地点抽取。在企业抽样更易于获得样品，但存在其他担忧。如果已知抽样的日期，产品可能被改变或选择以确保它们符合监管限制。如果在企业抽样，必须未经事先通知，由独立的调查者进行采样。在任何情况下监管机构都不应该允许将样品交给被监管企业分析。在零售地点抽样需要更多资源，但这种方法确保产品是直接提供给吸烟者的。从多个零售点购买具有挑战性，尤其是当国家很大时，受限于运输基础设施，或者国家包括多个岛屿或地理区域，获取不同的产品存在困难。在这种情况下，监管当局可要求更广泛地采样，得到具有代表性的样本。最好由各国政府官员决定从何处获取样品。

为了降低储存条件带来的产品变异，样品应在吸烟机抽吸前根据 ISO 3402 标准平衡至少 24 小时。

分析方法

卷烟应按加拿大深度抽吸条件，用吸烟机测试分析，55 mL 抽吸容量，2.0 s 抽吸持续时间，30 s 抽吸间隔，封闭 100% 的通风孔。无滤嘴卷烟烟蒂长度为 23 mm，有滤嘴牌号是过滤纸长度加上 3 mm。在大多数情况下，烟气用剑桥滤片收集。其他情况说明如下。

报告每个牌号每个滤片的单次测量、分析的滤片数量、平均值、标准偏差、最小值和最大值。在最终结果中报告每个样品的抽样日期和地点。

烟碱和一氧化碳：烟碱和一氧化碳用 ISO 方法 ISO 10315 和 ISO 8454 分别测量，已很好地进行了验证，在全世界的许多实验室中被使用。在标准商业吸烟机上用加拿大深度抽吸方案抽吸卷烟，另外一般都配有自动一氧化碳测定仪。在直线吸烟机上，20 个剑桥滤片上每个抽吸 3 支卷烟。在转盘吸烟机上，5 个剑桥滤片上每个抽吸 10 支卷烟。必须注意不应发生滤片穿滤。烟碱在剑桥滤片收集的卷烟烟气粒相物中测定，一氧化碳在气相中测定，气相收集袋收集气相。气相自动通过非散射红外分析仪，一氧化碳百分比通过与已知浓度的一氧化碳标准气体比较测定。剑桥滤片用含内标物茴香脑的异丙醇提取。用填充柱气相色谱氢火焰离子化检测器分析萃取液中的烟碱。气相色谱仪响应与已知浓度的标准溶液比较测定每个滤片中烟碱的含量。此加拿大卫生部官方方法的详细资料请见 http://www.

qp.gov.bc.ca/stat_reg/regs/health/oic_94.pdf（P165；2006-12-21）。正式的 ISO 方法请见 http://www.iso.ch/iso/en/cataloguelistpage.cataloguelist?commid=3350&scopelist=all。

　　烟草特有亚硝胺：目前还没有测量卷烟主流烟气中 TSNA 的 ISO 验证方法，但正在开发一种 ISO 方法。已在许多烟草分析实验室中使用的、并已广泛用于测量这些化合物的一种方法是气相色谱热能分析法。这种技术是选择性测量含亚硝基化合物，并已多年成功用于测试烟草烟气中 TSNA。在直线吸烟机上，20 个剑桥滤片上每个抽吸 5 支卷烟。在转盘吸烟机上，5 个剑桥滤片上每个抽吸 20 支卷烟。在剑桥滤片上捕集的卷烟主流烟气粒相物中测定 TSNA，用二氯甲烷萃取浓缩，接着在碱性氧化铝柱上层析。含 TSNA 馏分被洗脱并用气相色谱热能分析法分析。此加拿大卫生部官方方法的说明请见 http://www.qp.gov.bc.ca/stat_reg/egs/health/oic_94.pdf（P119；2006-12-21）。也被使用的另一种方法，液相色谱串联质谱请见 http://www.aristalabs.com/pdf/ mainstreamanalysis.pdf（2006-04-26），或见 Wu，Ashley 和 Watson（2003）的文献，但使用任何替代技术必须表明与之前使用的气相色谱热能分析法的准确度和重现性一致。用此种方法也能以最低的额外费用同时测定 N'- 亚硝基新烟草碱和 N'- 亚硝基假木贼碱。

　　羰基化合物（甲醛、乙醛、丙烯醛、巴豆醛）：目前测量卷烟主流烟气中羰基化合物的非 ISO 验证方法，在许多实验室中成功地用于测量这些化合物。在 25 轮抽吸中每轮抽吸 2 支卷烟。未过滤的卷烟主流烟气通过含有 2,4- 硝基苯肼的酸性乙腈溶液吸收瓶。萃取液过滤、稀释并用反相梯度液相色谱仪紫外检测器测定。外标法定量含量水平。必须小心使吸收瓶中的吸收液不发生穿滤情况；如果发生这种情况，测试的卷烟数量必须减少。用保留时间和纯品分析来识别分析物色谱峰。该加拿大卫生部官方方法的详细资料请见 http://www.qp.gov.bc.ca/stat_reg/regs/health/oic_94.pdf (P41；2006-12-21)。该方法也可以最少的额外费用同时测试丙酮、丙醛和丁醛。

挥发性物质（1,3- 丁二烯、丙烯腈、苯）：目前测量主流烟气中挥发性物质的非 ISO 验证方法，在许多实验室中有可成功地用于测量这些化合物。未过滤的卷烟烟气通过含有氘代苯内标（D_6）的吹扫捕集级甲醇溶液捕集冷阱。10 个捕集阱中每个收集 5 支卷烟的烟气。捕集溶液注射入气相色谱仪进行分析。通过与已知浓度的标准溶液比较相对峰面积来定量这些化合物。用保留时间和纯品分析来验证鉴定目标分析物色谱峰。该加拿大官方分析方法的详细资料请见 http://www.qp.gov.bc.ca/stat_reg/regs/health/oic_94.pdf (P173；2006-12-21)。该方法也可以最少额外费用同时测试异戊二烯、甲苯和苯乙烯。

苯并 [a] 芘：目前还没有测量卷烟主流烟气中苯并 [a] 芘的 ISO 验证方法，但正在建立 ISO 方法。一种方法已成功地在许多实验室使用测量这种化合物。在直线吸烟机上，25 个剑桥滤片每个抽吸 2 支卷烟。在转盘吸烟机上，5 个剑桥滤片每个抽吸 10 支卷烟。主流烟气粒相物捕集在剑桥滤片上，但必须小心不能发生滤片穿滤情况。滤片粒相物用环己烷萃取。萃取液通过硅胶和 NH_2（氨基）固相萃取小柱。苯并 [a] 芘用正己烷从小柱上洗脱，吹干，用乙腈复溶。样品用反相液相色谱仪荧光检测器测量。该加拿大官方方法的说明请见 http://www.qp.gov.bc.ca/stat_reg/regs/health/oic_94.pdf (P27; 2006-12-21)。用气相色谱质谱法测定的其他方法请见 http://www.aristalabs.com/pdf/mainstreamanalysis.pdf (2006-04-26)，或见 Ding 及其同事 (2005) 的文献。可购买 ISO 开发的气相色谱质谱方法 (http://www.iso.

ch/iso/en/cataloguelistpage.cataloguelist?commid=3350&scopelist=all)。这些气相色谱质谱方法也能用于测定苯并 [a] 芘之外的多环芳烃。

芳香胺（2- 萘胺、4- 氨基联苯）：目前一种测量主流烟气中芳香胺的非 ISO 验证方法，已在许多实验室中成功使用。在直线吸烟机上，20 个剑桥滤片上每个抽吸 5 支卷烟。在转盘吸烟机上，5 个剑桥滤片上每个抽吸 20 支卷烟。必须小心不发生剑桥滤片穿滤的情况。滤片用 100 mL 5% 的盐酸溶液萃取。在溶液中加入内标物 D_9- 氨基联苯。用硫酸钠干燥萃取液，用五氟丙酸酐和三甲基胺衍生化。得到的物质用弗罗里硅土净化。用气相色谱质谱仪定量芳香胺。该加拿大官方方法的说明请见 http://www.qp.gov.bc.ca/stat_reg/regs/health/oic_94.pdf (P. 16；2006-12-21)。也可用该方法以最少的额外费用测量 1- 萘胺和 3- 氨基联苯。

氰化氢：目前一种测量主流烟气中氰化氢的非 ISO 验证方法在许多实验室中成功地使用。抽吸 2 支卷烟，用剑桥滤片收集粒相物，气相用含有 0.1 mol/L 氯化钠溶液的吸收瓶直接接在滤片后捕集。抽吸 25 轮。剑桥滤片用 0.1 mol/L 氯化钠溶液萃取。滤片萃取液和吸收瓶溶液都用连续流动比色法进行分析。分析步骤包括将氰化物转化为氰化氢并与吡唑酮试剂反应。通过与已知标准物质响应比较来完成定量。该加拿大官方方法的详细资料请见 http://www.qp.gov.bc.ca/stat_reg/regs/health/oic_94.pdf (P63；2006-12-21)。

镉：目前测量主流烟气中镉的非 ISO 验证方法在许多实验室中成功被应用。重金属分析的最具挑战性的方面是无污染地收集样品。通常收集主流烟气的方法是使用剑桥滤片，可被明显地污染，使测量无效。一旦收集了烟气，一些同样有效的分析仪器可用于定量。每次测量中抽吸 10 支卷烟，静电沉积法收集微粒以避免污染。沉积物中的总粒相物用甲醇除去。甲醇通过温和加热和吹气来除去。剩余物质用盐酸、硝酸和过氧化氢微波消解。得到的溶液用原子吸收仪、电感耦合氩等离子体 – 原子发射光谱或电感耦合氩等离子体 – 质谱分析。通过与已知标准物质的响应比较来定量。该加拿大官方方法的详细资料请见 http://www.qp.gov.bc.ca/stat_reg/regs/health/oic_94.pdf (P85；2006-12-21)。其他重金属如镍、铅、铬、砷和硒，也可以用此方法测定。一种类似的方法请见 www.aristalabs.com/pdf/mainstreamanalysis.pdf (2006-04-26)。收集烟气粒相物的另一种方法见 Pappas 等 (2006)。当要求特制的滤嘴时，允许使用常用的粒相收集方法来代替使用静电分析器。

氮氧化物：用于测量主流烟气中氮氧化物的非 ISO 验证方法在许多实验室成功地被应用。在加拿大深度抽吸方案下抽吸卷烟，抽吸 25 轮。未过滤的烟气在烟气混合腔体中混合，然后定期被抽到化学发光氮氧化物分析仪测定总氮氧化物。在测定之前，烟气与臭氧反应，一氧化氮的含量可以被测定。氮氧化物和一氧化氮水平的差值计为二氧化氮。通过与已知标准物质的响应比较来完成定量。该加拿大官方方法的详细资料请见 http://www.qp.gov.bc.ca/stat_reg/regs/health/oic_94.pdf (P103；2006-12-21)。

酚类化合物（邻苯二酚、对苯二酚）：目前测量主流烟气中酚类化合物的非 ISO 验证方法在许多实验室中被成功应用。在直线吸烟机上，25 个剑桥滤片中每个抽吸 2 只卷烟。在转盘吸烟机上，5 个剑桥滤片中每个抽吸 10 支卷烟。主流烟气粒相物用剑桥滤片捕集；必须小心不发生滤片穿滤的情况。滤片用 40 mL 1% 乙酸溶液萃取。萃取液过滤后用反相梯度液相色谱选择性荧光检测器分析。酚类物质用气相色谱质谱定量。该加拿大官方方法的说明请见 http://www.

qp.gov.bc.ca/stat_reg/regs/health/oic_94.pdf (P153; 2006-12-21)。还可用该方法以最少的额外费用测量间苯二酚、苯酚、间甲基苯酚、邻甲基苯酚、对甲基苯酚。

3.6.3 降低卷烟烟气中特有有害物质的现有技术

在设置每毫克烟碱有害物质水平时的另一种考虑是烟草行业对其产品进行改进以符合较低的毒性水平的能力。查阅发表的文献和已公布的烟草行业文件和专利可以帮助确定在何种程度上现有的技术可以用来降低卷烟烟气中指定的有害物质的释放量。一个重要的说明是可能有更多的企业减少有害物质水平的能力的证据尚未公开发布。公开报告和文件中引用的大多数数据，是在 ISO 方案下的机测值，而不是 TobReg 建议的深度抽吸方案。然而，ISO 数据可能会提供对一些总体设计变化的了解，因此是需要的。可能已作出了统一规范减少每毫克焦油或烟碱或每单位体积的尝试。大多数数据以每支的释放量表示，但请重点注意，每支释放量的比较有极大的误导性，除非是比较相同的产品。

NNN 和 NNK：在不同国家 TSNA 水平差异的证据见上述综述。降低卷烟主流烟气中 TSNA 水平的不同方法有文献报道。这些分为三大类：改变农业生产、烤制和烟草配方。

现有证据表明，减少硝酸盐肥料的使用将减少所有烤制方法下的所有类型烟草的 TSNA。

改用丙烷烤制的加热源显示降低了烟草的 TSNA。在通风良好的构造中进行空气调制也可以降低这些类型烟草的 TSNA。一般来说，在调制期间，较冷的温度，降低相对湿度有利于生产晾烟时降低烟叶 TSNA 浓度 (1.5 ～ 3.5 μg/g)，施用低降烟碱含量的氮肥品种是适当的，在通风良好的环境进行调制，调制好立即取下烟叶并剥离，在烟叶打叶和老化前尽可能快地打包储存。

使用低 TSNA 含量的烟草会有效降低主流烟气中 TSNA 的含量。减少 TSNA 释放量最简单的方法是以烤烟为主的烟叶配方，这是澳大利亚和加拿大的传统类型，含量水平比包含晾晒白肋烟和其他烟草的美国混合型卷烟低了 10 倍。然而，随着新的调制技术和其他减少 TSNA 前体 (在烟叶配方中) 的技术发展，高温生成将变成主要来源。在吸烟时，叔胺烟碱的亚硝化比仲胺降烟碱的发生速度慢很多。这促使在吸烟时生成 NNN、N'- 亚硝基新烟草碱和 N'- 亚硝基降烟碱而不是 NNK。

几乎没有证据表明特殊滤嘴、添加剂、卷烟纸类型、通风孔或其他物理参数能显著影响主流烟气中的 TSNA，除了其通常对整体烟气浓度的影响。因此，未发现产品工程设计变化能特别影响 TSNA 的浓度。Irwin (1990) 在英美烟草公司的内部文件中报告称，NNN 和 NNK 的过滤效率与总粒相物和烟碱的变化密切相关，显示没有选择性。

羰基化合物（乙醛、丙烯醛、甲醛）：这些化合物有相似的分子结构与性质而被归为一类。因此，理论上在烟气中减少它们的方法应该是相似的或相关的。

乙醛源于多糖类燃烧，包括纤维素和添加的糖。一些措施已被烟草行业用于降低乙醛释放量。

减少添加到烟草中糖的浓度，或使用含有更低糖的配方应可降低乙醛水平。Norman (1999) 总结了关于烟草类型、烟草薄片和膨胀烟草的研究。燃烧每克烟草，白肋烟释放量高于烤烟；烟草薄片与片烟无显著差异；膨胀烟丝释放稍多的乙醛。这意味着在配方中减少白肋烟和膨胀烟草的量可以降低乙醛释放量。Rodgman(1977) 指出在配方中 G13 膨胀烟丝的量增加，每支卷烟释放乙醛减少，但每口乙醛略有增加。

因为乙醛是一种相对分子质量低的气相组分，它不会影响醋酸纤维或其他机械过滤装置。尽管接触时间较短 (100 ms)，卷烟烟气中的某些挥发性成分被活性炭选择性地去除，活性炭具有多孔结构和高比表面积 (如 Tiggelbeck，1967，1976)。在主流烟气递送中，碳滤嘴卷烟已显示出可显著减少许多挥发性成分，包括乙醛（如 Xue，Thomas，Koller，2002）。挥发性化合物的去除量与滤嘴中存在的碳量成正比（Norman，1999）。Polzin 等 (2008) 报告了三个含碳水平 (0、45 mg、120 mg 和 180 mg) 的不同牌号碳滤嘴卷烟，但 FTC 焦油 (5 ～ 6 mg) 和其他设计参数相似。在以烟碱计和加拿大卫生部深度条件下抽吸时，含碳量最高的滤嘴牌号比非碳滤嘴牌号减少了更多的乙醛 (图 3.9 所示牌号 1)。加拿大深度抽吸数据在牌号 5 之前显示水平差异很小的趋势，这可能表明，大大降低乙醛需要大量含碳量 (180 mg)。120 mg 碳滤嘴 (牌号 4) 的 ISO 和加拿大卫生部的水平之间差异较大表明，至少对于乙醛来说，抽吸深度越高或封闭通风孔可能耗费了滤嘴中甚至 120 mg 的碳。这些数据表明，深度抽吸情况下，含有至少 180 mg 的碳滤嘴能降低烟气乙醛浓度约 45%。

Rodgman(1977) 报告的雷诺公司研究结果显示，碳和铝土的组合从烟气中去除了高达 30% 的乙醛。这份内部备忘录指出，然而，"大幅度减少醛类 (以及其他气相成分) 的碳滤嘴卷烟通常在 [美国] 市场表现不好。一般来说,活性炭滤嘴不影响 FTC '焦油' 量。"Laugeson

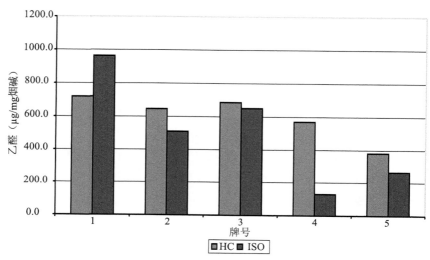

图 3.9　ISO 和加拿大深度抽吸模式下，吸烟机抽吸不同牌号卷烟的
每毫克烟碱的乙醛含量

和 Fowles(2005) 报告加拿大深度抽吸条件下，两个版本含碳柔和七星和一个类似无碳的牌号的乙醛水平无差异。事实上，在以毫克烟碱计时，柔和七星实际上显示乙醛水平最高。

菲利普·莫里斯美国公司拥有一项滤嘴专利（Rainer, Feins, 1980），声称选择性地从主流烟气去除醛，"包括含有浓缩过氧化氢的粒状载体，所说的过氧化氢是水和亲水性稳定剂"。以这种方式与硅胶颗粒构建的滤嘴声称与标准的醋酸纤维滤嘴相比乙醛水平减少 78%，与活性炭滤嘴相比减少大约 50%。

布朗和威廉姆森公司在滤嘴中商业使用了 Duolite 离子交换树脂，特别是其于 20 世纪 70 年代在美国上市的 Fact"低烟气"卷烟牌号中。一名雇员的手绘树脂结构如图 3.10 所示 (Litzinger, 1972)。Duolite 是"多孔粒状树脂……与氰化氢和醛反应从烟气中去除它们。

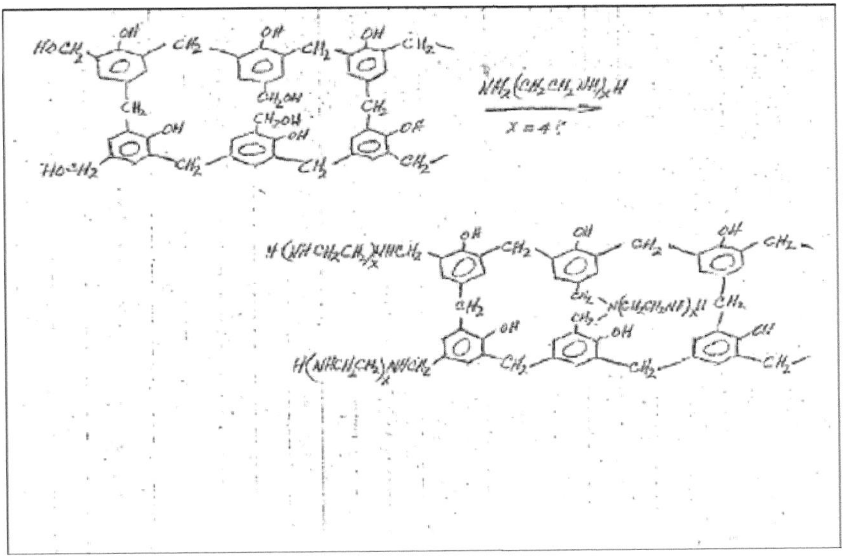

图 3.10 来自布朗和威廉姆森公司员工的离子交换树脂结构手绘图

这种树脂，部分与乙酸结合催化去除醛，已作为布朗和威廉姆森卷烟牌号 Diamond Shamrock 的技术指标。……与活性炭不同，活性炭无选择性，它还会去除香味化合物，Duolite 选择性地过滤烟气"(Brown & Williamson Tobacco, 1977)。Duolite 树脂包含伯、仲和叔胺官能团，乙醛通过与伯、仲胺加成被从烟气中去除；被捕获之后，它可能进行进一步的反应。报告的作者就 Duolite 的有效性指出，过滤效率取决于烟气 pH，与 Duolite 的使用量无关。布朗和威廉姆森公司对树脂性能、过滤效率，在制造、包装和吸烟时（包括吸入和热裂解）颗粒释放等进行了广泛的研究。

2002 年，布朗和威廉姆斯公司上市了 Advance Lights 牌号，特点是一种"Trionic"滤嘴，在嘴端包括离子交换树脂、活性炭和醋酸纤维素，并声称提供"所有的味道……更少的有害物质"。关于此产品可找到的资料很少；然而，在布朗和威廉姆斯公司回应无烟草青少年运动、烟碱和烟草研究学会推进美国食品与药物管理局监管（Brown & Williamson, 2002）的评论中描述了它的某些情况：

"烟气从燃烧的烟草中释放首先通过包含离子交换树脂的滤嘴部分。这种材料主要影响烟气中的半挥发性成分，特别是……醛（包括甲醛）和其他物质，如氰化氢。一些材料被附在第一段内，当烟气持续通过烟丝时它们的水平减少。

"烟气接下来进入含有特种碳的滤嘴部分。这种材料对半挥发性成分和气体均有吸附。它会持续从烟气中吸附醛，也捕获其他成分，如苯和丙烯醛……与重要牌号所释放的烟气中发现的水平相比，烟气经过三级 Trionic 滤嘴的结果是许多有害物质大量减少。"

以毫克焦油计的乙醛浓度似乎并不随卷烟圆周而改变 (Seeman, Dixon, Haussmann, 2002)。因此，减小卷烟圆周似乎不是一个有效的降低策略。更具透气性的卷烟纸通常减少气相成分，但在 20 ～ 100 透 CORESTA[烟草科学研究合作中心] 单位范围内每支卷烟少于 10% 的降低 (Owens, 1978)。在 20 ～ 200 透 CORESTA 单位范围内，打孔卷烟纸将减少每支卷烟高达 25% 的气相成分，在 20 ～ 100 透范围内降幅最大。Rodgman(1977) 指出，"增加纸张透气度，在卷烟纸打孔和 / 或在滤棒成型纸上打孔"一般可降低醛类物质，包括乙醛。这是有道理的，因为它是气相成分；因此，增加纸张透气度将使更多的气相成分离开燃烧中的烟支。没有数据发现造纸添加剂对乙醛浓度的影响，虽然备忘录（1997）指出，缓慢燃烧的纸使每支卷烟释放更多的乙醛，这也许是更高抽吸口数的后果。

丙烯醛是卷烟烟气气相中的一种醛类物质。因此，如上一节所述，设计改变可降低乙醛，也会倾向于减少丙烯醛。事实上，雷诺公司备忘录中的图表 (Rodgman, 1977) 表明，增加总通风率，在减少乙醛的同时减少丙烯醛。这包括滤嘴通风造成的影响，在加拿大深度抽吸情况下是不会有效的，因为滤嘴通风孔被封闭。减少保润剂（如甘油）的使用也可降低丙烯醛的释放量。

活性炭滤嘴可以通过吸附减少丙烯醛水平。Polzin 等 (2008) 表明，当使用高含碳量 (120 ～ 180 mg) 滤嘴，在加拿大深度抽吸条件下，可减少高达 69% 的丙烯醛（以烟碱计）。Laugeson 和 Fowles (2005) 报道，在加拿大深度抽吸条件下，各种柔和七星牌号（其中包括比 Polzin 等测试牌号含碳少的品种）和非活性炭牌号中丙烯醛水平差异大约有 15%。是否按烟碱计释放物都如此。在 20 世纪 70 年代，罗瑞拉德公司开发了另一种减少丙烯醛的手段，通过添加各种反应活性化合物到滤嘴和烟丝中，包括胼类、相对分子质量高的胺类物质、磷酸铵和碳酸铵 (Ihrig, 1972)。到 1976 年，他们已确定了一些可选择性减少丙烯醛的添加剂，但没有申请专利 (Ihrig, 1976)，这项工作似乎已被中止。

图 3.11 显示了在 ISO 和加拿大卫生部深度抽吸方案下，不同牌号每毫克烟碱丙烯醛水平的机测值。

甲醛，已知天然和添加的糖类物质均可产生甲醛 (Baker, 2006)。因此，从烟草加工（如加料）中减少或消除外源性糖类会减少卷烟的甲醛释放量。碳滤嘴已被证明对烟气中的甲醛有一些效果，像其他气相成分一样。Laugeson 和 Fowles(2005) 报道，在深度抽吸条件下，与非碳滤嘴牌号比较，柔和七星卷烟减少了约 33% 的甲醛（以烟碱计）。他们报道称，180 mg 活性炭市售牌号（万宝路 Ultra Smooth）与常规万宝路牌号相比，不以烟碱计，甲醛减少了 75%，以烟碱计，只减少了 51%。

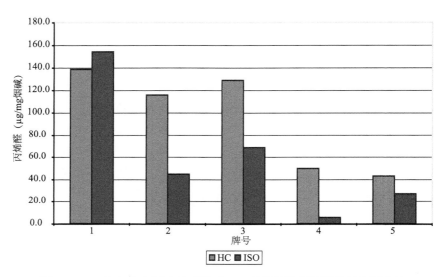

图 3.11 ISO 和加拿大深度抽吸模式下，吸烟机抽吸不同牌号卷烟中的
每毫克烟碱的丙烯醛含量

　　已经证明，铵类化合物和氨基酸的存在抑制了从糖类物质产生甲醛 (Baker, 2006)。雷诺公司考察了与氨反应减少卷烟主流烟气中的甲醛。在一份备忘录中，Furin 和 Gentry (1990) 描述了在烟支中各种氨来源（尿素和甘氨酸）对主流烟气多种羰基化合物释放量影响的研究结果。已发现可减少 70% ～ 98%，取决于尿素或甘氨酸的增加水平。他们提出甲醛通过与氨反应形成六亚甲基四胺而被减少。作者指出作为氨的来源在尿素和甘氨酸之间存在潜在的权衡，当尿素是氨的 2.5 倍时，用等量的甘氨酸可得到相似的减少。

　　菲利普·莫里斯公司的备忘录 (1998) 描述了使用硅胶凝胶去除

气体流中的甲醛。据报道，γ-氨基丙基硅烷–硅胶凝胶可选择性地过滤烟气中的甲醛。加载甲醛的气体模型系统，在 FTC 条件下是通过吸烟机抽吸，比较各种形态硅胶凝胶、γ-氨基丙基硅烷–硅胶凝胶和传统的醋酸纤维滤嘴去除甲醛的能力。15 类硅胶凝胶物理性能的相关性分析表明，孔径和孔体积与甲醛减少的百分比有最强的相关性（分别为 0.63 和 0.59），而颗粒大小呈负或无相关性（–0.17 ～ 0.09）。菲利普·莫里斯公司至少持有一个 γ-氨基丙基硅烷–硅胶凝胶在卷烟滤嘴中应用的专利 (Koller et al., 2005)。

苯是多个烟支前体物产生的气相挥发成分（请见 Ferguson, 2000)。因此，碳滤嘴被建议用于降低烟气中苯的水平。G. M. Polzin 和同事 (2008) 报道称，在深度抽吸条件下以烟碱计，含有 120 mg 碳的滤嘴至少能降低近 85% 的苯释放量。此项对吸烟机产生烟气的监测与人体暴露有相似数据：Scherer 及同事 (2006) 报道称，抽吸碳滤嘴卷烟导致统计学显著减少苯暴露的生物标记物（如尿中 S-苯巯基尿酸），尽管研究的大量市售碳滤嘴卷烟可能包含远低于 120 mg 的碳。搜索烟草文献和专利未发现其他减少主流烟气中苯的试验方法。

苯并 [a] 芘是典型的 PAH。自从这些化合物被鉴定为烟气的重要组成部分，就对降低卷烟主流烟气 PAH 水平的方法展开了研究。在 20 世纪 50 年代到 60 年代初，发布了多项从烟草中提取前体组分的方法的专利。雷诺公司的 Rodgman 及其同事 (2006，被 Rodgman 和 Perfetti 评议) 表明，提取烟草中的饱和脂肪烃、甾醇、萜类化合物如茄呢醇，降低了用这些烟草制造的卷烟的主流烟气中的 PAH 含量。Tennessee Eastman(1959) 的一项研究考察了提取对苯并 [a] 芘水平的影响。提取这些组分还提高了单位重量烟草的碳水化合物（包括纤维素）含量，正如前面讨论的，这是醛类化合物的前体。到

20 世纪 60 年代，已证明，烟草中较高的硝酸盐水平可导致烟气中 PAH 水平较低，可能是由于硝酸盐可干扰产生多环芳烃的自由基过程。

Wynder 和 Hoffman (1967) 提出假说，长期观察的苯并 [a] 芘释放量的降低，可能是由于在卷烟设计中采用了烟草薄片，特别是用梗制成的（硝酸盐的含量相对较高）。因为硝酸盐是烟气中 TSNA 的前体，然而，这可能在降低 PAH 含量的同时增加了 TSNA 含量，在本质上是另一类致癌物。同样，鉴于烤烟和白肋烟之间苯并 [a] 芘释放量的差异，含有更多白肋烟的配方预计将产生更少的苯并 [a] 芘。但已知白肋烟产生更多的 TSNA。

Norman(1999) 表明，不同类型的烟草薄片和膨胀烟草有不同的苯并 [a] 芘（和其他成分）释放量，取决于如何加工它们。造纸法烟草薄片比辊压法烟草薄片产生的苯并 [a] 芘少 (0.52 μg/g 对 0.85 μg/g)，但甲醛更多 (56.8 μg/g 对 40.5 μg/g)(Halter, Ito, 1978)。同样，不同类型的膨胀烟草有不同水平的苯并 [a] 芘：标准配方有 0.71 μg/g，雷诺公司膨胀烟草的卷烟有 0.76 μg/g，菲利普·莫里斯公司膨胀烟草卷烟有 0.45 μg/g，冻干烟草卷烟有 0.57 μg/g (Halter, Ito, 1978)。Rodgman(2001) 总结了卷烟生产各个阶段的变化，研究以减少烟气中的多环芳烃释放量，如表 3.7 所示。

表 3.7　为减少烟气中的 PAH 释放量而对卷烟产品进行的不同阶段的改变

植物的变化	烟棒的变化	设计的变化
烟草类型	燃烧调节剂	纸张孔隙度
烟叶生长部位	调味料	纸张添加剂
硝酸盐含量	香料	纸张涂层
烟碱含量	烟草重量	滤嘴的过滤效率或选择性

续表

植物的变化	烟棒的变化	设计的变化
调制	烟草薄片	滤嘴添加剂
分级	梗含量	滤嘴通风
发酵过程	膨胀烟丝	
提取	含水量	
去烟碱	烟草代用品（比如 Cytrel）	
氨化作用		
农药残留		
农用化学品		

资料来源：改编自 Rodgman(2001)，表 5

注：PAH，多环芳烃

Cippilone 案，美国早期卷烟产品责任案件之一，揭示了"XA"卷烟的存在，所用的烟草用含钯催化剂的硝酸盐处理来降低烟气的生物活性。在 1977 年 Ligget 公司发布了钯添加剂专利 (Norman, Bryant, 1977)，提到此添加剂可降低烟气中多环芳烃。一份"律师工作产品"(1992) 提供了一个很好的审判证词摘要。然而，据称一方面因为公司担心这等于承认他们的其他卷烟导致癌症，另一方面因为他们关于降低生物活性的声称要基于被嘲笑过的测试（例如小鼠涂敷），Ligget 从没销售过一支使用钯技术的卷烟。在 21 世纪初 Vector 烟草公司销售的 Omni 卷烟中重新出现钯技术。Vector 公司称比传统卷烟降低了 2% ～ 42% 的 PAH 释放物（取决于测量方法）。然而，人体研究显示，当测量尿中 1- 羟基芘时，转换为 Omni 卷烟不能减少 PAH 暴露 (Hatsukami et al., 2004；Hughes et al., 2004)。

最近试图降低卷烟主流烟气中多环芳烃的想法包括"自由基的捕集"，以抑制其在高温热解时形成或选择性过滤多环芳烃。Fillagent 专利滤嘴卟啉添加剂声称捕集多环芳烃 (Lesser & Von

Borstel，2003)，这似乎已被引入到了一个新的 Fact 牌号卷烟中（与前面描述的布朗和威廉姆森的产品没有关系），正在美国市场试销售。

Lodovici 等 (2007) 报道称，一种基于 DNA 的溶液（从鲑鱼精子中提取，Maillard, Hada, 2005) 可添加到醋酸纤维滤嘴中，当烟气通过滤嘴时与多环芳烃结合，包括苯并 [a] 芘。添加到每支卷烟滤嘴中约 10 mg DNA 的溶液。他们报道称，处理后卷烟的吸烟机苯并 [a] 芘测量值比对照卷烟降低了 40%。目前尚不清楚这种水平的降低是否具有重现性，不过，鉴于大多数多环芳烃不与 DNA 反应，直到降解为环氧化物（在烟气中并不清楚是否产生）。也不知道 10 mg 的 DNA 是否足以减少多环芳烃到报告的水平。

1,3- 丁二烯和大多数气相成分一样，建议用活性炭从烟气中选择性去除，但可用的信息很少。雷诺公司开发了"碳滤"滤嘴技术，包括浸渍 40 μg 碳颗粒的具有 0.2 ～ 0.7 mm 孔径的 17.8 cm 木浆纸片 (RJ Reynolds, 1994 ; Stiles et al., 1994)。该技术是为了减少气相成分，包括丁二烯、丙烯醛和甲醛。一份内部报告 (Rogers, 1993a) 指出，碳滤结合高滤嘴通风的改进型 Camel Light 的每毫克湿颗粒物丁二烯水平下降了 24%。碳酸钾添加到配方中下降的百分数增加到了大约 48%。另一项"straight-grade"卷烟的分析表明丁二烯含量无显著性差异 (Rogers, Bluhm, 1993b)。对碳滤滤嘴的研究甚至进行了人体研究 (Rogers, Bluhm, 1993b ; Smith et al., 1994a,b)。产品研发了一个一次性滤嘴附件（即一个售后配件），而不是在制造中使用滤嘴 (RJ Reynolds, 1995)。

另一个选择是消除烟草中潜在的前体物；然而，Ferguson (2000) 指出，烟草中有许多可能的前体物，丁二烯可能是通过一些竞争途径形成的。因此，降低烟支中一系列的前体物可能不一定会减少烟气丁二烯释放量。

一氧化碳已在一段时间内被作为降低释放的目标物。作为一个气相成分，选择性过滤被认为是一种策略；然而，大多数研究表明，活性炭对显著降低主流烟气中的一氧化碳是无效的（如Tigglebeck, 1967)，可能因为气体量太大。英美烟草公司指出，一氧化碳"存在于烟气中的浓度大大超过文中所考察的其他烟气成分。因此，大量与之化学结合的物质必须有效过滤"。(Irwin, 1990)。Polzin 等 (2008) 表明，即使是 120 mg 或更多的碳，可有效地降低气相中的其他挥发性物质（参见前面的部分），但对一氧化碳没有显著效果。

Tolman (1970) 总结了若干可能从烟气中去除一氧化碳的技术，以及迄今英美烟草公司在选择性过滤一氧化碳方面的工作：

- 微孔基质材料的化学吸附（分子筛）、物理吸附；
- 复杂的化学作用的产物；
- 在一氧化碳可溶的液体中被吸收；
- 氧化为二氧化碳；
- 催化氧化时消耗氧；
- 歧化作用生产碳和二氧化碳；
- 还原为碳。

在 20 世纪 70 年代初，英美烟草公司似乎已经做了大量选择性过滤一氧化碳的工作，由 Tolman (1970，1971，1973) 主持。特别是，他们探索了二氧化锰和其他催化剂将烟气中的一氧化碳转化为二氧化碳。在总结这项工作时，Irwin (1990) 指出在活性炭孔沉积二氧化锰得到有效的催化剂，但氧化锰催化一氧化碳转化为二氧化碳时放热，加热木炭至烧红（可能因为沉积微粒的氧化作用），且滤嘴几乎分解。Irwin 认为络合剂的"有效性的证据很少"，并得出结论称未来研究的最好途径是分子筛。

雷诺公司依据物质从气流中去除一氧化碳能力的试验 (Townsend, 1978)，开发了一个评价滤嘴添加剂降低一氧化碳的内部"反应器系统"。在 20 世纪 80 年代他们还开展了大量关于纸张孔隙和滤嘴稀释降低一氧化碳的研究。一份内部备忘录中提到可能通过用过氧化氢以某种形式将一氧化碳转化为二氧化碳，在滤嘴中建立一个"催化转化器"去除一氧化碳 (Maselli, 1986)。在 20 世纪 90 年代，他们探索了一种声称降低高达 50% 一氧化碳的沟槽滤嘴，虽然主要依赖于滤嘴稀释。

在 1997 年，一家希腊卷烟制造商开始销售以"生物滤嘴"为特点的卷烟，声称血红蛋白嵌入滤嘴中隔离一氧化碳 (Deliconstantinos, Villiotou, Stavridis, 1994 年；Valavanidis, Haralambous, 2001)。鉴于一氧化碳对血红蛋白有很强的亲和力，这似乎是一个合理的策略；但是，一份罗瑞拉德备忘录 (Robinson, 1998) 报告称，在内部试图重现 Deliconstantinos、Villiotou 和 Stavridis(1994) 报道的结果但没有成功。作者推测，"蛋白质不能改变测量成分的传输，可能由于每个蛋白质的结合量比合乎需要的数量少。使用 Deliconstantinos 方法每个蛋白质不能结合更大的量，因为使用的蛋白质溶液是在极限饱和状态。"Valavanidis 和 Haralambous(2001) 报道去除的一氧化碳少于原纸 (30% ～ 35% 对 90%)。Tolman (1971) 计算，从烟气中去除 15 ～ 20 mg 一氧化碳需要在一个滤嘴有 10 ～ 20 g 血红蛋白。多年来，菲利普·莫里斯公司也探索了血红蛋白滤嘴 (Philip Morris, 1997)。实际上有在滤嘴中加入血红蛋白和其他添加剂的专利 (Scheinberg, 1974；Charalambous, Bullin Haines, Morgan, 1987；Kubrina et al.,

1989；Stavridis, Deliconstaninos, 1999)，但声称一氧化碳释放量没有
或仅有较小的变化，表明不能充分除去存在的大量一氧化碳。

雷诺公司探讨了钯盐作为减少烟气中一氧化碳的方法 (Riggs,
1989)。Lewis、Norman 和 Robinson(1990) 总结了钯和铜催化剂添加
到滤嘴的研究调查，表明它们可以减少烟气中高达 20% 的一氧化碳。
关系到价格、足够量材料的获得和毒性似乎是他们放弃这项工作的
原因。

3.6.4 对多种有害物质运用强制降低措施的考虑

为了管制降低卷烟烟气中有害物质的水平，在考虑扩大管制质
清单的建议时，TobReg 审查了各牌号不同有害物质的关联影响，减
少这些有害物质的各种水平对市场上剩余的牌号数量的影响，用于
检查和追踪拟议的监管策略对有害物质释放量实际影响的方法。进
行这些分析没有考虑由于先前建议的 NNN 和 NNK 管制限量对牌号
减少的影响，因为 TobReg 认为调制和制造工艺的改变可能会让大多
数而不是所有的牌号来满足这些限量。

规定的有害物质监管水平组越低，市场上剩余牌号的有害物质
水平减少得越多，因为越来越多的品牌要么改变配方以符合新的有
害物质限量或被禁止销售。

如果一些有害物质水平设置在中位值，那么设置多种有害物质
水平的一个可能效果是淘汰了市场上多数牌号 (图 3.12)。很难知道
哪些品牌必须退出市场，而不是简单地进行产品再设计以使其保留
在市场上，因为 TobReg 不是全部了解企业改变配方的能力。更高的
管制限量让更多的牌号留在市场上不进行改变，更多的有害物质同

时被管制，但导致保留牌号吸烟机生成烟气中有害物质的含量较高。结果是在管制的有害物质的种类、有害物质水平减少的量和退出市场的牌号数量之间进行复杂的权衡。TobReg 审查了对于这些权衡的若干考虑以达成推荐的有害物质的设置及其最高水平。

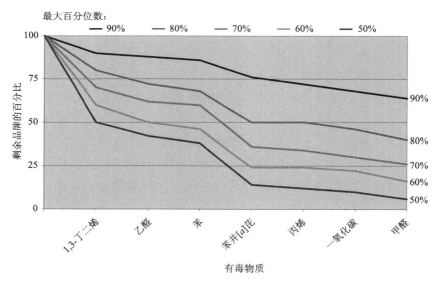

图 3.12　修改的深度抽吸模式下，除去某种成分后，按照致癌性指数百分比排序的国际品牌中剩余品牌的比例情况

　　提出的分析显示了在现有数据的基础上，以不太可能的假设，即用于规定降低管制的现有产品不做任何修改，所剔除的牌号的最大数量。如本报告其他部分所述，拟议的产品管制策略的一个特定的预期效果是，每个牌号在制造时的改变以减少标准机抽吸条件下测定的有害物质释放量。预期管制限量的设置将进一步促进降低有害物质释放量方法的进步。因此，对现有牌号 TobReg 假设了最严苛

的可能的影响。事实上，如果实施了有害物质管制限量，实际上预期被限制销售的牌号要少得多。

不同有害物质水平之间的关系

考察有害物质清单的一个考虑是在一个牌号一个有害物质的水平与同一牌号其他有害物质的关联程度。加上 NNN 和 NNK 的所考虑的有害物质的相关指数，菲利普·莫里斯公司的国际牌号的样品列于表 3.8，加拿大牌号（排除高 NNN 的产品）列于表 3.9。计算相关系数的实际数据见附录 3.4 中的图 A4.1 和图 A4.2，r^2 是每种有害物质与管制降低推荐清单中其他有害物质的相关系数。附录 3.4 中也包含报告给加拿大卫生部的所有有害物质的相关系数矩阵和 Counts 及其同事 (2005) 测量的数据。一些有害物质高度相关，其他的相关性小，少数是负相关。

表 3.8　修改的深度抽吸模式下，国际品牌中同一品牌的有害物质之间的相关系数

	(1)	(2)	(3)	(4)	(5)	(6)	(7)	(8)	(9)
(1) 乙醛	1.000								
(2) 丙烯醛	0.949	1.000							
(3) 苯	0.760	0.764	1.000						
(4) 苯并 [a] 芘	−0.272	−0.208	−0.266	1.000					
(5) 1,3- 丁二烯	0.852	0.855	0.874	−0.401	1.000				
(6) 一氧化碳	0.830	0.761	0.673	−0.369	0.807	1.000			
(7) 甲醛	0.156	0.244	0.081	0.340	0.094	−0.111	1.000		
(8) NNK	0.010	−0.111	0.002	−0.393	−0.051	0.214	−0.639	1.000	
(9) NNN	0.103	−0.014	0.042	−0.476	0.062	0.252	−0.717	0.853	1.000

注：NNK, 4-（N- 甲基亚硝胺基）-1-（3- 吡啶基）-1- 丁酮；NNN，N′- 亚硝基降烟碱

表 3.9　修改的深度抽吸模式下，加拿大品牌（排除高 NNN 的产品）中同一品牌的有害物质之间的相关系数

	(1)	(2)	(3)	(4)	(5)	(6)	(7)	(8)	(9)
(1) 乙醛	1.000								
(2) 丙烯醛	0.792	1.000							
(3) 苯	0.957	0.779	1.000						
(4) 苯并 [a] 芘	0.810	0.474	0.859	1.000					
(5) 1,3- 丁二烯	0.953	0.836	0.944	0.765	1.000				
(6) 一氧化碳	0.949	0.848	0.972	0.810	0.949	1.000			
(7) 甲醛	0.844	0.568	0.867	0.912	0.827	0.810	1.000		
(8) NNK	0.707	0.426	0.762	0.817	0.627	0.744	0.710	1.000	
(9) NNN	0.454	0.128	0.462	0.464	0.376	0.447	0.347	0.774	1.000

注：NNK, 4-（N- 甲基亚硝胺基）-1-（3- 吡啶基）-1- 丁酮；NNN，N'- 亚硝基降烟碱

正相关性表明依据管制降低水平，剔除某一有害物质水平高的牌号也会降低在同一牌号中高的相关有害物质的水平。这可能意味着一个有害物质的水平能作为管制策略中其他一些有害物质的代替物。在依据这种假设时应谨慎，因为有很强的相关性并不意味着在烟气中按相同机制产生有害物质。例如，有害物质可能来自烟草中不同的调味剂，因此被独立地控制，但它们可能会具有相关性因为一些牌号包含多种调味剂，而其他牌号中只有少数。

负相关性表明一种有害物质水平高而其他的相关水平低。管制降低两种负相关的有害物质的水平，与两个牌号有很强的正相关系数时相比，将导致被市场淘汰的牌号更多。对剩下牌号水平的影响不太清楚，因为设定每个有害物质监管水平也可能导致淘汰那些第二种有害物质低的牌号，结果剩余在市场上的牌号的毒性指标变化可能小于从剔除牌号数目得到的预期。

卷烟制造商反应的不确定性，以及在标准化条件下有害物质释放量管制降低对市场上剩余牌号影响的预测的复杂性，使得在管制降低水平的监管实施后，应坚持持续监测卷烟有害物质释放量。经过讨论，TobReg 认为监管大量的有害物质是更适当的策略，而不是允许有密切相关性的有害物质作为另一种有害物质的代替物。这个方法被认为提供了最大的保障以防为响应建议管制策略实施所进行的可能的制造工艺变化及其对有害物质释放量带来后果的不确定性。

对被限量影响牌号数量的影响

当卷烟制造工艺没有变化时，因建议管制方法而可能从市场淘汰的牌号数量将取决于数据集和监管的有害物质的数量。图 3.12 显示了市场上牌号数量减少的百分数，以及在不同百分数该市场上牌号每毫克烟碱有害物质分布的监管数据集，按所考虑的有害物质递增的顺序。因每个被监管的有害物质而可能被剔除的牌号数量取决于该有害物质被添加到分析中的顺序。在图 3.12 中，有害物质按表 3.3 中动物致癌性指数的添加顺序。菲利浦·莫里斯公司国际牌号样品数据表明，如果超过七种有害物质中位值的所有牌号都被剔除，则几乎所有牌号会从市场上被剔除。为了避免实际上市场断档，明确需要平衡被管制有害物数量与管制水平。

监测有害物质释放量无意的增高

将一些有害物质的含量减少不能保证其他非管制有害物质的水平也会减少。因此，有可能是从市场剔除被管制的有害物质水平高的牌号，而留下不受管制的有害物质水平高的牌号。此外，实行有害物质降低监管对卷烟设计和制造工艺变化，可能会影响不受管制有害物质的水平的增加。TobReg 认识到这些管制降低特定有害物质所造成的意外后果，并考虑如何纳入监测以发现它们。

一种方法是跟踪加拿大卫生部清单中测量的全部有害物质的释放量，或释放量中位值变化的百分数。不同的有害物质具有不同的毒效，不管怎样，每毫克烟碱有害物质的范围（建议管制方法规定的可能的减少）是不同的。作为结果，对一些有害物质的管制降低对剩余牌号的总的有害物质释放量的实际影响，取决于有害物质的选择和数据集。

在这些考虑因素的基础上，TobReg 推荐使用仍留在市场上的牌号的单个有害物质动物致癌性指数总和，以考察监管有害物质净释放量潜在的意想不到的后果。TobReg 为了监测实行建议管制方法对净有害物质释放量影响的目的，选择这种方法作为整合动物毒性数据和在标准条件下产生烟气有害物质水平数据的手段。产生的有害物质动物致癌性指数的总和以及这些指数的变化，是对有害物质释放量进行数学构想并主要根据动物毒理学的证据。这种方法不考虑有害物质之间的相互影响，或者没有产生动物致癌性指数的有害物质的影响。它们不是对不同牌号烟气的人体毒性，以及由于抽吸不同牌号引起癌症或其他疾病风险的定量估计，不应该被用作估计吸烟风险或产生烟气的实际毒性的定量方法。它们仅仅被建议用作监管机构的监控工具。

图 3.13 显示了保留在市场上牌号的有害物质的动物致癌性指数的总和相对于按不同百分数设置管制限量时该市场上各牌号每毫克烟碱有害物质的分布情况。显示了在相同百分数下连续增加有害物质管制限量的影响，且增加的有害物质按动物致癌性指数顺序。附录 3.3 中表 A3.1 列出的有动物致癌性指数的全部有害物质计算总和，不包括 NNN 和 NNK。指数的总和并不局限于所考虑的 7 种有害物质的指数。显示的数值是特定牌号的、所有已知癌症指数的有害物

质危险指数的算术加和，表示为市场上剩余牌号的均值。虚线表示有最低数值牌号的总和，因此表示了可以实现管制降低的最低值，基于 Counts 及其同事 (2005) 报道牌号的有害物质的分布。进一步地降低需要制造商对现有产品进行改进。

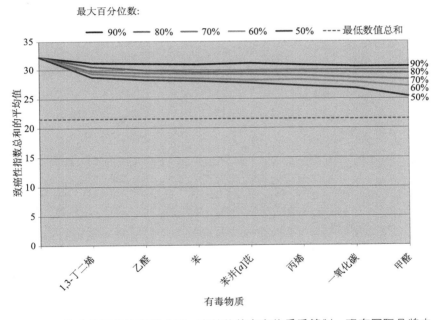

图 3.13 修改的深度抽吸模式下，当其他的有害物质受管制，现有国际品牌中动物致癌性指数总和的平均值

这一分析的结果表明，市场上剩余牌号的有害物质释放量实际值（至少依据这一测量）将减少，有害物质释放量没有实际增加将是建议的管制策略所带来的结果。需要不断地监测，以确保应对建议的管制降低对卷烟制造进行改进，不会增加其他有害物质的释放量。

几乎现有市场的全部数值范围包含在有害物质动物致癌性指数总和的前三分之一，限制了这份有害物质释放量测量总结的所有管制策略的作用。不过有必要指出的是，这个范围是基于现有牌号和现有技术的，鼓励降低烟气中有害物质水平创新的管制策略可能会大大减少改进后牌号的最低值。这一现实支持了 TobReg 的使用释放量的市场变异只能用于设置初始管制降低水平的建议，基于技术进步所能实现的目标是管制降低方法的第二阶段。

在图 3.13 中显示的测量总结的范围支持的立场是，所有卷烟牌号产生的烟气有很大毒性，同时也可能降低在标准条件下产生烟气的毒性，传统卷烟若没有在卷烟设计上有实质性进步，是不太可能实现大量减少毒性的。

无论是所用的衡量标准（有害物质动物致癌性指数的总和），还是测量人体毒性或风险来改变这个衡量标准，都不应该被用作使用不同牌号的或监管策略带来的风险变化的估计。图 3.13 中的数据只显示了对市场上剩余牌号的一些有害物质的实际释放量进行监管的影响。读者应该抵制试图将这些变化当作产品管制风险降低效益的定量评估，有几个原因。危险指数是由已知动物数据获得的效用估算所建立的，不是所有已知有害物质都能得到这样的数据。动物和人体对不同有害物质的敏感性可能不同。烟气中多种有害化合物的暴露影响尚未被作为添加剂进行确认。这些现实限制了这些措施作为哪怕是对总的动物毒性的估计使用，且避免其直接外推到人。管制策略提议作为良好操作规范来重点降低市售卷烟已知有害物质水平。该项策略不是基于使用这些产品造成对人体的毒性的一种证明或确定减少，有害物质动物致癌性指数不是人体癌症风险的量化估计，能可靠地量化人体风险减少的监管标准超出了当前的科学水平。

3.7　建议的有害物质清单和强制限量

　　TobReg 目前建议管制降低的有害物质是 NNN、NNK、乙醛、丙烯醛、苯、苯并 [a] 芘、1,3- 丁二烯、一氧化碳和甲醛。本报告建议的水平代表了 TobReg 的判断是最实际的权衡，考虑到需要监管物质的范围，最大限度地管制降低这些有害物质而不是以其目前的形式从市场上消除大部分牌号。

　　正如该项监管方法的第一次 TobReg 报告 (WHO，2007) 中所阐明的那样，将 NNN 和 NNK 的中位值作为建议的水平，因为有强有力的证据表明烟草烟气中，现有的技术可以大大降低这些有害物质的含量。中位值的 125% 被推荐为其他有害物质的初始水平。其他有害物质水平较高反映了现有的方法降低这些有害物质存在很大程度的不确定性。大大降低水平应是这一管制策略的最终目标。

　　在可用的数据集（见附录 3.5）中按牌号查看这些有害物质的变异表明，大多数牌号的水平低于数据集中所有牌号每毫克烟碱中位值的 125% 。所有牌号的中位值可能是初始管制水平基于的一个相对稳定的数值。它也被认为是更可取的建议水平依据的一个特定值，而不是依据牌号分布的特定的百分数。因此，TobReg 建议 NNN 和 NNK 之外的其他成分提议的管制水平设定在报告牌号中位值的 125%。这一选择反映了对包括之前所述的、存在冲突的目标的一个判断：监管一些代替物，最大限度地减少市场上牌号的有害物质水平，以及维持足够的牌号要求市场发生最小变化来满足消费者的需求。

　　监管机构当然可以选择更适合自己情况的不同水平，并鼓励使用本报告所述的原则基于本国市场销售牌号的释放量水平。表 3.10

给出了建议的水平，基于在修改的深度抽吸方案下测试的国际牌号
(Counts et al., 2005) 和加拿大牌号 (Health Canada，2004) 可用的数据。

表 3.10　建议强制降低含量的有害物质

有害物质	含量（μg/mg 烟碱）		数值
	国际牌号 [a]	加拿大牌号 [b]	
NNK	0.072	0.047	中位值
NNN	0.114	0.027	中位值
乙醛	860	670	中位值的 125%
丙烯醛	83	97	中位值的 125%
苯	48	50	中位值的 125%
苯并 [a] 芘	0.011	0.011	中位值的 125%
1,3- 丁二烯	67	53	中位值的 125%
一氧化碳	18400	15400	中位值的 125%
甲醛	47	97	中位值的 125%

注：NNK, 4-（N- 甲基亚硝胺基）-1-（3- 吡啶基）-1- 丁酮；NNN, N'- 亚硝基降烟碱
a 基于 Counts 等 2005 年数据
b 基于加拿大卫生部的数据，不包括 NNN（每毫克烟碱）> 0.1 ng 的品牌，这一点就排除了大部分的美国和高卢品牌

　　表 3.1 中标记为"国际牌号"的一列来自国际样品牌号的数据
(Counts et al., 2005)，是含有混合型烟草的美国风格样品。标记为"加拿大牌号"的一列是基于一组报告给加拿大卫生部的数据，代表主要包含烤烟（浅色）烟草的非混合型卷烟。监管机构应使用本国市场报告的数据设置水平，如果这些数据是可获得的，或选择的数值非常接近于已被管制市场中获得的数据。单个牌号报告的 TSNA(NNN, NNK) 水平差异特别大。

　　在较小的国家，其市场上卷烟的风格是不易于被界定的，建议监管限量最初基于国际样品，当获得本地牌号的更多信息时可考虑

替换该标准。

按表 3.10 中提出的有害物质不包括 NNN 和 NNK 的水平进行牌号监管，不改变国际样品牌号的产品，会使市场上剩余 60% 的牌号，加拿大市场剩余 59% 的牌号。

鉴于降低烟草中 NNN 和 NNK 水平的现有技术，预计大部分牌号能够符合这些化合物的建议管制限量。美国混合型卷烟的国际样品比加拿大样品的水平高时，建议各国应基于测量本国市场上牌号的这些有害物质来建立管制限量。表 3.10 中列出的其他每种有害物质可以用现有技术在多大程度上降低还不太清楚，但是，由于目前正在销售的牌号水平的变化，预计对初次报告中的有害物质水平高的许多牌号，制造商能够降低这些水平以便继续销售这些牌号。

成功降低个别的有害物质水平可向监管当局表明现有技术可实现进一步降低有害物质释放量的潜力，有助于决定设立有害物质释放量目标以进一步降低个别有害物质的现有管制限量。随着时间的推移，预期会有一个逐步降低的管制限量，其原因有技术发展以及降低有害物质释放量新方法的开发。

3.8　强制降低有害物质释放量的措施

本报告中显示的数据反映了几个市场中有限的牌号，而不同市场中各牌号的有害物质水平存在很大差异。这表明管制策略应分阶段，要求卷烟制造商按周期报告有害物质的水平，接着通告有害物质的最高限量水平，最终实行这些管制限量。对于那些没有卷烟生产设施或实验室能力有限的国家，列于表 3.1 和 3.10 的数值表示了比较合理的初始监管水平。

管制降低有害物质释放量的建议管制策略的第一阶段将要求报告被监管的那些牌号卷烟烟气中存在成分的水平。预计烟草企业将承担测试和报告的费用，或者直接负责，或者通过税收或许可证。初步报告应包括目前所有向加拿大卫生部报告的有害物质。这个已明确的清单可用来评估在被监管和报告的市场上，不同牌号的有害物质水平之间是否存在差异。特别令人关注的是一些金属，用于制造卷烟的烟草来源造成其水平差别很大。在初次报告之后，表 3.6 显示了一个更多有害物质的限制清单，推荐用于年度报告，每 5 年报告更完整的清单。

在 2～3 年中，按牌号每年报告表 3.6 中列出的烟气成分水平，来分析市场上各牌号成分释放量的变化。除了 NNN 和 NNK 之外的有害物质的初始管制限量，将依据报告的牌号每毫克烟碱有害物质水平中位值的 125% 设定。NNN 和 NNK 的水平将设定为报告的牌号的中位值。在报告周期结束时，设立 NNN、NNK、乙醛、丙烯醛、苯、苯并 [a] 芘、1,3- 丁二烯、一氧化碳和甲醛的管制限量并向卷烟制造商和进口商通告。通告管制限量 2 年后开始，每毫克烟碱有害物质超出设定水平的牌号将不能进口或销售。继续按年度报告表 3.6 中的有害物质的释放量水平数据。

3.8.1　关于改进型卷烟和潜在降低暴露量产品的考虑

本报告中的建议是为了应用于烟草燃烧的传统型卷烟；不应将它们应用到烟草加热型卷烟，或燃烧之外的传输烟碱技术。对这些非传统的烟草制品和其他潜在降低暴露量产品的评估，在以前的报告（Scientific Advisory Committee on Tobacco Product Regulation, 2003）中已讨论。

有可能通过改变卷烟烟碱释放量和有害物质水平，来改变卷烟烟气中某种有害物质每毫克烟碱的水平。卷烟烟气中的烟碱释放量的增加可以通过向烟草或滤嘴中增加烟碱或使用高烟碱的烟草品种来实现。虽然从理论上说这些方法可以单独用于减少烟草有害物质暴露，但这样做的潜力仍然不明确。因此，使用增加烟碱释放量作为降低每毫克烟碱有害物质水平到管制限量以下的方法，也未被证明降低了烟气的毒性。监管机构应该既不鼓励也不允许增加烟碱作为满足管制限值的方法。

促进对各牌号增加烟碱释放量的检测可通过长期跟踪吸烟机测试每支卷烟烟碱释放量，以及通过检查在特定市场上各牌号焦油与烟碱比值的方法。对于那些长期增加烟碱释放量的牌号，以及焦油与烟碱比值处于市场底部三分之一的牌号，监管者可以选择要求这些牌号在低于每毫克烟碱管制限量的同时，低于每毫克焦油的管制限量。

一些牌号卷烟可以使用减低了烟碱的烟草制造。烟碱可以从烟叶中除去，转基因烟草可降至很低的烟碱含量。用这些烟草制造的卷烟在任何测试方法下传输的烟碱都低，相应地可能有很高的每毫克烟碱有害物质水平。监管机构可能要对似乎有意降低烟草中烟碱的、不同制造商的牌号分别进行评价。一旦监管机构确信制造商实际上在产品中使用低烟碱的烟草，可能要使用每毫克焦油管制限量来代替每毫克烟碱管制限量。

3.8.2　关于向公众公开限量值和测试结果的考虑

本报告建议的有害物质降低管制水平构成了改进烟草制品管制的第一步。TobReg 认识到吸烟机测量和设置每毫克烟碱水平的局限性。现有科技不承认的一个决定性的结论是，减少卷烟烟气中亚硝胺或任何其他有害物质的水平，将减少使用这些有害物质水平较低的卷烟的吸烟者的癌症发病率或任何其他烟草相关疾病。科学也没有证明，管制限值特定的改变将全面导致消费者实际暴露有重大的改变，虽然这是预期的结果。管制水平以及在市场上禁止具有较高水平的牌号，并不等同于声明，剩余的牌号比剔除的牌号安全或有更少的危险。这也不代表政府承认继续留在市场上的产品安全。该项降低有害物质释放量的建议策略是根据类似于其他消费品所使用的合理的预防方法。

鉴于现有科学的局限性，监管机构有义务确保公众不被推荐的吸烟机测试结果和管制降低策略所误导，如同公众被使用吸烟机测试焦油和烟碱释放量所误导。TobReg 指出，卷烟标示 ISO 方案下的焦油、烟碱和一氧化碳水平仍然存在并会继续对公众有危害。TobReg 建议，在营销或其他与消费者的交流中，包括产品标识，任何的监管方法都应禁止使用提议的测试结果。还建议禁止制造商发表声明，例如，某牌号符合政府的监管标准，也禁止宣传按测试水平对牌号进行的相对排序。由于伴随着新管制措施的执行，往往会通过各种新闻报道向吸烟者传递信息，这是监管机构需要监控的责任：

- 新闻报道的准确性；
- 烟草企业的营销；
- 吸烟者对新规定的理解；

- 吸烟者如何理解新规定相关的市场上剩余产品的危害性；
- 是否了解剩余产品对影响初吸或戒烟率的危害。

监管机构有必要寻求纠正措施以防止消费者被误导。关于这些监测和监督问题，WHO 在评价新型或改进的烟草制品的报告中作出了较详细的说明 (Scientific Advisory Committee on Tobacco Product Regulation，2003)。

3.9　对管制机构来说关于强制降低有害物质水平的问题

在提议管制降低有害物质释放量时，TobReg 考虑了该项建议对现有市场和管理者的一些问题。告诉行业如何进行改进不是 TobReg 的义务，因为这方面的专业技术属于企业范畴，有很多方法可以使他们达到管制限量。

然而，随着时间的推移，显然执行 TobReg 提议的监管策略将极大地改变市场。烟草可能有不同的来源，烟草种植可能会改变，制造技术将会改变，添加剂的数量可能会减少，最终牌号的数量可能会减少。制造商将承担分析的责任，这将是常规质量控制的一部分；这不应该被视为不合理的要求。监管机构必须随机抽样验证烟草行业的分析以进行监控和质量保证，这是需要资源的。每个牌号销售的税收和许可证费应为此项活动提供资金来源。

正如在其他地方说明的，设置管制限量建议作为一种预防性措施，不是用于"健康"或广告宣传的借口。到目前为止提出的任何改变不是应该要求对公众宣传活动的理由，因为尽管降低有害物质的水平，卷烟仍将有致癌性和毒性。因此，在已禁止广告的国家应没有理由重新推行广告。同样，没有理由让管制结果的改变成为广告促销，因为变化的效果将经过多年观察来确定。

管制降低有害物质释放量为监管机构提出了一些问题。在没有烟草制造业的国家，限量应会带来一些困难，因为政府只能对不符合管制的进口产品设置禁令。生产符合管制要求产品的企业会受益，那些不符合的会从市场上被取缔。

是制造公司和种植产业所在国的那些国家可能会遇到来自制造商和种植者的反对，因为这两类企业都将受到监管的影响。虽然一些国际公司已经接受了管制原则 (Philip Morris, 2002)，管制限量的采用将需要一段合理的时间。某些改变是相对简单且已经发生的 (Gray, Boyle, 2004)，如减少亚硝胺的水平。其他的可能需要对种植和制造业的生产进行改进，可能需要更长的时间。然而，紧迫的合理做法是，几乎没有借口存在继续大量生产有害或致癌产品的必要性。

重要的是要考虑随着时间变化如何评估建议管制的影响。因为这是为了减少有害物质和致癌物质释放量，最直接的评价是测量市售牌号平均每毫克烟碱有害物质释放量在管制措施实行之前和之后的变化。这可通过比较在管制程序最初的报告阶段由烟草制造商报告的释放物数据与禁止超出限量的牌号后第一年报告的释放量。在管制之前和之后比较市售所有牌号的每毫克烟碱有害物质的平均值是建议的方法。TobReg 考虑了比较时对市售牌号进行销售量加权，但做出的决定是这样做不合适，因为难以获得各牌号有效的销售数据，且目前的做法是直接改变市场上大部分或所有牌号有害物质的释放量。牌号销售量加权会暗示有害物质释放量可用于衡量人类暴露或风险，这是 TobReg 强烈反对的。

在管制降低有害物质释放量的评估中存在的第二个问题是，可能剔除了某种有害物质水平低的牌号而保留在市场上的牌号其他有害物质水平高，导致保留在市场上的牌号的实际有害物质释放量增加。本报告前面讨论了这个问题，定期计算保留在市场上牌号的有害物质动物致癌指数和非癌症响应指数总和随时间的变化趋势。

监管卷烟的一个主要原因是它们造成危害。因此，有吸引力的建议是，用流行病学方法和疾病终点评估卷烟造成的危害性来评价监管的效果。流行病学能预期提供的最多只是片面的评估。卷烟成分及释放物，已随着时间发生了变化，但许多设计变化一直是企业秘密。如果监管逐步实施，管制水平随着时间推移而降低，卷烟设计与组成预期将继续改变。不可能开展基于各牌号详细的、改进的信息的人群研究，是因为烟草行业对生产工艺的改进保密。因为各牌号随着时间推移已发生了改变，即使对那些记录了抽吸情况的牌号，评估使用不同设计的卷烟风险的差异仍然能力有限。建议的管制方法目的是在降低毒性的方向上，产生持续的、渐进的牌号变化。这些变化将导致疾病风险的变化，会在几十年里有所体现，导致的风险可能会是随着时间推移产品暴露的累积。牌号变化的复杂性，影响暴露的牌号变化所引起的行为响应的复杂性，以及反映吸烟者使用烟草特性的牌号间转换，表明按牌号的疾病终点做人群研究不可能在未来为监测管制提供信息。

对特定的有害物质，如 NNK，为了检查产品管制对该有害物质人群暴露的影响，在管制降低释放量实行之前和之后监测吸烟人群暴露水平是可能的。人群暴露测量不是对监管方法的直接评价，而是检查卷烟特定有害物质释放量改变对吸烟者对这些有害物质实际暴露影响的研究方法。显然，烟草相关发病率已被监测并将继续定期进行。

监测企业遵守情况和发布释放物水平加上定期按牌号调查吸烟行为学和暴露生物标志物水平是很有用的。这些定期的人体暴露评估可能给予为符合管制降低要求而进行的设计改变导致的暴露趋势评估。

3.10 下一步和未来工作的建议

3.10.1 烟气有害物质

烟草烟气是一种复杂的化学混合物。对于其中大多数化学物质没有可用的毒理学数据，或数据有限，各牌号烟气中的化合物浓度一般都不知道。因此，烟草烟气对人类的危害作用没有按常用的剂量乘以这些有害物质毒性的毒理学模型得到很好的解释 (Fowles, Dybing, 2003)。本报告建议优先减少已获得数据的有害物质作为第一步，关注一些众所周知的在烟气中已被定量的、可通过改进卷烟设计被影响的有害物质。

有非常多关于烟气中有害物质致癌作用，而不是对呼吸、心血管、生殖影响的文献。降低卷烟风险的管制行动因此需要大量的工作来明确单个有害物质除了癌症之外的毒性，并扩展对癌症的了解。

正在进行的研究可能会提供其他烟气成分定量效应的新见解，可能作为产品监管的待选物质。监管化学物质清单应该定期进行修正，以反映研究进展。此外，每个有害物质的管制限量可能需要定期修正。毒理学证据和对烟气化学关键因素更多的了解可能设置出依据现有产品水平之外的某种因素达到降低的目标。

通过设置并管制降低烟草制品有害物质释放量，政府对公众承担将烟草制品作为消费品（尽管是非常危险的）监管的责任。这一监管责任将通过减少已知有害物质释放量来履行，而不是用于食品和其他消费品（通常基于无作用剂量概念）或药物（基于风险－效益的概念）的方法。烟草制品的管制基础是"最佳可用技术"，结合预防措施，同时承认继续使用存在有害影响。

TobReg 建议推荐管制的有害物质清单和水平，每两年进行审查并可能被修订；审查做出的新建议应提交世界卫生组织《烟草控制框架公约》缔约方会议和世界卫生组织无烟草行动组。因为烟草烟气的危害性还不完全清楚，描述烟草烟气毒性的新模型可能在不久的将来出现，可能会被加入烟草监管的科学基础。

管制降低卷烟中有害物质释放量的概念可以扩展到其他产品，包括烟草制品添加剂。这种管制工作可能是协同的。例如，管制糖类添加剂可能会影响乙醛水平，而添加保润剂的水平可能会影响丙烯醛水平。

产品监管的执行将需要监管机构对监管相关能力的建设，可通过烟草实验室网络（TobLabNet，非烟草企业实验室的国际合作工作）来促进。能力建设应该包括测试和控制设施的投资以及数据处理能力和专门知识，以及支撑这些任务的资源，应被包括在国家烟草法中。

TobReg 和 TobLabNet 是世界卫生组织无烟草行动的科学咨询团体，可提供产品管制高优先级有害物质和建议法律机构作为监管使用水平的意见。TobReg 将主要提供关于化学品性质和限制限量的建议。TobLabNet 将提供关于所需的控制和执行方法的建议。TobReg 和 TobLabNet 的建议将被定期（最好每隔两年）审查且可能被修正。

3.10.2　无烟烟草制品

无烟烟草制品在北美、欧洲部分地区、亚洲（特别是东南亚）和非洲广泛使用。1992 年，湿鼻烟在欧盟被禁止销售，但瑞典在 1994 年加入欧盟，被允许不遵守这项禁令。

无烟烟草在使用中产品没有被燃烧。它可以在口部或鼻部使用。口腔无烟烟草制品放在嘴、脸颊或嘴唇部位，被吸吮或咀嚼。糊状或粉状烟草以类似的方式使用，放置在牙龈和牙齿部位。精制的烟草混合物也可能被吸入和吸收入鼻腔。

从全球来看，无烟烟草制品的组成和有害物质含量差别很大。许多亚洲产品包含来自槟榔的精神类物质槟榔碱与烟草混合物。此外，产品包含其他调味剂，如糖、薄荷醇和甘草。Toombak 主要在苏丹使用，由烟草和碳酸氢钠组成。

在美国市场上的产品烟碱含量也变化很大（表 3.11）。由于产品溶液中 pH 的差异，可供吸收的非质子化烟碱（非离子化的游离态烟碱）水平差异很大。

世界各地销售的产品 TSNA 水平也相差很大。一般来说，在欧洲和美国出售的湿鼻烟产品比印度市场的产品或从南亚进口到英国的产品含有更少的 TSNA（表 3.12 至表 3.14）。在苏丹 Toombak 中的 NNN 和 NNK 水平极高，文献报道 NNN 的浓度为 141 ～ 3085 μg/g 烟草，NNK 的浓度为 188 ～ 7870 μg/g 烟草 (Idris et al., 1991, 1995；Prokopczyk et al., 1995)。该产品还有很高的 pH(8.0 ～ 11)，造成非离子化（非质子化）烟碱浓度很高。

当使用烤烟（明火烤制）时，无烟烟草制品可能含有多环芳烃。McNeill 等 (2006; 表 3.12) 的一项研究中苯并 [a] 芘水平为 0.11 ～ 19.3

ng/g，也显示在测试产品中金属元素的含量低。到目前为止，在无烟烟草中已经确定了 31 种致癌物质；表 3.15(IARC, in press) 中列出了 14 种人或动物致癌毒性的充分证据。

表 3.11 在美国各地购买的五大畅销品牌无烟烟草中所含的化学成分

有害物质	Skoal Bandit Straight（市场占有率 2%)	Hawken Wintergreen（市场占有率 1%)	Skoal Original Fine Cut Wintergreen（市场占有率 39%）	Copenhagen Snuff（市场占有率 42%)	Kodiak（市场占有率 11%)
pH	5.37 ± 0.12	5.71 ± 0.1	7.46 ± 0.14	8.00 ± 0.31	8.19 ± 0.11
烟碱 (% 干重)	2.29 ± 0.46	0.46 ± 0.02	2.81 ± 0.34	2.91 ± 0.18	2.5 ± 0.22
烟碱 (mg/g)	10.1 ± 0.8	3.2 ± 0.2	11.9 ± 1.3	12.0 ± 0.7	10.9 ± 0.8
游离态烟碱 (%)[a]	0.23 ± 0.05	0.5 ± 0.11	22.0 ± 5.73	49.0 ± 16.7	59.7 ± 6.01

资料来源：Djordjevic 等（1995）

a 游离态烟碱的百分数，取决于 pH、由酸碱平衡公式方程计算得到，计算时使用的烟碱的 pK_a 值为 8.02(Henningfield, Radzius, Cone, 1995)

有测量无烟烟草制品有害物质或释放物的非标准方法。在科学文献中报道的分析 TSNA 的方法，样品用缓冲水溶液或甲醇制备，用乙酸乙酯直接萃取，或通过固相萃取净化后萃取 (Österdahl et al., 2004；Stepanov et al., 2006)。

TSNA 用液相色谱 - 三重四极杆质谱 (Österdahl，Jannson，Paccou，2004) 或气相色谱 - 热能分析仪 (Stepanov et al., 2006) 进行分析鉴定和定量。

原则上，无烟烟草制品可以按上述卷烟的监管作为最初的临时监管步骤。这需要按检测有害物质浓度和效力的方式来考察产品毒性，并以非离子化 (非质子化) 烟碱浓度计。迄今为止，无烟烟草制品中有害成分数据库比卷烟和卷烟烟气中的有害物质受到更多的限

烟草制品管制科学基础报告：
WHO 研究组第二份报告

表 3.12　英国和全球范围内可购买的无烟烟草制品中的有害物质

品牌	TSNA[a] (μg/g)	苯并[a]芘 (ng/g)	NDMA (μg/g)	铬 (ng/g)	镍 (ng/g)	砷 (ng/g)	铅 (ng/g)	烟碱 (mg/g)	平均 pH	游离态烟碱 (mg/g)
英国购买的产品										
Guthka 产品										
Manikchard	0.289	0.40	ND	0.26	1.22	0.04	0.15	3.1	9.19	3.0
Tulsi mix	1.436	1.28	ND	0.33	1.43	0.06	0.19	8.2	9.52	8.0
Zarda 产品										
Hakim pury	29.705	0.32	ND	2.15	5.35	0.29	1.36	42.7	6.00	0.4
Dalal misti Zarda	1.574	8.89	ND	0.87	2.09	0.11	1.14	8.6	6.15	0.1
Baba zarda (GP)	0.716	2.04	ND	2.34	5.88	0.24	1.18	48.4	5.32	0.1
Tooth-cleaning powder										
A. Quardir Gull	5.117	5.98	7	3.56	5.31	0.46	1.39	64.0	9.94	63.2
干烟叶										
烟叶	0.223	0.11	ND	2.34	4.37	0.20	1.06	83.5	5.52	0.3
英国以外购买的产品										
Baba 120（印度）	2.361	2.83	ND	2.08	2.94	0.40	1.56	55.0	4.88	0.04
Snus（瑞典）	0.478	1.99	ND	1.54	2.59	0.30	0.50	15.2	7.86	6.3
Ariva（美国）	ND	0.40	ND	1.40	2.19	0.12	0.28	9.2	7.57	2.4
Copenhagen（美国）	3.509	19.33	ND	1.69	2.64	0.23	0.45	25.8	7.39	4.9

资料来源：McNeill 等 (2006)

注：TSNA, 烟草特有亚硝胺；NDMA, N- 亚硝基二甲胺；ND, 未检出，检出限为 5 ng/g

a 总 TSNA: NNK [4-（N- 甲基亚硝胺基）-1-（3- 吡啶基）-1- 丁酮], NNN（N- 亚硝基降烟碱）和 N- 亚硝基新烟草碱

制。因此，难以描述无烟烟草制品释放物的危害性。而且，无烟烟草制品的形式和构成比工业化生产的卷烟变化大。但是，可用的已公布的数据可表征 NNN 和 NNK 的危害性，以及部分包含这些致癌物质水平非常高的产品。对在一个国家内出售的相同类型的产品（例如湿鼻烟、嚼烟），应该能够依据这种类型产品测量变化范围设置管制限量，并禁止不符合限量的产品销售。但是，这样的监管需要建立定量分析的标准方法。

表 3.13　印度无烟烟草制品中的化学成分

有害物质	最小值	品牌	最大值	品牌
pH	5.21	Baba Zarda 120	10.1	Lime Mix–Miraj tobacco
氨 (μg/g)	3.8	Goa 1000 Zarda + Supari	5 280	Gai Chhap Zarda
碳酸盐总量 (μg/g)	140	Dabur Red Toothpowder	2 040	Baba Zarda 120
烟碱 (mg/g)	1.2	Khaini	10.16	Dentobac Creamy Snuff
NNN (μg/g)	1.92	Goa 1000 Zarda + Supari	7.36	Baba Zarda 120
NNK (μg/g)	4.38	IPCO Creamy Snuff	11.58	Shimla Jarda + S. Supari
苯并 [a] 芘 (μg/g)	< 0.0001	?	0.94	IPCO Creamy Snuff
镉 (μg/g)	0.3	Click Eucalyptus	0.5	Baba Zarda 120
砷 (μg/g)	0.1	Dabur Red 洁牙粉	1.94	Moolchan Super Jarda

资料来源：Gupta 引用自 IARC2004 年数据（2007）

注：NNK, 4-（N- 甲基亚硝胺基）-1-（3- 吡啶基）-1- 丁酮；NNN，N'- 亚硝基降烟碱

表 3.14　新型和传统无烟烟草制品中的烟草特有亚硝胺

产品	烟草特有亚硝胺 (μg/g 湿重)				
	NNN	NNK	NAT	NAB	总计
硬鼻烟 Ariva	0.019	0.037	0.12	0.008	0.19
硬鼻烟 Stonewall	0.056	0.043	0.17	0.007	0.28
瑞典普通鼻烟	0.98	0.18	0.79	0.06	2.0
瑞典购买的免拆烟草	2.3	0.27	0.98	0.13	3.7

续表

产品	烟草特有亚硝胺 (μg/g 湿重)				
	NNN	NNK	NAT	NAB	总计
美国购买的免拆烟草	2.1	0.24	0.69	0.05	3.1
薄荷味免拆烟草	0.62	0.033	0.32	0.018	0.99
鹿蹄草味免拆烟草	0.64	0.032	0.31	0.017	1.0
无烟烟草哥本哈根 snuff	2.2	0.75	1.8	0.12	4.8
无烟烟草哥本哈根 long cut	3.9	1.6	1.9	0.13	7.5
无烟烟草 Skoal long cut straight	4.5	0.47	4.1	0.22	9.2
无烟烟草 Skoal bandits	0.9	0.17	0.24	0.014	1.3
无烟烟草 Kodiak ice	2.0	0.29	0.72	0.063	3.1
无烟烟草 Kodiak wintergreen	2.2	0.41	1.8	0.15	4.5

资料来源：引自 Stepanov 等（2006）

注：NNK,4-（N- 甲基亚硝胺基）-1-（3- 吡啶基）-1- 丁酮；NNN，N′- 亚硝基降烟碱；
NAT, N′- 亚硝基新烟草碱；NAB, N′- 亚硝基假木贼碱

表 3.15　无烟烟草制品中致癌物质的浓度 [a]

致癌剂	产品类型 [b]	浓度范围	IARC 分类
苯并 [a] 芘	MS, DS, Z, G	< 0.1 ～ 90	2A
尿烷	CT	310 ～ 375	2B
甲醛	MS, DS	1600 ～ 7400	1
乙醛	MS, DS	1400 ～ 27000	2B
丁烯醛	MS, DS	200 ～ 2400	3
N- 亚硝基二甲胺	MS, CT	ND ～ 270	2A
N- 亚硝基吡咯烷	MS, CT	ND ～ 860	2B
N- 亚硝基哌啶	MS, CT	ND ～ 110	2B
N- 亚硝基吗啉	MS, CT	ND ～ 690	2B
N′- 硝基肌氨酸	MS	ND ～ 6300	2B
NNN	MS, CT, Z, G	400 ～ 58000	1

续表

致癌剂	产品类型[b]	浓度范围	IARC 分类
NNK	MS, CT, Z, G	ND ～ 7800	1
N'-亚硝基新烟草碱	MS, CT, Z, G	检出 ～ 1190	3
镍	MS, G	180 ～ 2700	1
砷	Z, G	40 ～ 290	1
铬	MS, Z, G	260 ～ 2340	1

资料来源：改编自 IARC（2007）

注：MS, 湿鼻烟；DS, 干鼻烟；Z, zarda 产品；G, gutkha 产品；CT, 嚼烟；ND, 未检出

a 此外，放射性钋-210、铀-235 和铀-238 在湿鼻烟中是皮居里水平

b 不是每种产品都对所有致癌物进行了测定。

参 考 文 献

Ahrendt SA et al. (2001) Cigarette smoking is strongly associated with mutation of the K-ras gene in patients with primary adenocarcinoma of the lung. *Cancer*, 92:1525–1530.

Attorney Work Product (1992) *The 'palladium cigarette' and its role in the Cipollone trial*. Bates No: 2021382482.

Australian Department of Health and Aging (2001) *Cigarette emissions data, 2001*. Available from: http://www.health.gov.au/internet/wcms/publishing.nsf/Content/health-pubhlth-strateg-drugs-tobacco-emis_data.htm.

Baker RR (2006) The generation of formaldehyde in cigarettes—Overview and recent experiments. *Food and Chemical Toxicology*, 44:1799–1822.

Baan R et al. (2007) Carcinogenicity of alcoholic beverages. *Lancet Oncology*, 8:292–293.

Beland FA et al. (2005) High-performance liquid chromatography electrospray ionization tandem mass spectrometry for the detection and quantitation of benzo[*a*]pyrene–DNA adducts. *Chemical Research in Toxicology*, 18:1306–1315.

Benowitz NL et al. (1983) Smokers of low-yield cigarettes do not consume less nicotine. *New England Journal of Medicine*, 309:139–142.

Boysen G, Hecht SS (2003) Analysis of DNA and protein adducts of benzo[*a*]pyrene in human tissues using structure-specific methods. *Mutation Research*, 543:17–30.

Brennan P et al. (2004) Pooled analysis of alcohol dehydrogenase genotypes and head and neck cancer: a HuGE review. *American Journal of Epidemiology*, 159:1–16.

Brown & Williamson (1977) *Duolite. Internal communication.* Bates No: 504000094

Brown & Williamson (2002) *Comments of Brown & Williamson Tobacco Corporation on the petitions for regulation of Brown & Williamson 'Advance' cigarettes submitted by Nat'l Center for Tobacco-Free Kids, et al., and the Society for Research on Nicotine and Tobacco.* Dicket Nos: 01P-0571, 02P-0206.

Cao J et al. (2007) Acetaldehyde, a major toxicant of tobacco smoke, enhances behavioral, endocrine, and neuronal responses to nicotine in adolescent and adult rats. *Neuropsychopharmacology*, 32:2025–2035.

Castelao JE et al. (2001) Gender- and smoking-related bladder cancer risk.

Journal of the National Cancer Institute, 93:538–545.

Charalambous J, Bullin Haines LI, Morgan JS (1987) *Tobacco smoke filter*. Filtrona Ltd. UK Patent GB 2,150,806.

Chen L et al. (2006) Quantitation of an acetaldehyde adduct in human leukocyte DNA and the effect of smoking cessation. *Chemical Research in Toxicology*, 20:108–113.

Chung FL, Chen HJC, Nath RG (1996) Lipid peroxidation as a potential source for the formation of exocyclic DNA adducts. *Carcinogenesis*, 17:2105–2111.

Chung FL et al. (1999) Endogenous formation and significance of 1,N2-propanodeoxyguanosine adducts. *Mutation Research Fundamental and Molecular Mechanisms of Mutagenesis*, 424:71–81.

Cogliano V et al. (2004) Smokeless tobacco and tobacco-related nitrosamines. *Lancet Oncology*, 5:708.

Cohen SM et al. (1992) Acrolein intiates rat urinary bladder carcinogenesis. *Cancer Research*, 52:3577–3581.

Counts ME et al. (2004) Mainstream smoke toxicant yields and predicting relationships from a worldwide market sample of cigarette brands: ISO smoking conditions. *Regulatory Toxicology and Pharmacology*, 39:111–134.

Counts ME et al. (2005) Smoke composition and predicting relationships for international commercial cigarettes smoked with three machine-smoking conditions. *Regulatory Toxicology and Pharmacology*, 41:185–227.

Deliconstantinos G, Villiotou V, Stavrides JC (1994) Scavenging effects of hemoglobin and related heme containing compounds on nitric oxide, reactive oxidants and carcinogenic volatile nitrosocompounds of cigarette smoke. A new method for protection against the dangerous cigarette constituents. *Anticancer Research*, 14:2717–2726.

Denissenko MF et al. (1996) Preferential formation of benzo[*a*]pyrene adducts at lung cancer mutational hot spots in P53. *Science*, 274:430–432.

Department of Health and Human Services (2004a) *The health consequences of tobacco use: a report of the Surgeon General.* Rockville, Maryland, Public Health Service, Centers for Disease Control and Prevention, National Center for Chronic Disease Prevention and Health Promotion, Office on Smoking and Health.

Department of Health and Human Services (2004b) *Report on carcinogens*, 11th Ed. Research Triangle Park, North Carolina.

Ding YS et al. (2005) Determination of 14 polycyclic aromatic hydrocarbons in mainstream smoke from domestic cigarettes. *Environmental Science and Technology*, 39:471–478.

Djordjevic MV et al. (1995) US commercial brands of moist snuff, 1994. I. Assessment of nicotine, moisture, and pH. *Tobacco Control*, 4:62–66.

Djordjevic MV, Stellman SD, Zang E (2000) Doses of nicotine and lung carcinogens delivered to cigarette smokers. Journal of the National Cancer Institute, 92:106–111.

Dybing E et al. (1997) T25: a simplified carcinogenic potency index. Description of the system and study of correlations between carcinogenic potency and species/site specificity and mutagenicity. *Pharmacology and Toxicology*, 80:272–279.

European Commission (1999) *Guidelines for setting specific concentration limits for carcinogens in Annex 1 of Directive 67/548/EEC. Inclusion of 127 potency considerations.* Brussels, Commission Working Group on the Classification and Labelling of Dangerous Substances.

Feng Z et al. (2006) Acrolein is a major cigarette-related lung cancer agent: preferential binding at p53 mutational hotspots and inhibition of DNA repair. *Proceedings of the National Academy of Sciences of the United States*, 103:15404–15409.

Fennell TR et al. (2000) Hemoglobin adducts from acrylonitrile and ethylene oxide in cigarette smokers: effects of glutathione S-transferase T1-null and M1-null genotypes. *Cancer Epidemiology, Biomarkers and Prevention*, 9:705–712.

Ferguson R (2000) *Reports on filler precursors of selected smoke constituents. Consultant evaluation. 10 October 2000.* Bates No: 2082742847.

Feron VJ et al. (1991) Aldehydes: occurrence, carcinogenic potential, mechanism of action and risk assessment. *Mutation Research*, 259:363–385.

Fowles J, Dybing E (2003) Application of toxicological risk assessment principles to the chemical toxicants of cigarette smoke. *Tobacco Control*, 12:424–430.

Furin OD, Gentry JS (1990) *Confirmation of formaldehyde reduction via reaction with ammonia.* Bates No: 509495561.

Gold LS et al. (1984) A carcinogenic potency database of the standardized results of animal bioassays. *Environmental Health Perspectives*, 58:9–

319.

Gray N, Boyle P (2004) The case of the disappearing nitrosamines: a potentially global phenomenon. *Tobacco Control*, 13:13–16.

Halter HM, Ito TI (1978) Effect of tobacco reconstitution and expansion processes on smoke composition. *Recent Advances in Tobacco Science*, 4:113–132.

Hatsukami DK et al. (2004) Evaluation of carcinogen exposure in people who used 'reduced exposure' tobacco products. *Journal of the National Cancer Institute*, 96:844–852.

Health Canada (2000) *Tobacco industry reporting: tobacco reporting regulations.* http://www.hc-sc.gc.ca/hl-vs/pubs/tobac-tabac/tir-rft/emissions_e. html.

Health Canada (2004) *Data for 2004 using the intense smoking protocol.* http://www.hc-sc.gc.ca/hl-vs//tobac-tabac/Legislation/reglindust/constitue.html.

Hecht SS (1999) Tobacco smoke carcinogens and lung cancer. *Journal of the National Cancer Institute*, 91:1194–1210.

Hecht SS (2002) Human urinary carcinogen metabolites: biomarkers for investigating tobacco and cancer. *Carcinogenesis*, 23:907–922.

Hecht SS (2003) Tobacco carcinogens, their biomarkers, and tobacco induced cancer. *Nature Reviews Cancer*, 3:733–744.

Henningfield JE, Radzius A, Cone EJ (1995) Estimation of available nicotine content of six smokeless tobacco products. *Tobacco Control*, 4:57–61.

Hughes JR et al. (2004) Smoking behaviour and toxin exposure during sixweeks use of a potential reduced exposure product: Omni. *Tobacco Control*, 13:175–180.

IARC (1986) *Tobacco smoking*. Lyon, International Agency for Research on Cancer (IARC Monographs on the Evaluation of Carcinogenic Risk of Chemicals to Humans, Vol. 38) p 95, IARC, Lyon, FR.

IARC (1987) *Overall evaluations of carcinogenicity: an updating of IARC Monographs Volumes 1 to 42*. Lyon, International Agency for Research on Cancer (IARC Monographs on the Evaluation of the Carcinogenic Risk of Chemicals to Humans, Suppl. 7).

IARC (1995a) *Acrolein*. Lyon, International Agency for Research on Cancer (IARC Monographs on the Evaluation of Carcinogenic Risks to Humans, Vol. 63).

IARC (1995b) *Dry cleaning, some chlorinated solvents and other industrial chemicals*. Lyon, International Agency for Research on Cancer (IARC Monographs on the Evaluation of Carcinogenic Risks to Humans, Vol. 63).

IARC (1999a) *Re-evaluation of some organic chemicals, hydrazine and hydrogen peroxide*. Lyon, International Agency for Research on Cancer (IARC Monographs on the Evaluation of Carcinogenic Risks to Humans, Vol. 71).

IARC (1999b) *Beryllium, cadmium, mercury, and exposures in the glass manufacturing industry*. Lyon, International Agency for Research on Cancer (IARC Monographs on the Evaluation of Carcinogenic Risks to Humans, Vol. 58).

IARC (2004) *Tobacco smoke and involuntary smoking*. Lyon, International

Agency for Research on Cancer (IARC Monographs on the Evaluation of Carcinogenic Risks to Humans, Vol. 83).

IARC (2006) *Formaldehyde, 2-butoxyethanol and 1-tert-butoxy-2-propanol.* Lyon, International Agency for Research on Cancer (IARC Monographs on the Evaluation of Carcinogenic Risks to Humans, Vol. 88).

IARC (2007) *Smokeless tobacco and some related nitrosamines.* Lyon, International Agency for Research on Cancer (IARC Monographs on the Evaluation of Carcinogenic Risks to Humans, Vol. 89).

IARC (in press) 1,3-Butadiene, ethylene oxide and vinyl halides (vinyl fluoride, vinyl chloride and vinyl bromide). Lyon, International Agency for Research on Cancer (IARC Monographs on the Evaluation of Carcinogenic Risks to Humans, Vol. 97).

Idris AM et al. (1991) Unusually high levels of carcinogenic nitrosamines in Sudan snuff (toombak). *Carcinogenesis*, 12:1115–1118.

Idris AM, Ahmed HM, Malik MO (1995) Toombak dipping and cancer of the oral cavity in the Sudan: a case–control study. *International Journal of Cancer*, 63:477–480.

Ihrig AM (1972) *Lorillard research and development project request: selective removal of acrolein.* Bates No: 80600686.

Ihrig A (1976) *Lorillard monthly management status report: selective removal of acrolein.* Bates No: 01409538.

Irwin WDE (1990) *Filter materials for the reduction of selected minor smoke components: a literature review.* British American Tobacco. Bates No: 570262514.

ISO (2006) *Final report on the work of ISO/TC 126/WG 9. Smoking methods for cigarettes.* Geneva, International Organization for Standardization (ISO/ TC 126/WG 9).

Jarvis MJ et al. (2001) Nicotine yield from machine-smoked cigarettes and nicotine intakes in smokers: evidence from a representative population survey. *Journal of the National Cancer Institute*, 93:134–138.

Kensler CJ, Battista SP (1963) Components of cigarette smoke with ciliarydepressant activity. Their selective removal by filters containing activated charcoal granules. *New England Journal of Medicine*, 269: 1161–1166.

Koller KB et al. (2005) *Filter for selective removal of a gaseous component.* Philip Morris and Co. US Patent 6,911,189 B1.

Kubrina LN et al. (1989) European Patent application 0,351,252.

Laugesen M, Fowles J (2005) Scope for regulation of cigarette smoke toxicity: the case for including charcoal filters. *New Zealand Medical Journal*, 118:U1402.

Leikauf GD (2002) Hazardous air pollutants and asthma. *Environmental Health Perspectives*, 110 (Suppl. 4):505–526.

Lesser C, Von Borstel RW (2003) *Cigarette filter containing dry water and a porphyrin.* US Patent No. 6530377B1.

Lewis LS, Norman AB, Robinson AL (1990) *The evaluation of palladium/ copper catalysts for CO removal.* Bates No: 508537386.

Litzinger EF (1972) *Duolite: properties and effects on smoke.* Bates No: 508006642.

Lodovici M et al. (2007) DNA solution in cigarette filters reduces polycyclic aromatic hydrocarbon (PAH) levels in mainstream tobacco smoke. *Food and Chemical Toxicology*, 45:1752–1756.

Ludvig J, Miner B, Eisenberg MJ (2005) Smoking cessation in patients with coronary artery disease. *American Heart Journal*, 149:565–572.

Maclure M et al. (1990) Decline of the hemoglobin adduct of 4-minobiphenyl during withdrawal from smoking. *Cancer Research*, 50:181–184.

Maillard F, Hada G (2005) *Filtration method and filter consisting of nitrogencontaining cycles of heterocycles such as DNA or RNA*. Sun Zero Co. US Patent 6,866,045.

Maselli JA (1986) *RJ Reynolds internal communication*. Bates No: 505491763.

Melikian AA et al. (2007a) Effect of delivered dosage of cigarette smoke toxins on the levels of urinary biomarkers of exposure. *Cancer Epidemiology, Biomarkers and Prevention*,16:1408–1415.

Melikian AA et al. (2007b) Gender differences relative to smoking behavior and emissions of toxins from mainstream cigarette smoke. *Nicotine and Tobacco Research*, 9:377–387.

McNeill A et al. (2006) Levels of toxins in oral tobacco products in the UK. *Tobacco Control*, 15:64–67.

Mills XE et al. (1995) Increased prevalence of K-ras oncogene mutations in lung adenocarcinma. *Cancer Research*, 55:1444–1447.

Nath RG et al. (1998) 1,N2-Propanodeoxyguanosine adducts: potential new biomarkers of smoking-induced DNA damage in human oral tissue. *Cancer Research*, 58:581–584.

National Cancer Institute (2001) *Risk associated with smoking cigarettes with low machine-measured yields of tar and nicotine*. Bethesda, Maryland, Department of Health and Human Services, Public Health Service, National Institutes of Health (Smoking and Tobacco Control Monograph No. 13) http://news.findlaw.com/hdocs/docs/tobacco/nihnci112701cigstdy.pdf.

Nesnow S et al. (1998) Mechanistic relationships between DNA adducts, oncogene mutations, and lung tumorigenesis in strain A mice. *Experimental Lung Research*, 24:395–405.

Norman A (1999) Cigarette design and materials. In: Davis EL, Nielsen MT, eds. *Tobacco. Production, chemistry and technology*. Oxford, Blackwell Science.

Norman V, Bryant HG Jr (1977) *Tobacco composition*. Liggett and Myers Inc. US Patent 4,055,191.

Österdahl BG, Jannson C, Paccou A (2004) Decreased levels of tobaccospecific N-nitrosamines in moist snuff on the Swedish market. *Journal of Agricultural and Food Chemistry*, 52:5085–5088.

Owens WF Jr (1978) Effect of cigarette paper on smoke yield and composition. *Recent Advances in Tobacco Science*, 4:3–24.

Pappas RS et al. (2006) Cadmium, lead, and thallium in mainstream tobacco smoke particulate. *Food and Chemical Toxicology*, 44:714–723.

Park S, Tretyakova N. (2004) Structural characterization of the major DNA–DNA cross-link of 1,2,3,4-diepoxybutane. *Chemical Research in Toxicology*, 17:129–136.

Peele DM, Riddick MG, Edwards ME (2001) Formation of tobacco-specific nitrosamines in flue cured tobacco. *Recent Advances in Tobacco Science*, 27:3–12.

Pfeifer GP et al. (2002) Tobacco smoke carcinogens, DNA damage and p53 mutations in smoking-associated cancers. *Oncogene*, 21:7435–7451.

Philip Morris (1997) *Internal research on hemoglobin filters from CFile*. Bates No: 2060531188.

Philip Morris (1998) *An evaluation of formaldehyde reduction by various silica gels and γ-aminopropylsilane-silica gels in a flowing gas stream*. Bates No: 2075879330.

Philip Morris (2002) *FDA regulation. Philip Morris USA 2002*. Available from: http://www.philipmorrisusa.com/company_news/fda_news_list. asp.

Polzin GM et al. (2008) Effect of charcoal-containing filters on gas phase volatile organic compounds in mainstream cigarette smoke. *Tobacco Control*, 17 (Suppl.1):i10–i16.

Prokopczyk B et al. (1995) Improved methodology for the quantitative assessment of tobacco-specific N-nitrosamines in tobacco by supercritical fluid extraction. *Journal of Agricultural and Food Chemistry*, 43:916–922.

Rainer NB, Feins IR (1980) *Filter material for selective removal of aldehydes for cigarette smoke*. Philip Morris and Co., US Patent 4,182,743.

Riggs DM (1989) CO reduction in premier fuels by catalyst impregnation. Bates No: 514820423.

RJ Reynolds (1994) *Carbon scrubber*. Bates No: 514723150.

RJ Reynolds (1995) *New product concept: carbon scrubber filter attachment*.

Bates No: 510357383.

Robinson EA (1998) *Incorporation of proteins into filters of experimental cigarettes*. Memo to LH Gains. Lorillard Tobacco Co. Bates No: 96555438.

Rodgman A (1977) *RJR inter-office memorandum: aldehydes*. Bates No: 503245386.

Rodgman A (2001) Studies of polycyclic aromatic hydrocarbons in cigarette mainstream smoke: identification, tobacco precursors, control of levels: a review. *Beitraege zur Tobakforschung*, 19:361–379.

Rodgman A, Perfetti TA (2006) The composition of cigarette smoke: a chronology of the studies of four polycyclic aromatic hydrocarbons. *Beitraege zur Tobakforschung*, 22:208–254.

Rogers JC, Bluhm BK (1993a) *Determination of 1,3-butadiene and isoprene concentrations in mainstream cigarette smoke of cigarettes with and without carbon scrubber filters*. Bates No: 510636228.

Rogers JC, Bluhm BK (1993b) *Determination of 1,3-butadiene and isoprene concentrations in mainstream cigarette smoke of straight-grade cigarettes with and without carbon scrubber filters*. Bates No: 508441181.

Roux E et al. (1999) Human isolated airway contraction: interaction between air pollutants and passive sensitization. *American Journal of Respiratory Critical Care Medicine*, 160:439–445.

Scheinberg IH (1974) UK Patent 1,369,067.

Scherer G (2006) Carboxyhemoglobin and thiocyanate as biomarkers of exposure to carbon monoxide and hydrogen cyanide in tobacco smoke. *Experimental Toxicology and Pathology*, 58:101–124.

Scherer G et al. (2006) Influence of smoking charcoal filter tipped cigarettes on various biomarkers of exposure. *Inhalation Toxicology*, 18:821–829.

Scientific Advisory Committee on Tobacco Product Regulation (2002) *Conclusions and recommendations on health claims derived from ISO/FTC method to measure cigarette yield*. Geneva, World Health Organization.

Scientific Advisory Committee on Tobacco Product Regulation (2003) *Statement of principles guiding the evaluation of new or modified tobacco products*. Geneva, World Health Organization.

Seeman JI, Dixon M, Haussmann HJ (2002) Acetaldehyde in mainstream tobacco smoke: formation and occurrence in smoke and bioavailability in the smoker. *Chemical Research in Toxicology*, 15:1331–1350.

Silverstein P (1992) Smoking and wound healing. *American Journal of Medicine*, 93:22S–24S.

Skipper PL, Tannenbaum SR (1990) Protein adducts in the molecular dosimetry of chemical carcinogens. *Carcinogenesis*, 11:507–518.

Smith C et al. (1994a) *Comparison study utilizing subject's usual brand cigarette, (3) carbon scrubber prototypes, and (1) grooved filter prototype to determine their effects on human smoker's breath carbon monoxide and % carboxyhemoglobin levels*. Bates No: 510636183.

Smith C et al. (1994b) *HRRC proposal: comparison study utilizing subject's usual brand cigarette, (3) carbon scrubber prototypes, and (1) grooved filter prototype to determine their effects on human smoker's breath carbon monoxide and % carboxyhemoglobin levels*. Bates No: 510641328.

Smith LE et al. (2000) Targeting of lung cancer mutational hotspots by polycyclic aromatic hydrocarbons. *Journal of the National Cancer Institute*, 92:803–811.

Stavridis I, Deliconstantinos G (1999) *Removal of noxious oxidants and carcinogenic volatile nitrosocompounds from cigarette smoke using biological substances*. US Patent 5,909,736.

Stepanov I et al. (2006) Tobacco-specific nitrosamines in new tobacco products. *Nicotine and Tobacco Research*, 8:309–313.

Stiles M et al. (1994) *Human smoking behavior study examining carbon scrubber filter technology*. Bates No: 511823912.

Straif K et al. (2005) Carcinogenicity of polycyclic aromatic hydrocarbons. *Lancet Oncology*, 6:931–932.

Stratton K et al. (2001) *Clearing the smoke. Assessing the science base for tobacco harm reduction*. Washington DC, National Academy Press.

Tennessee Eastman (1959) *Composition of tobacco smoke. III. Effects of the extraction of tobacco on amount of benzo[a]pyrene in cigarette smoke tar*. Kingsport, Tennessee (Tennessee Eastman Corp. Research Report No. 4-1201-3).

Tiggelbeck D (1967) Comments on selective cigarette smoke filtration. In: eds. Wynder EL, Hoffmann D, eds. *Toward a Less Harmful Cigarette*. Bethesda, Maryland, National Cancer Institute (National Cancer Institute Monograph 28:249–258).

Tiggelbeck D (1976) Vapor phase modification. An under-utilized technology. In: Wynder EL, Hoffmann D, Gori GB, eds. *Proceedings of the Third World Conference on Smoking and Health*. Bethesda,

Maryland, Department of Health, Education and Welfare, Public Health Service, National Institutes of Health, National Cancer Institute, pp. 507–514 (DHEW Publication No. (NIH) 76-1221).

Tolman TW (1970) *The theoretical and practical aspects of carbon monoxide filtration.* British-American Tobacco Co. Ltd (Report No. RD.687-R). Bates No: 650315732.

Tolman TW (1971) *Further work on the filtration of carbon monoxide and nitric oxide.* British-American Tobacco Co. Ltd. (Report No. RD. 802-R). Bates No: 650316111.

Tolman TW (1973) *The oxidation of carbon monoxide in cigarette smoke catalysed by manganese dioxide.* British-American Tobacco Co. Ltd (Report No. RD.1011-R. 1973). Bates No: 570508384.

Townsend DE (1978) *A reactor system for the rapid initial evaluation of prospective filter additives for carbon monoxide removal from cigarette smoke.* RJ Reynolds Tobacco Co. Bates No: 500607965.

Tretyakova NT et al. (2002) Formation of benzo[a]pyrene diol epoxide-DNA adducts at specific guanines within K-ras and p53 gene sequences: stable isotope-labeling mass spectrometry approach. *Biochemistry*, 41:9535–9544.

Valavanidis A, Haralambous E (2001) A comparative study by electron paramagnetic resonance of free radical species in the mainstream and sidestream smoke of cigarettes with conventional acetate filters and 'bio-filters'. *Redox Report*, 6:161–171.

Vleeming W, Rambali B, Opperhuizen A (2002) The role of nitric oxide in cigarette smoking and nicotine addiction. *Nicotine and Tobacco*

Research, 4:341–348.

Weinberger B et al. (2001) The toxicology of inhaled nitric oxide. *Toxicological Science*, 59:5–16.

Westra WH et al. (1993) K-ras oncogene activation in lung adenocarcinomas from former smokers. *Cancer*, 72:432–438.

WHO. *Guiding principles for the development of tobacco product research and testing capacity and proposed protocols for the initiation of tobacco product testing.* Geneva, World Health Organization, Study Group on Tobacco Product Regulation. http://www.who.int/tobacco/global_ interaction/ tobreg/goa_2003_principles/en/index.html.

WHO (2007) Setting maximal limits for toxic constituents in cigarette smoke. Geneva, World Health Organization, Study Group on Tobacco Product Regulation. http://www.who.int/tobacco/global_interaction/ tobreg/tsr/en/index.html.

Wu W, Ashley D, Watson C (2003) Simultaneous determination of 5 tobaccospecific nitrosamines in mainstream cigarette smoke by isotope dilution liquid chromatography/electrospray ionization tandem mass spectrometry. *Analytical Chemistry*, 75:4827–4832.

Wynder EL, Hoffman D (1967) *Tobacco and tobacco smoke: studies in experimental carcinogenesis.* New York, Academic Press.

Xue L, Thomas CE, Koller KB (2002) Mainstream smoke gas phase filtration performance of adsorption materials evaluated with a puff-by-puff multiplex GC-MS method. *Beitraege zur Tabakforschung International*, 20:251–256.

Zhang S et al. (2006) Analysis of crotonaldehyde- and acetaldehydederived 1,N2-propanodeoxyguanosine adducts in DNA from human tissues using liquid chromatography-electrosopray ionization-tandem mass spectrometry. *Chemical Research in Toxicology*, 19:1386–1392.

附录 3.1 菲利普·莫里斯公司国际牌号、加拿大牌号和澳大利亚牌号每毫克烟碱的有害物质水平

表 A1.1　报告给加拿大卫生部（2004）的每毫克烟碱释放量

品牌	烟碱	CO	氨	1-萘胺	2-萘胺	3-氨基联苯
Export 'A' Ultra Light Regular Size	2.49	9.07	8.54	10.48	6.71	1.60
Vantage Slims Extra Light 4 100's	2.92	9.07	8.50	11.16	7.05	1.64
Export 'A' Medium King Size	2.65	9.66	10.60	8.45	6.19	1.68
Export 'A' Full Flavour King Size	2.79	10.04	11.08	8.42	5.81	1.64
Craven A Extra Light King Size	2.38	11.77	9.12	11.23	6.98	1.70
Export 'A' Medium Regular Size	2.51	10.83	9.03	11.73	7.25	1.72
Export 'A' Extra Light Regular Size	2.48	9.05	8.77	10.09	6.80	1.72
More Regular 120's	2.70	14.07	13.44	12.93	8.04	2.06
Export 'A' Light / Special Light King Size	2.60	9.92	11.08	8.96	6.23	1.65
Export 'A' Light / Special Light Regular Size	2.37	10.89	9.77	12.46	7.73	2.01
More Menthol 120's	2.60	15.65	13.77	12.27	8.04	1.98
Vantage Ultra Light 1 King Size	2.10	11.32	9.02	12.01	7.56	1.79
Export 'A' Extra Light King Size	2.27	10.70	11.10	9.16	6.34	1.68
Export 'A' Mild King Size	2.60	9.77	11.69	7.46	5.38	1.56
Export 'A' Mild Regular Size	2.60	9.77	11.69	7.46	5.38	1.56
Export 'A' Ultra Light King Size	2.57	9.88	11.83	7.55	5.45	1.58
Number 7 King Size	2.60	11.79	9.97	13.84	8.33	2.06
Craven Milds Ultra Mild King Size	1.59	14.88	9.88	13.80	8.93	2.39
Camel Light King Size	1.74	14.54	15.06	15.75	10.75	2.66
Winston Light King Size	1.74	14.54	15.06	15.75	10.75	2.66

续表

品牌	烟碱	CO	氨	1-萘胺	2-萘胺	3-氨基联苯
Export Plain Regular Size	2.60	8.38	12.42	12.73	7.42	1.62
Rothmans Special Mild King Size	2.56	11.63	9.73	11.92	8.47	2.11
Winston Light 100's	2.19	14.06	15.43	15.75	10.55	2.59
Winston 100's	2.60	11.31	15.38	17.19	10.65	2.57
Gauloises Blondes King Size	2.55	11.58	18.82	12.15	7.45	2.16
Player's Extra Light Regular Size	2.16	10.47	8.99	11.87	7.66	1.82
Camel King Size	2.27	12.51	16.43	16.34	10.22	2.48
Salem King Size	2.27	12.51	16.43	16.34	10.22	2.48
Winston King Size	2.27	12.51	16.43	16.34	10.22	2.48
Export 'A' Full Flavour Regular Size	2.64	10.43	10.65	11.46	7.14	1.82
Du Maurier Extra Light Regular Size	2.25	12.08	9.62	11.43	7.15	1.70
Craven A King Size	2.69	11.75	10.71	10.28	6.26	1.58
Salem Light King Size	2.32	13.15	15.17	13.49	9.31	2.23
Matinee Extra Light King Size	1.76	13.42	9.52	11.33	7.18	1.79
Camel Plain Regular Size	2.45	9.14	18.78	19.63	11.39	2.63
Du Maurier Light King Size	2.55	12.04	9.65	10.98	6.81	1.63
Viscount Extra Mild King Size	1.72	14.62	11.13	12.20	8.19	2.15
Sportsman Plain Regular Size	2.91	7.81	10.33	9.98	5.16	1.14
Vatnage Medium 7 King Size	2.42	11.64	9.97	11.19	7.13	1.74
Benson & Hedges Deluxe Menthol Ultra Lights 100's	2.52	10.93	9.55	9.01	5.71	1.66

续表

品牌	烟碱	CO	氨	1-萘胺	2-萘胺	3-氨基联苯
Player's Light Regular Size	2.19	10.52	9.69	11.41	7.22	1.87
Vantage Max 15 King Size	3.10	10.45	8.55	9.35	4.77	1.18
Craven Menthol King Size	2.25	13.87	8.84	10.42	6.77	1.72
Matinee Silver Regular Size	1.97	11.22	9.85	10.96	6.14	1.40
Belmont Milds Regular Size	2.35	10.39	9.37	7.67	5.11	1.23
Belmont Milds King Size	2.34	11.31	9.83	9.83	6.41	1.50
Player's Light King Size	2.52	12.35	10.77	12.65	7.90	2.00
Gauloises Blondes Lights King Size	1.97	13.36	18.29	13.72	8.64	2.59
Vantage Rich 12 King Size	2.60	10.81	9.69	11.62	6.04	1.39
Gauloises Blondes Ultra Light King Size	1.68	15.73	19.00	15.44	9.50	2.85
Mark ten Plain King Size	3.21	7.99	10.91	10.28	5.30	1.22
Du Maurier Light Regular Size	1.96	14.09	10.66	15.06	9.24	2.45
Du Maurier King Size	2.49	12.27	9.82	12.69	7.84	1.97
Player's Regular Size	2.46	11.22	10.70	10.31	6.62	1.81
Du Maurier Extra Light King Size	2.14	12.48	9.61	10.89	7.17	1.91
Player's Special Blend King Size	2.63	9.32	11.60	11.94	6.62	1.44
Player's Special Blend Regular Size	2.44	9.63	12.30	12.17	7.01	1.62
Player's Plain Regular Size	2.68	7.87	11.19	12.13	5.75	1.31
Player's Extra Light King Size	2.38	13.60	9.70	12.09	7.62	1.98
Du Maurier Regular Size	2.06	13.28	11.03	11.28	7.04	1.81

附录 3.1　菲利普·莫里斯公司国际牌号、加拿大牌号和澳大利亚牌号每毫克烟碱的有害物质水平

品牌	烟碱	CO	氨	1-萘胺	2-萘胺	3-氨基联苯
Canyon Regular Size	1.87	14.71	15.40	8.34	14.22	1.63
Dakar Regular Size	1.87	14.71	15.40	8.34	14.22	1.63
Discretion Regular Size	1.87	14.71	15.40	8.34	14.22	1.63
Fine Regular Size	1.87	14.71	15.40	8.34	14.22	1.63
Gipsy Regular Size	1.87	14.71	15.40	8.34	14.22	1.63
Selesta Regular Size	1.87	14.71	15.40	8.34	14.22	1.63
Smoking Regular Size	1.87	14.71	15.40	8.34	14.22	1.63
Tremblay Regular Size	1.87	14.71	15.40	8.34	14.22	1.63
Canyon King Size	2.13	14.46	14.13	8.26	14.18	1.61
Dakar King Size	2.13	14.46	14.13	8.26	14.18	1.61
Discretion King Size	2.13	14.46	14.13	8.26	14.18	1.61
Fine King Size	2.13	14.46	14.13	8.26	14.18	1.61
Gipsy King Size	2.13	14.46	14.13	8.26	14.18	1.61
Selesta King Size	2.13	14.46	14.13	8.26	14.18	1.61
Smoking King Size	2.13	14.46	14.13	8.26	14.18	1.61
Tremblay King Size	2.13	14.46	14.13	8.26	14.18	1.61
Dakar Light King Size	2.06	14.85	12.28	8.74	14.47	1.68
Fine Light King Size	2.06	14.85	12.28	8.74	14.47	1.68
Gipsy Light King Size	2.06	14.85	12.28	8.74	14.47	1.68
Rodeo King Size	2.06	14.85	12.28	8.74	14.47	1.68

续表

品牌	烟碱	CO	氨	1-萘胺	2-萘胺	3-氨基联苯
Selesta Light King Size	2.06	14.85	12.28	8.74	14.47	1.68
Smoking Light King Size	2.06	14.85	12.28	8.74	14.47	1.68
Tremblay Light King Size	2.06	14.85	12.28	8.74	14.47	1.68
Dakar Light Regular Size	1.81	14.64	18.07	8.51	14.14	1.64
Fine Light Regular Size	1.81	14.64	18.07	8.51	14.14	1.64
Gipsy Light Regular Size	1.81	14.64	18.07	8.51	14.14	1.64
Rodeo Regular Size	1.81	14.64	18.07	8.51	14.14	1.64
Selesta Light Regular Size	1.81	14.64	18.07	8.51	14.14	1.64
Smoking Light Regular Size	1.81	14.64	18.07	8.51	14.14	1.64
平均值	2.25	12.54	12.65	10.78	9.69	1.80
标准偏差	0.35	2.19	3.03	2.67	3.46	0.36
变异系数	0.15	0.17	0.24	0.25	0.36	0.20
最大值	3.21	15.73	19.00	19.63	14.47	2.85
75%位值	2.55	14.64	15.38	12.15	14.18	1.97
90%位值	2.64	14.85	18.07	15.13	14.22	2.48
中位值	2.25	12.51	12.28	10.31	8.19	1.68
最小值	1.59	7.81	8.50	7.46	4.77	1.14

附录 3.1　菲利普·莫里斯公司国际牌号、加拿大牌号和澳大利亚牌号每毫克烟碱的有害物质水平

续表

品牌	4-氨基联苯	苯并[a]芘	甲醛	乙醛	丙酮	丙烯醛
Export 'A' Ultra Light Regular Size	1.20	5.19	60.76	431.18	231.86	58.40
Vantage Slims Extra Light 4 100's	1.22	5.33	46.20	422.65	237.81	59.09
Export 'A' Medium King Size	1.42	5.74	45.66	443.02	218.11	51.70
Export 'A' Full Flavour King Size	1.36	5.88	50.82	474.91	235.13	55.20
Craven A Extra Light King Size	1.35	5.97	63.96	545.70	277.99	77.79
Export 'A' Medium Regular Size	1.33	6.01	68.02	489.80	255.26	62.90
Export 'A' Extra Light Regular Size	1.34	6.05	57.01	387.72	220.95	57.15
More Regular 120's	1.69	6.07	39.19	619.26	311.11	62.59
Export 'A' Light / Special Light King Size	1.34	6.08	46.62	444.23	223.08	51.92
Export 'A' Light / Special Light Regular Size	1.52	6.11	65.48	500.32	275.34	66.78
More Menthol 120's	1.71	6.23	42.42	660.77	327.31	67.69
Vantage Ultra Light 1 King Size	1.38	6.24	70.17	524.96	284.39	71.70
Export 'A' Extra Light King Size	1.44	6.26	53.30	519.38	248.02	62.56
Export 'A' Mild King Size	1.25	6.38	67.62	472.69	223.46	57.31
Export 'A' Mild Regular Size	1.25	6.38	67.62	472.69	223.46	57.31
Export 'A' Ultra Light King Size	1.26	6.46	68.40	478.21	226.07	57.98
Number 7 King Size	1.57	6.49	61.26	517.57	282.62	78.69
Craven Milds Ultra Mild King Size	1.85	6.58	82.37	716.96	386.06	99.52
Camel Light King Size	2.21	6.72	49.31	686.78	359.77	73.56
Winston Light King Size	2.21	6.72	49.31	686.78	359.77	73.56

· 171 ·

续表

品牌	4-氨基联苯	苯并[a]芘	甲醛	乙醛	丙酮	丙烯醛
Export Plain Regular Size	1.33	6.81	54.23	389.62	196.15	50.38
Rothmans Special Mild King Size	1.61	6.86	67.07	506.07	280.55	80.73
Winston Light 100's	2.11	6.94	39.45	657.99	337.44	68.95
Winston 100's	2.00	6.96	43.65	544.62	282.69	57.31
Gauloises Blondes King Size	1.84	7.06	44.30	548.02	264.99	61.15
Player's Extra Light Regular Size	1.37	7.16	69.21	505.97	279.46	65.88
Camel King Size	2.00	7.18	50.66	586.34	303.96	63.00
Salem King Size	2.00	7.18	50.66	586.34	303.96	63.00
Winston King Size	2.00	7.18	50.66	586.34	303.96	63.00
Export 'A' Full Flavour Regular Size	1.37	7.24	58.97	437.31	238.21	60.75
Du Maurier Extra Light Regular Size	1.25	7.31	60.80	509.90	270.58	76.58
Craven A King Size	1.20	7.39	54.00	463.70	249.95	74.16
Salem Light King Size	1.76	7.41	50.00	607.76	305.17	64.22
Matinee Extra Light King Size	1.34	7.47	81.23	615.55	323.24	86.66
Camel Plain Regular Size	2.00	7.51	52.24	424.90	221.22	46.94
Du Maurier Light King Size	1.23	7.54	58.11	510.09	271.37	76.28
Viscount Extra Mild King Size	1.59	7.55	85.42	641.69	335.48	96.84
Sportsman Plain Regular Size	0.86	7.57	63.33	364.48	194.80	47.84
Vatnage Medium 7 King Size	1.31	7.69	64.68	474.11	277.74	65.65
Benson & Hedges Deluxe Menthol Ultra Lights 100's	1.24	7.70	72.60	506.62	265.77	77.60

续表

品牌	4-氨基联苯	苯并[a]芘	甲醛	乙醛	丙酮	丙烯醛
Player's Light Regular Size	1.35	7.74	89.83	516.22	289.68	76.73
Vantage Max 15 King Size	0.91	7.77	65.10	430.97	222.58	48.71
Craven Menthol King Size	1.29	7.83	93.58	609.68	313.39	85.97
Matinee Silver Regular Size	1.20	7.87	88.32	598.98	308.12	71.07
Belmont Milds Regular Size	0.94	8.09	68.99	476.54	242.74	57.92
Belmont Milds King Size	1.20	8.12	64.57	535.78	257.84	61.15
Player's Light King Size	1.53	8.13	60.38	528.52	299.86	80.65
Gauloises Blondes Lights King Size	2.29	8.13	44.71	660.03	319.09	72.15
Vantage Rich 12 King Size	1.05	8.27	77.08	479.23	246.92	55.00
Gauloises Blondes Ultra Light King Size	2.61	8.31	43.34	766.50	368.11	81.93
Mark ten Plain King Size	0.87	8.41	71.37	397.37	205.70	53.61
Du Maurier Light Regular Size	1.90	8.53	73.21	595.43	327.51	91.08
Du Maurier King Size	1.41	8.57	77.17	517.59	291.39	83.66
Player's Regular Size	1.29	8.71	74.03	443.81	244.64	70.16
Du Maurier Extra Light King Size	1.45	8.93	72.19	547.00	314.80	81.64
Player's Special Blend King Size	1.23	9.01	59.32	506.46	250.19	54.75
Player's special Blend Regular Size	1.36	9.14	71.72	523.36	252.87	57.38
Player's Plain Regular Size	1.04	9.18	80.60	406.72	210.07	52.61
Player's Extra Light King Size	1.48	9.25	59.15	531.12	295.11	86.35
Du Maurier Regular Size	1.35	9.59	79.87	531.02	296.55	83.78

续表

品牌	4-氨基联苯	苯并[a]芘	甲醛	乙醛	丙酮	丙烯醛
Canyon Regular Size	2.34	16.79	116.04	651.87	318.18	78.61
Dakar Regular Size	2.34	16.79	116.04	651.87	318.18	78.61
Discretion Regular Size	2.34	16.79	116.04	651.87	318.18	78.61
Fine Regular Size	2.34	16.79	116.04	651.87	318.18	78.61
Gipsy Regular Size	2.34	16.79	116.04	651.87	318.18	78.61
Selesta Regular Size	2.34	16.79	116.04	651.87	318.18	78.61
Smoking Regular Size	2.34	16.79	116.04	651.87	318.18	78.61
Tremblay Regular Size	2.34	16.79	116.04	651.87	318.18	78.61
Canyon King Size	2.28	16.81	97.65	646.48	319.25	77.46
Dakar King Size	2.28	16.81	97.65	646.48	319.25	77.46
Discretion King Size	2.28	16.81	97.65	646.48	319.25	77.46
Fine King Size	2.28	16.81	97.65	646.48	319.25	77.46
Gipsy King Size	2.28	16.81	97.65	646.48	319.25	77.46
Selesta King Size	2.28	16.81	97.65	646.48	319.25	77.46
Smoking King Size	2.28	16.81	97.65	646.48	319.25	77.46
Tremblay King Size	2.28	16.81	97.65	646.48	319.25	77.46
Dakar Light King Size	2.47	17.38	103.40	657.77	322.33	80.58
Fine Light King Size	2.47	17.38	103.40	657.77	322.33	80.58
Gipsy Light King Size	2.47	17.38	103.40	657.77	322.33	80.58
Rodeo King Size	2.47	17.38	103.40	657.77	322.33	80.58

附录 3.1 菲利普·莫里斯公司国际牌号、加拿大牌号和澳大利亚牌号每毫克烟碱的有害物质水平

续表

品牌	4-氨基联苯	苯并[a]芘	甲醛	乙醛	丙酮	丙烯醛
Selesta Light King Size	2.47	17.38	103.40	657.77	322.33	80.58
Smoking Light King Size	2.47	17.38	103.40	657.77	322.33	80.58
Tremblay Light King Size	2.47	17.38	103.40	657.77	322.33	80.58
Dakar Light Regular Size	2.36	17.90	118.23	644.20	316.57	79.56
Fine Light Regular Size	2.36	17.90	118.23	644.20	316.57	79.56
Gipsy Light Regular Size	2.36	17.90	118.23	644.20	316.57	79.56
Rodeo Regular Size	2.36	17.90	118.23	644.20	316.57	79.56
Selesta Light Regular Size	2.36	17.90	118.23	644.20	316.57	79.56
Smoking Light Regular Size	2.36	17.90	118.23	644.20	316.57	79.56
平均值	1.77	10.52	77.35	566.54	289.06	71.31
标准偏差	0.52	4.73	24.84	92.69	42.51	11.71
变异系数	0.29	0.45	0.32	0.16	0.15	0.16
最大值	2.61	17.90	118.23	766.50	386.06	99.52
75% 位值	2.29	16.79	97.65	646.48	319.25	79.56
90% 位值	2.36	17.38	116.04	657.77	322.51	81.70
中位值	1.69	8.09	71.37	586.34	303.96	76.73
最小值	0.86	5.19	39.19	364.48	194.80	46.94

续表

品牌	丙醛	丁烯醛	丁醛	氰化氢	汞	铅
Export 'A' Ultra Light Regular Size	36.94	25.92	24.55	87.52	2.09	
Vantage Slims Extra Light 4 100's	39.25	24.92	25.45	93.03	1.97	
Export 'A' Medium King Size	37.36	21.85	24.26	112.45	2.54	
Export 'A' Full Flavour King Size	41.18	23.15	26.13	103.23	2.52	
Craven A Extra Light King Size	43.73	31.16	31.62	118.47	2.87	
Export 'A' Medium Regular Size	40.52	29.21	28.03	106.64	2.50	
Export 'A' Extra Light Regular Size	35.67	21.85	22.43	86.07	2.08	
More Regular 120's	53.33	29.00	36.30	219.26	3.10	15.96
Export 'A' Light / Special Light King Size	38.46	21.46	24.54	108.46	2.66	
Export 'A' Light / Special Light Regular Size	45.90	28.76	29.08	115.79	2.64	
More Menthol 120's	58.08	31.42	37.69	230.38	3.07	16.54
Vantage Ultra Light 1 King Size	44.33	29.77	29.56	101.10	2.78	
Export 'A' Extra Light King Size	43.61	24.54	27.71	124.23	2.58	
Export 'A' Mild King Size	41.54	23.15	24.15	109.23	2.56	
Export 'A' Mild Regular Size	41.54	23.15	24.15	109.23	2.56	
Export 'A' Ultra Light King Size	42.02	23.42	24.44	110.51	2.59	
Number 7 King Size	44.97	28.75	30.38	130.39	3.06	
Craven Milds Ultra Mild King Size	63.90	39.62	41.30	160.81	3.93	
Camel Light King Size	57.93	29.89	40.06	211.49	4.05	
Winston Light King Size	57.93	29.89	40.06	211.49	4.05	
Export Plain Regular Size	34.46	23.27	23.38	96.15	2.10	

附录 3.1 菲利普·莫里斯公司国际牌号、加拿大牌号和澳大利亚牌号每毫克烟碱的有害物质水平

续表

品牌	丙醛	丁烯醛	丁醛	氧化氢	汞	铅
Rothmans Special Mild King Size	44.89	30.44	30.21	126.96	2.89	
Winston Light 100's	54.79	29.59	38.77	200.00	3.83	12.28
Winston 100's	46.15	25.23	32.19	162.69	2.97	12.54
Gauloises Blondes King Size	46.26	25.87	29.40	157.59	2.43	17.40
Player's Extra Light Regular Size	43.91	30.24	30.05	103.23	2.77	
Camel King Size	49.34	28.63	34.89	196.48	3.33	11.76
Salem King Size	49.34	28.63	34.89	196.48	3.33	11.76
Winston King Size	49.34	28.63	34.89	196.48	3.33	11.76
Export 'A' Full Flavour Regular Size	40.31	24.06	25.32	116.80	2.31	9.76
Du Maurier Extra Light Regular Size	42.67	28.61	29.49	119.06	3.29	
Craven A King Size	39.88	25.07	27.07	123.82	3.17	
Salem Light King Size	52.16	29.78	36.03	200.43	3.32	11.94
Matinee Extra Light King Size	52.53	34.48	35.23	122.18	3.67	
Camel Plain Regular Size	35.92	25.63	26.04	149.80	2.52	12.57
Du Maurier Light King Size	43.00	29.10	29.99	124.16	3.31	
Viscount Extra Mild King Size	53.90	34.94	35.87	145.21	3.18	
Sportsman Plain Regular Size	31.32	26.85	22.03	75.37	2.07	
Vatnage Medium 7 King Size	42.16	26.10	27.52	121.33	2.73	10.61
Benson & Hedges Deluxe Menthol Ultra Lights 100's	44.00	27.93	28.52	114.01	3.11	
Player's Light Regular Size	48.40	30.33	29.70	100.46	2.73	

续表

品牌	丙醛	丁烯醛	丁醛	氰化氢	汞	铅
Vantage Max 15 King Size	35.81	24.71	24.52	104.84	2.56	11.84
Craven Menthol King Size	49.98	35.84	34.45	133.70	3.42	
Matinee Silver Regular Size	49.64	31.32	32.44	116.24	3.56	
Belmont Milds Regular Size	38.33	19.59	23.85	88.15	2.34	
Belmont Milds King Size	42.76	20.10	25.66	97.06	2.57	
Player's Light King Size	49.04	30.73	31.51	133.89	3.14	
Gauloises Blondes Lights King Size	56.40	29.47	35.57	172.76	3.10	17.28
Vantage Rich 12 King Size	40.00	26.54	26.92	103.46	2.77	12.65
Gauloises Blondes Ultra Light King Size	65.31	33.25	40.37	203.05	3.68	18.76
Mark ten Plain King Size	34.91	29.61	24.62	85.08	2.09	
Du Maurier Light Regular Size	53.57	33.04	34.97	138.46	3.62	
Du Maurier King Size	47.45	30.73	30.50	116.93	2.76	
Player's Regular Size	39.72	24.58	25.27	106.29	2.59	
Du Maurier Extra Light King Size	51.64	30.99	32.66	124.39	3.31	
Player's Special Blend King Size	41.44	25.36	27.64	112.17	2.71	
Player's Special Blend Regular Size	42.62	25.78	27.83	114.75	2.83	
Player's Plain Regular Size	34.14	29.51	22.80	94.78	2.75	13.73
Player's Extra Light King Size	49.54	29.10	32.08	131.05	3.04	
Du Maurier Regular Size	47.76	29.85	31.22	128.35	3.30	
Canyon Regular Size	54.01	35.99	37.06	170.05	2.94	21.82

附录 3.1 菲利普·莫里斯公司国际牌号、加拿大牌号和澳大利亚牌号每毫克烟碱的有害物质水平

品牌	丙醛	丁烯醛	丁醛	氰化氢	汞	铅
Dakar Regular Size	54.01	35.99	37.06	170.05	2.94	21.82
Discretion Regular Size	54.01	35.99	37.06	170.05	2.94	21.82
Fine Regular Size	54.01	35.99	37.06	170.05	2.94	21.82
Gipsy Regular Size	54.01	35.99	37.06	170.05	2.94	21.82
Selesta Regular Size	54.01	35.99	37.06	170.05	2.94	21.82
Smoking Regular Size	54.01	35.99	37.06	170.05	2.94	21.82
Tremblay Regular Size	54.01	35.99	37.06	170.05	2.94	21.82
Canyon King Size	53.99	34.69	37.04	160.09	2.78	20.61
Dakar King Size	53.99	34.69	37.04	160.09	2.78	20.61
Discretion King Size	53.99	34.69	37.04	160.09	2.78	20.61
Fine King Size	53.99	34.69	37.04	160.09	2.78	20.61
Gipsy King Size	53.99	34.69	37.04	160.09	2.78	20.61
Selesta King Size	53.99	34.69	37.04	160.09	2.78	20.61
Smoking King Size	53.99	34.69	37.04	160.09	2.78	20.61
Tremblay King Size	53.99	34.69	37.04	160.09	2.78	20.61
Dakar Light King Size	54.85	35.68	37.38	170.39	3.25	23.25
Fine Light King Size	54.85	35.68	37.38	170.39	3.25	23.25
Gipsy Light King Size	54.85	35.68	37.38	170.39	3.25	23.25
Rodeo King Size	54.85	35.68	37.38	170.39	3.25	23.25
Selesta Light King Size	54.85	35.68	37.38	170.39	3.25	23.25

续表

品牌	丙醛	丁烯醛	丁醛	氰化氢	汞	铅
Smoking Light King Size	54.85	35.68	37.38	170.39	3.25	23.25
Tremblay Light King Size	54.85	35.68	37.38	170.39	3.25	23.25
Dakar Light Regular Size	53.31	35.19	36.63	163.54	3.04	21.82
Fine Light Regular Size	53.31	35.19	36.63	163.54	3.04	21.82
Gipsy Light Regular Size	53.31	35.19	36.63	163.54	3.04	21.82
Rodeo Regular Size	53.31	35.19	36.63	163.54	3.04	21.82
Selesta Light Regular Size	53.31	35.19	36.63	163.54	3.04	21.82
Smoking Light Regular Size	53.31	35.19	36.63	163.54	3.04	21.82
平均值	48.21	30.35	32.28	142.91	2.94	18.75
标准偏差	7.35	4.80	5.37	35.92	0.43	4.44
变异系数	0.15	0.16	0.17	0.25	0.15	0.24
最大值	65.31	39.62	41.30	230.38	4.05	23.25
75%位值	53.99	35.19	37.04	170.05	3.25	21.82
90%位值	54.85	35.87	37.38	196.48	3.35	23.25
中位值	49.54	29.89	34.45	145.21	2.94	20.61
最小值	31.32	19.59	22.03	75.37	1.97	9.76

附录 3.1 菲利普·莫里斯公司国际牌号、加拿大牌号和澳大利亚牌号每毫克烟碱的有害物质水平

续表

品牌	镉	NO	氮氧化物	NNN	NNK	NAT
Export 'A' Ultra Light Regular Size	72.54	47.64	51.45	26.40	50.87	39.01
Vantage Slims Extra Light 4 100's	65.39	41.62	43.94	20.69	49.03	38.38
Export 'A' Medium King Size	61.13	60.75	63.02	28.68	42.26	41.13
Export 'A' Full Flavour King Size	64.16	60.93	63.44	28.67	44.80	38.71
Craven A Extra Light King Size	79.97	57.41	61.44	16.64	33.68	27.32
Export 'A' Medium Regular Size	75.75	58.58	62.97	27.00	50.03	42.66
Export 'A' Extra Light Regular Size	70.84	43.74	47.12	23.71	50.34	38.65
More Regular 120's	62.22	130.37	141.48	132.59	81.85	10.74
Export 'A' Light / Special Light King Size	61.54	57.69	59.62	33.46	46.58	40.77
Export 'A' Light / Special Light Regular Size	75.96	57.56	61.37	26.77	54.40	44.78
More Menthol 120's	59.62	145.77	160.38	131.92	87.69	11.15
Vantage Ultra Light 1 King Size	80.68	59.06	64.19	26.06	51.04	42.40
Export 'A' Extra Light King Size	63.88	65.20	67.40	28.19	39.65	37.00
Export 'A' Mild King Size	58.46	47.31	49.62	24.62	41.54	34.23
Export 'A' Mild Regular Size	58.46	47.31	49.62	24.62	41.54	34.23
Export 'A' Ultra Light King Size	59.14	47.86	50.19	24.90	42.02	34.63
Number 7 King Size	86.67	59.11	62.38	20.79	35.49	27.52
Craven Milds Ultra Mild King Size	72.88	63.30	67.20	31.37	45.66	35.09
Camel Light King Size	82.76	188.51	205.17	155.17	97.70	12.64
Winston Light King Size	82.76	188.51	205.17	155.17	97.70	12.64

续表

品牌	镉	NO	氮氧化物	NNN	NNK	NAT
Export Plain Regular Size	60.77	46.54	49.23	29.69	43.85	40.00
Rothmans Special Mild King Size	83.30	56.92	60.70	21.63	37.46	29.12
Winston Light 100's	79.91	177.17	193.61	151.14	90.87	11.87
Winston 100's	77.31	157.31	171.15	153.46	96.54	13.08
Gauloises Blondes King Size	52.14	214.43	233.63	128.19	45.86	138.
Player's Extra Light Regular Size	76.43	53.95	57.79	19.59	37.62	31.87
Camel King Size	76.65	175.33	192.51	160.35	100.44	12.78
Salem King Size	76.65	175.33	192.51	160.35	100.44	12.78
Winston King Size	76.65	175.33	192.51	160.35	100.44	12.78
Export 'A' Full Flavour Regular Size	79.93	53.16	57.42	27.47	58.37	43.28
Du Maurier Extra Light Regular Size	84.65	61.83	66.84	17.16	32.59	30.90
Craven A King Size	79.39	52.69	56.53	18.14	36.59	28.36
Salem Light King Size	77.59	164.22	179.31	142.24	92.24	11.64
Matinee Extra Light King Size	80.06	68.79	74.52	19.85	36.14	35.59
Camel Plain Regular Size	74.69	116.33	126.12	163.27	103.67	13.47
Du Maurier Light King Size	81.90	67.78	74.02	17.07	34.91	31.57
Viscount Extra Mild King Size	77.05	65.21	70.77	29.06	42.93	32.59
Sportsman Plain Regular Size	64.36	30.98	31.32	19.62	25.81	23.75
Vatnage Medium 7 King Size	90.32	58.09	62.85	26.81	55.32	48.27
Benson & Hedges Deluxe Menthol Ultra Lights 100's	70.15	54.26	59.24	16.34	36.75	26.95

附录 3.1 菲利普·莫里斯公司国际牌号、加拿大牌号和澳大利亚牌号每毫克烟碱的有害物质水平

品牌	镉	NO	氮氧化物	NNN	NNK	NAT
Player's Light Regular Size	76.82	47.80	50.91	17.07	39.54	33.16
Vantage Max 15 King Size	69.52	56.13	60.65	20.00	27.10	30.65
Craven Menthol King Size	79.02	64.11	69.64	15.56	34.77	26.94
Matinee Silver Regular Size	66.50	44.72	46.04	8.07	17.11	18.32
Belmont Milds Regular Size	37.90	40.46	41.31	14.48	20.02	19.16
Belmont Milds King Size	40.19	45.75	47.04	26.94	30.79	27.79
Player's Light King Size	85.41	61.82	65.97	18.83	40.07	34.66
Gauloises Blondes Lights King Size	53.35	254.56	277.93	139.73	49.79	152.94
Vantage Rich 12 King Size	71.15	53.46	56.54	21.92	37.85	38.85
Gauloises Blondes Ultra Light King Size	58.78	284.39	310.52	156.74	57.00	169.21
Mark ten Plain King Size	57.03	28.36	28.67	8.73	13.40	14.65
Du Maurier Light Regular Size	88.75	73.60	77.35	17.54	36.06	32.41
Du Maurier King Size	88.57	58.26	61.12	18.12	35.68	30.77
Player's Regular Size	79.46	51.71	56.37	15.89	38.42	29.53
Du Maurier Extra Light King Size	87.08	61.80	66.36	17.24	36.20	30.95
Player's Special Blend King Size	51.33	55.89	58.56	19.85	20.99	24.45
Player's Special Blend Regular Size	52.05	51.64	54.92	20.00	19.34	24.47
Player's Plain Regular Size	79.85	34.66	35.34	9.89	22.43	21.27
Player's Extra Light King Size	93.22	68.47	73.61	17.47	38.46	31.56
Du Maurier Regular Size	90.06	59.68	63.93	15.88	36.67	30.30

品牌	镉	NO	氮氧化物	NNN	NNK	NAT
Canyon Regular Size	70.59	70.05	78.61	27.17	70.05	42.83
Dakar Regular Size	70.59	70.05	78.61	27.17	70.05	42.83
Discretion Regular Size	70.59	70.05	78.61	27.17	70.05	42.83
Fine Regular Size	70.59	70.05	78.61	27.17	70.05	42.83
Gipsy Regular Size	70.59	70.05	78.61	27.17	70.05	42.83
Selesta Regular Size	70.59	70.05	78.61	27.17	70.05	42.83
Smoking Regular Size	70.59	70.05	78.61	27.17	70.05	42.83
Tremblay Regular Size	70.59	70.05	78.61	27.17	70.05	42.83
Canyon King Size	68.08	82.63	92.02	28.12	73.24	44.98
Dakar King Size	68.08	82.63	92.02	28.12	73.24	44.98
Discretion King Size	68.08	82.63	92.02	28.12	73.24	44.98
Fine King Size	68.08	82.63	92.02	28.12	73.24	44.98
Gipsy King Size	68.08	82.63	92.02	28.12	73.24	44.98
Selesta King Size	68.08	82.63	92.02	28.12	73.24	44.98
Smoking King Size	68.08	82.63	92.02	28.12	73.24	44.98
Tremblay King Size	68.08	82.63	92.02	28.12	73.24	44.98
Dakar Light King Size	70.87	80.10	89.32	28.88	73.79	45.29
Fine Light King Size	70.87	80.10	89.32	28.88	73.79	45.29
Gipsy Light King Size	70.87	80.10	89.32	28.88	73.79	45.29
Rodeo King Size	70.87	80.10	89.32	28.88	73.79	45.29

附录 3.1　菲利普·莫里斯公司国际牌号、加拿大牌号和澳大利亚牌号每毫克烟碱的有害物质水平

品牌	镉	NO	氮氧化物	NNN	NNK	NAT
Selesta Light King Size	70.87	80.10	89.32	28.88	73.79	45.29
Smoking Light King Size	70.87	80.10	89.32	28.88	73.79	45.29
Tremblay Light King Size	70.87	80.10	89.32	28.88	73.79	45.29
Dakar Light Regular Size	70.72	70.72	79.01	26.91	63.54	41.05
Fine Light Regular Size	70.72	70.72	79.01	26.91	63.54	41.05
Gipsy Light Regular Size	70.72	70.72	79.01	26.91	63.54	41.05
Rodeo Regular Size	70.72	70.72	79.01	26.91	63.54	41.05
Selesta Light Regular Size	70.72	70.72	79.01	26.91	63.54	41.05
Smoking Light Regular Size	70.72	70.72	79.01	26.91	63.54	41.05
平均值	71.35	81.55	88.84	43.54	56.05	37.76
标准偏差	10.31	48.55	53.46	46.49	22.36	24.42
变异系数	0.14	0.60	0.60	1.07	0.40	0.65
21最大值	93.22	284.39	310.52	163.27	103.67	169.21
75%位值	77.59	80.10	89.32	28.88	73.24	42.83
90%位值	83.57	166.45	181.95	144.02	88.33	45.29
中位值	70.72	68.79	74.52	27.17	51.04	38.38
最小值	37.90	28.36	28.67	8.07	13.40	10.74

续表

品牌	NAB	吡啶	喹啉	氢醌	间苯二酚	邻苯二酚	苯酚	间, 对甲基苯酚
Export 'A' Ultra Light Regular Size	2.93	14.64	0.28	62.53	1.05	68.38	17.03	8.23
Vantage Slims Extra Light 4 100's	2.84	12.40	0.27	58.80	0.88	65.67	18.64	8.76
Export 'A' Medium King Size	2.94	14.42	0.26	44.91	0.98	55.47	11.32	7.40
Export 'A' Full Flavour King Size	3.01	14.01	0.28	47.31	0.99	59.86	12.54	7.56
Craven A Extra Light King Size	2.05	14.42	0.26	65.72	1.06	70.53	14.05	7.38
Export 'A' Medium Regular Size	3.21	15.51	0.29	62.18	0.91	66.12	16.01	8.29
Export 'A' Extra Light Regular Size	2.76	14.60	0.27	63.48	0.91	68.42	19.05	8.62
More Regular 120's	36.93	17.00	0.39	58.89	1.12	69.26	19.33	12.26
Export 'A' Light / Special Light King Size	3.35	15.08	0.28	47.31	1.00	59.62	12.69	8.00
Export 'A' Light / Special Light Regular Size	3.30	15.20	0.27	64.47	1.07	68.20	18.14	9.63
More Menthol 120's	37.23	17.27	0.40	59.23	1.19	71.54	18.54	12.12
Vantage Ultra Light 1 King Size	2.99	14.85	0.26	60.36	0.80	67.89	13.93	7.33
Export 'A' Extra Light King Size	3.00	15.51	0.27	47.58	1.07	59.47	11.76	7.53
Export 'A' Mild King Size	2.38	13.15	0.30	48.46	0.86	59.23	13.50	7.77
Export 'A' Mild Regular Size	2.38	13.15	0.30	48.46	0.86	59.23	13.50	7.77
Export 'A' Ultra Light King Size	2.41	13.31	0.30	49.03	0.87	59.92	13.66	7.86
Number 7 King Size	2.29	14.72	0.32	71.27	1.12	79.13	18.55	9.86
Craven Milds Ultra Mild King Size		17.99	0.30	71.87	1.31	77.47	14.75	8.51
Camel Light King Size	41.55	21.61	0.32	59.77	1.11	64.37	12.13	8.39
Winston Light King Size	41.55	21.61	0.32	59.77	1.11	64.37	12.13	8.39

续表

品牌	NAB	吡啶	喹啉	氢醌	间苯二酚	邻苯二酚	苯酚	间、对甲基苯酚
Export Plain Regular Size	3.14	13.65	0.55	53.46	0.76	72.69	45.00	21.58
Rothmans Special Mild King Size	2.33	13.72	0.30	68.19	1.08	74.10	18.68	9.97
Winston Light 100's	37.67	20.55	0.35	61.19	1.17	70.78	17.12	11.23
Winston 100's	41.15	18.08	0.39	60.00	1.05	71.54	18.92	12.15
Gauloises Blondes King Size	16.07	18.82	0.29	44.30	0.78	47.43	10.98	6.98
Player's Extra Light Regular Size	1.98	15.67	0.30	68.60	1.07	70.79	16.86	8.58
Camel King Size	43.35	22.11	0.40	63.00	1.15	70.93	17.67	11.54
Salem King Size	43.35	22.11	0.40	63.00	1.15	70.93	17.67	11.54
Winston King Size	43.35	22.11	0.40	63.00	1.15	70.93	17.67	11.54
Export 'A' Full Flavour Regular Size	2.72	16.52	0.33	69.46	1.02	72.36	18.01	9.00
Du Maurier Extra Light Regular Size	2.13	15.10	0.26	58.01	1.09	65.50	12.78	7.05
Craven A King Size	1.74	13.78	0.27	72.51	1.04	76.43	15.50	7.84
Salem Light King Size	40.99	21.38	0.39	64.66	1.18	73.71	18.88	12.16
Matinee Extra Light King Size	2.94	16.42	0.28	60.10	0.89	68.17	14.01	7.83
Camel Plain Regular Size	42.78	20.69	0.80	64.90	1.13	83.27	53.88	27.14
Du Maurier Light King Size	2.66	14.68	0.27	61.55	1.04	70.22	14.47	7.83
Viscount Extra Mild King Size		17.48	0.29	74.63	1.14	76.50	15.23	7.92
Sportsman Plain Regular Size	1.72	11.36	0.55	66.08	1.20	93.96	53.69	23.20
Vatnage Medium 7 King Size	3.47	15.26	0.26	68.63	1.14	71.46	15.14	7.83
Benson & Hedges Deluxe Menthol Ultra Lights 100's	1.73	14.19	0.28	67.70	1.17	71.78	16.38	8.43

续表

品牌	NAB	吡啶	唑啉	氢醌	间苯二酚	邻苯二酚	苯酚	间,对甲基苯酚
Player's Light Regular Size	1.92	14.73	0.27	65.31	1.11	70.40	16.46	9.13
Vantage Max 15 King Size	2.35	12.42	0.31	50.97	0.90	65.48	16.06	9.29
Craven Menthol King Size	2.13	15.40	0.29	71.39	1.08	74.01	12.40	7.49
Matinee Silver Regular Size		15.23	0.29	63.45	1.15	69.04	16.95	9.19
Belmont Milds Regular Size		10.65	0.32	62.60	1.32	82.19	15.76	8.77
Belmont Milds King Size	1.71	9.83	0.30	64.57	1.33	79.53	15.39	9.32
Player's Light King Size	2.54	14.93	0.30	64.59	0.93	71.77	18.12	9.40
Gauloises Blondes Lights King Size	18.29	19.82	0.30	47.25	0.86	50.30	10.67	7.06
Vantage Rich 12 King Size	2.96	13.81	0.33	55.77	1.12	71.92	19.15	10.92
Gauloises Blondes Ultra Light King Size	19.00	21.37	0.31	54.03	1.13	55.81	11.87	7.96
Mark ten Plain King Size		12.78	0.57	68.57	1.43	95.68	54.54	23.75
Du Maurier Light Regular Size		15.59	0.24	62.87	1.21	66.59	12.81	7.52
Du Maurier King Size	2.05	14.20	0.25	66.23	1.23	74.44	15.48	8.11
Player's Regular Size	1.86	15.21	0.28	66.08	1.02	68.46	15.47	7.83
Du Maurier Extra Light King Size		17.57	0.30	63.14	1.20	73.68	15.47	8.38
Player's Special Blend King Size	2.34	15.21	0.37	65.78	0.96	65.40	19.73	10.27
Player's Special Blend Regular Size	2.41	14.84	0.32	66.39	1.19	63.52	15.74	8.81
Player's Plain Regular Size	1.90	12.16	0.53	65.67	1.16	81.72	54.10	22.46
Player's Extra Light King Size	2.03	16.03	0.29	69.10	1.15	73.39	14.98	7.96
Du Maurier Regular Size	2.34	16.35	0.30	65.88	1.10	71.31	13.82	7.39

附录 3.1　菲利普·莫里斯公司国际牌号、加拿大牌号和澳大利亚牌号每毫克烟碱的有害物质水平

品牌	NAB	吡啶	喹啉	氢醌	间苯二酚	邻苯二酚	苯酚	间、对甲基苯酚
Canyon Regular Size	3.90	18.18	0.39	78.07	1.47	85.56	16.04	11.18
Dakar Regular Size	3.90	18.18	0.39	78.07	1.47	85.56	16.04	11.18
Discretion Regular Size	3.90	18.18	0.39	78.07	1.47	85.56	16.04	11.18
Fine Regular Size	3.90	18.18	0.39	78.07	1.47	85.56	16.04	11.18
Gipsy Regular Size	3.90	18.18	0.39	78.07	1.47	85.56	16.04	11.18
Selesta Regular Size	3.90	18.18	0.39	78.07	1.47	85.56	16.04	11.18
Smoking Regular Size	3.90	18.18	0.39	78.07	1.47	85.56	16.04	11.18
Tremblay Regular Size	3.90	18.18	0.39	78.07	1.47	85.56	16.04	11.18
Canyon King Size	4.34	17.09	0.40	75.59	1.61	88.73	19.39	13.05
Dakar King Size	4.34	17.09	0.40	75.59	1.61	88.73	19.39	13.05
Discretion King Size	4.34	17.09	0.40	75.59	1.61	88.73	19.39	13.05
Fine King Size	4.34	17.09	0.40	75.59	1.61	88.73	19.39	13.05
Gipsy King Size	4.34	17.09	0.40	75.59	1.61	88.73	19.39	13.05
Selesta King Size	4.34	17.09	0.40	75.59	1.61	88.73	19.39	13.05
Smoking King Size	4.34	17.09	0.40	75.59	1.61	88.73	19.39	13.05
Tremblay King Size	4.34	17.09	0.40	75.59	1.61	88.73	19.39	13.05
Dakar Light King Size	4.10	16.99	0.43	72.82	1.78	87.38	19.08	12.91
Fine Light King Size	4.10	16.99	0.43	72.82	1.78	87.38	19.08	12.91
Gipsy Light King Size	4.10	16.99	0.43	72.82	1.78	87.38	19.08	12.91
Rodeo King Size	4.10	16.99	0.43	72.82	1.78	87.38	19.08	12.91

续表

品牌	NAB	吡啶	喹啉	氢醌	间苯二酚	邻苯二酚	苯酚	间、对甲基苯酚
Selesta Light King Size	4.10	16.99	0.43	72.82	1.78	87.38	19.08	12.91
Smoking Light King Size	4.10	16.99	0.43	72.82	1.78	87.38	19.08	12.91
Tremblay Light King Size	4.10	16.99	0.43	72.82	1.78	87.38	19.08	12.91
Dakar Light Regular Size	4.01	18.56	0.40	74.59	1.73	85.64	15.52	10.72
Fine Light Regular Size	4.01	18.56	0.40	74.59	1.73	85.64	15.52	10.72
Gipsy Light Regular Size	4.01	18.56	0.40	74.59	1.73	85.64	15.52	10.72
Rodeo Regular Size	4.01	18.56	0.40	74.59	1.73	85.64	15.52	10.72
Selesta Light Regular Size	4.01	18.56	0.40	74.59	1.73	85.64	15.52	10.72
Smoking Light Regular Size	4.01	18.56	0.40	74.59	1.73	85.64	15.52	10.72
平均值	8.77	16.46	0.35	65.96	1.25	75.30	18.26	10.70
标准偏差	13.08	2.62	0.09	9.11	0.30	10.74	8.72	3.76
变异系数	1.49	0.16	0.24	0.14	0.24	0.14	0.48	0.35
最大值	43.35	22.11	0.80	78.07	1.78	95.68	54.54	27.14
75%位值	4.34	18.18	0.40	74.59	1.47	85.64	19.08	12.15
90%位值	37.63	19.96	0.43	75.59	1.73	88.73	19.39	13.05
中位值	3.90	16.99	0.33	66.08	1.15	73.39	16.04	9.97
最小值	1.71	9.83	0.24	44.30	0.76	47.43	10.67	6.98

续表

品牌	邻甲基苯酚	1,3-丁二烯	异戊二烯	丙烯腈	苯	甲苯	苯乙烯
Export 'A' Ultra Light Regular Size	3.73	30.24	163.91	7.08	30.35	54.92	9.00
Vantage Slims Extra Light 4 100's	3.93	29.91	156.33	6.86	28.80	52.17	7.58
Export 'A' Medium King Size	2.75	32.57	215.47	8.75	33.36	54.72	10.34
Export 'A' Full Flavour King Size	3.00	32.62	215.41	9.03	34.55	56.27	9.75
Craven A Extra Light King Size	3.15	43.22	268.65	9.28	39.13	67.93	11.39
Export 'A' Medium Regular Size	3.74	33.78	194.92	8.39	33.14	59.68	10.65
Export 'A' Extra Light Regular Size	4.10	30.52	159.13	7.45	30.38	55.02	9.12
More Regular 120's	4.26	43.70	320.00	9.26	36.41	65.93	10.04
Export 'A' Light / Special Light King Size	3.10	31.46	208.85	8.31	32.42	54.23	10.54
Export 'A' Light / Special Light Regular Size	4.08	36.80	201.66	8.85	34.68	63.16	9.83
More Menthol 120's	4.35	44.62	330.38	9.27	36.19	65.38	10.54
Vantage Ultra Light 1 King Size	3.37	37.73	222.31	9.04	39.13	66.87	10.72
Export 'A' Extra Light King Size	2.96	35.24	233.48	9.47	35.90	58.59	11.19
Export 'A' Mild King Size	3.37	35.58	219.62	9.23	31.81	55.77	9.42
Export 'A' Mild Regular Size	3.37	35.58	219.62	9.23	31.81	55.77	9.42
Export 'A' Ultra Light King Size	3.40	35.99	222.18	9.34	32.18	56.42	9.53
Number 7 King Size	4.06	38.13	249.66	8.75	35.67	64.43	10.62
Craven Milds Ultra Mild King Size	3.38	56.54	345.77	13.15	46.00	82.44	13.87
Camel Light King Size	3.15	53.68	398.85	13.39	51.84	93.68	13.91
Winston Light King Size	3.15	53.68	398.85	13.39	51.84	93.68	13.91

续表

品牌	邻甲基苯酚	1,3-丁二烯	异戊二烯	丙烯腈	苯	甲苯	苯乙烯
Export Plain Regular Size	9.27	29.19	186.92	6.38	26.96	46.54	8.19
Rothmans Special Mild King Size	4.10	38.89	245.84	9.04	35.62	63.03	10.12
Winston Light 100's	5.04	52.05	380.37	12.56	46.62	82.65	13.33
Winston 100's	4.46	40.77	305.00	9.27	37.19	66.54	10.81
Gauloises Blondes King Size	3.14	35.67	299.10	9.13	34.10	61.54	10.98
Player's Extra Light Regular Size	3.88	36.87	228.75	7.76	36.16	64.98	10.94
Camel King Size	4.43	43.61	319.38	11.10	40.62	72.25	12.91
Salem King Size	4.43	43.61	319.38	11.10	40.62	72.25	12.91
Winston King Size	4.43	43.61	319.38	11.10	40.62	72.25	12.91
Export 'A' Full Flavour Regular Size	4.22	33.23	175.63	7.83	31.60	57.06	10.24
Du Maurier Extra Light Regular Size	3.13	40.07	248.37	8.29	37.66	63.77	10.66
Craven A King Size	3.38	38.86	236.09	9.12	35.33	63.58	10.10
Salem Light King Size	5.08	45.69	326.29	10.86	42.46	75.43	12.76
Matinee Extra Light King Size	3.47	49.68	304.26	10.04	44.90	72.35	12.84
Camel Plain Regular Size	10.57	34.53	261.63	8.73	31.84	56.73	9.55
Du Maurier Light King Size	3.43	41.67	255.71	8.12	38.74	63.37	11.13
Viscount Extra Mild King Size	3.41	50.54	295.00	11.29	45.67	79.38	12.89
Sportsman Plain Regular Size	9.98	32.01	178.97	6.95	27.19	45.09	6.88
Vatnage Medium 7 King Size	3.51	37.64	201.64	9.60	38.40	66.85	10.61
Benson & Hedges Deluxe Menthol Ultra Lights 100's	3.87	37.99	232.38	8.80	34.32	59.78	10.89

附录 3.1 菲利普·莫里斯公司国际牌号、加拿大牌号和澳大利亚牌号每毫克烟碱的有害物质水平

品牌	邻甲基苯酚	1,3-丁二烯	异戊二烯	丙烯腈	苯	甲苯	苯乙烯
Player's Light Regular Size	3.92	38.27	217.41	8.01	34.72	60.06	10.08
Vantage Max 15 King Size	3.87	31.61	190.32	7.45	33.19	9.03	56.23
Craven Menthol King Size	3.36	46.84	281.33	9.51	43.62	73.23	12.86
Matinee Silver Regular Size	4.31	42.69	263.96	7.72	39.70	65.99	11.22
Belmont Milds Regular Size	3.41	37.90	215.06	8.09	29.81	46.84	7.24
Belmont Milds King Size	3.42	46.18	245.01	8.55	33.78	51.31	6.84
Player's Light King Size	4.05	41.00	247.00	9.53	39.79	70.32	10.73
Gauloises Blondes Lights King Size	3.05	44.71	375.49	12.04	42.17	76.72	12.19
Vantage Rich 12 King Size	4.50	34.62	200.38	8.42	37.15	9.62	61.81
Gauloises Blondes Ultra Light King Size	3.56	51.06	438.17	14.01	48.09	85.50	14.25
Mark ten Plain King Size	10.28	28.98	173.91	6.70	26.49	46.13	8.10
Du Maurier Light Regular Size	3.15	45.75	273.34	10.20	41.33	71.25	11.91
Du Maurier King Size	3.51	37.71	211.08	8.70	38.12	65.80	10.36
Player's Regular Size	3.69	36.42	210.05	8.29	35.45	61.37	10.18
Du Maurier Extra Light King Size	3.73	42.39	255.24	9.46	41.20	72.69	12.55
Player's Special Blend King Size	4.75	33.42	258.17	7.03	32.70	58.17	9.13
Player's Special Blend Regular Size	3.93	36.52	277.05	8.11	35.08	58.61	9.51
Player's Plain Regular Size	11.08	29.85	192.16	5.56	28.13	48.13	7.35
Player's Extra Light King Size	3.57	45.74	267.49	10.50	42.67	75.76	11.84
Du Maurier Regular Size	3.61	42.32	238.40	9.14	40.22	70.33	11.69

续表

品牌	邻甲基苯酚	1,3-丁二烯	异戊二烯	丙烯腈	苯	甲苯	苯乙烯
Canyon Regular Size	4.22	49.84	355.08	11.93	48.56	91.44	12.67
Dakar Regular Size	4.22	49.84	355.08	11.93	48.56	91.44	12.67
Discretion Regular Size	4.22	49.84	355.08	11.93	48.56	91.44	12.67
Fine Regular Size	4.22	49.84	355.08	11.93	48.56	91.44	12.67
Gipsy Regular Size	4.22	49.84	355.08	11.93	48.56	91.44	12.67
Selesta Regular Size	4.22	49.84	355.08	11.93	48.56	91.44	12.67
Smoking Regular Size	4.22	49.84	355.08	11.93	48.56	91.44	12.67
Tremblay Regular Size	4.22	49.84	355.08	11.93	48.56	91.44	12.67
Canyon King Size	4.84	46.95	342.25	11.55	47.42	88.26	11.88
Dakar King Size	4.84	46.95	342.25	11.55	47.42	88.26	11.88
Discretion King Size	4.84	46.95	342.25	11.55	47.42	88.26	11.88
Fine King Size	4.84	46.95	342.25	11.55	47.42	88.26	11.88
Gipsy King Size	4.84	46.95	342.25	11.55	47.42	88.26	11.88
Selesta King Size	4.84	46.95	342.25	11.55	47.42	88.26	11.88
Smoking King Size	4.84	46.95	342.25	11.55	47.42	88.26	11.88
Tremblay King Size	4.84	46.95	342.25	11.55	47.42	88.26	11.88
Dakar Light King Size	4.76	48.01	364.56	11.50	47.48	88.35	11.84
Fine Light King Size	4.76	48.01	364.56	11.50	47.48	88.35	11.84
Gipsy Light King Size	4.76	48.01	364.56	11.50	47.48	88.35	11.84
Rodeo King Size	4.76	48.01	364.56	11.50	47.48	88.35	11.84

续表

品牌	邻甲基苯酚	1,3-丁二烯	异戊二烯	丙烯腈	苯	甲苯	苯乙烯
Selesta Light King Size	4.76	48.01	364.56	11.50	47.48	88.35	11.84
Smoking Light King Size	4.76	48.01	364.56	11.50	47.48	88.35	11.84
Tremblay Light King Size	4.76	48.01	364.56	11.50	47.48	88.35	11.84
Dakar Light Regular Size	3.87	51.60	377.35	11.99	50.11	92.27	12.49
Fine Light Regular Size	3.87	51.60	377.35	11.99	50.11	92.27	12.49
Gipsy Light Regular Size	3.87	51.60	377.35	11.99	50.11	92.27	12.49
Rodeo Regular Size	3.87	51.60	377.35	11.99	50.11	92.27	12.49
Selesta Light Regular Size	3.87	51.60	377.35	11.99	50.11	92.27	12.49
Smoking Light Regular Size	3.87	51.60	377.35	11.99	50.11	92.27	12.49
平均值	4.33	42.60	288.66	10.02	40.63	71.56	12.28
标准偏差	1.57	7.19	71.97	1.88	7.19	17.66	7.32
变异系数	0.36	0.17	0.25	0.19	0.18	0.25	0.60
最大值	11.08	56.54	438.17	14.01	51.84	93.68	61.81
75%位值	4.75	48.01	355.08	11.55	47.48	88.35	12.55
90%位值	4.84	51.60	377.35	11.99	48.56	91.44	12.91
中位值	4.05	43.61	295.00	9.53	40.62	71.25	11.84
最小值	2.75	28.98	156.33	5.56	26.49	9.03	6.84

表 A1.2　Counts 等（2004）报告中菲利浦·莫里斯国际品牌中有害物质每毫克烟碱含量

品牌	烟碱	焦油	CO	乙醛	丙酮	丙烯醛
Marlboro Long Size F hard pack/Argentina	2.12	15.19	12.74	586.79	316.51	58.54
Marlboro Long Size Filter hard pack/Venezuela	1.99	15.78	12.91	661.81	346.23	61.11
SG Ventil Regular Filter soft pack/European Union	1.48	18.92	13.92	777.70	397.30	75.81
Petra Regular Filter hard pack/CEMA	1.85	17.51	13.08	634.05	334.05	59.46
Marlboro King Size Filter soft pack/USA	2.25	16.71	13.82	574.67	302.67	58.13
Marlboro King Size Filter hard pack/Norway	2.08	15.24	13.08	660.10	350.48	64.42
L & M King Size Filter hard pack/European Union	1.88	17.66	15.27	783.51	408.51	74.73
Marlboro King Size Filter hard pack/Malaysia	2.21	16.74	12.81	655.66	317.65	62.31
Chesterfield Originals King Size Filter hard pack	1.94	16.39	14.59	672.68	345.88	64.64
L & M King Size Filter hard pack/Malaysia	2.40	14.58	10.79	547.50	262.08	53.50
Marlboro King Size Filter hard pack 25 s/Australia	2.38	14.71	13.07	584.03	310.08	59.24
Marlboro King Size Filter hard pack/Taiwan	2.27	15.07	12.56	555.51	281.06	55.02
Marlboro 100 Filter hard pack/European Union	2.27	15.55	14.93	662.56	330.84	64.54
Marlboro King Size Filter hard pack Medium/European Union	1.94	15.31	14.74	635.05	340.21	60.31
Parliament 100 Filter soft pack Light/USA	2.41	14.40	13.73	596.68	292.95	54.65
Marlboro King Size Filter hard pack/Japan	2.56	12.93	11.13	451.17	261.72	40.66
L & M King Size Filter hard pack Light/European Union	1.50	16.93	17.27	870.00	448.00	84.93
Filter6 King Size Filter hard pack Light/European Union	1.79	14.64	14.36	697.21	360.89	73.85
Chesterfield Originals King Size Filter hard pack	1.67	16.11	15.63	718.56	381.44	71.14
Diana King Size Filter soft pack Specially Mild/E	1.94	15.52	13.35	688.14	350.52	72.94

续表

品牌	烟碱	焦油	CO	乙醛	丙酮	丙烯醛
Muratti Ambassador King Size Filter hard pack/European Union	1.80	16.11	14.67	766.11	378.89	69.17
Merit King Size Filter hard pack/European Union	1.47	15.51	16.87	804.76	427.21	77.76
Parliament 100 Filter soft pack/CEMA	2.17	14.15	13.59	658.53	344.70	62.49
Marlboro King Size Filter hard pack Light/Germany/United Kingdom	1.58	15.32	15.57	741.14	373.42	78.86
Marlboro King Size Filter hard pack Light/Japan	1.43	16.22	18.60	723.08	381.12	66.78
Marlboro 100 Filter hard pack Light/Germany	2.06	13.74	14.47	747.57	366.02	74.81
Merit King Size Filter soft pack Ultra-light/USA	1.58	14.37	16.71	750.00	403.80	70.44
Marlboro King Size Filter hard pack Ultra-light Menthol/USA	1.58	16.52	17.03	827.22	422.15	88.23
Parliament King Size Filter hard pack Light/Japan	1.79	15.03	15.20	656.42	347.49	62.51
Virginia Slims 100 Filter hard pack Ultra-light Menthol	1.88	14.73	14.26	661.17	339.36	67.34
Chesterfield INTL King Size Filter hard pack Ultra-light/	1.40	14.00	15.86	782.86	413.57	78.43
Philip Morris 100 Filter hard pack Super L	1.85	14.16	16.00	722.16	375.14	69.84
Marlboro King Size Filter hard pack Ultra-light/European Union	1.47	14.76	16.94	750.34	378.23	69.32
Diana King Size Filter hard pack Ultra-light/European Union	1.41	15.82	17.02	777.30	392.20	84.40
Virginia Slims 100 Filter hard pack Ultra-light Menthol	1.39	20.07	27.27	986.33	491.37	99.50
Philip Morris One King Size Filter hard pack/European Union	1.16	14.48	17.84	886.21	445.69	88.36
Muratti King Size Filter hard pack Ultra-light 1 mg/CEMA	1.07	17.38	20.65	997.20	500.93	92.71
Longbeach One King Size Filter hard pack/Australia	1.19	13.70	16.30	857.98	470.59	89.50
Virginia Slims 100 Filter hard pack Menthol 1	1.30	17.85	25.54	902.31	452.31	81.54
Marlboro King Size Filter hard pack/Mexico	2.47	13.44	10.69	466.80	256.28	47.00
Raffles 100 Filter hard pack/European Union	2.70	11.22	10.93	517.04	266.30	49.70

续表

品牌	烟碱	焦油	CO	乙醛	丙酮	丙烯醛
Marlboro King Size Filter hard pack/Brazil	2.24	15.67	12.68	546.43	290.18	52.10
Peter Jackson King Size Filter hard pack Menthol/Australia	1.78	13.03	12.08	535.96	286.52	56.24
Marlboro 100 Filter hard pack Light/USA	2.15	14.51	14.65	565.58	306.98	54.74
Marlboro King Size Filter hard pack Light/Norway	1.82	15.05	14.45	612.64	319.78	57.20
Chesterfield King Size Filter hard pack Light/European Union	1.54	14.74	15.13	687.01	352.60	66.49
Philip Morris King Size Filter hard pack Super Light	1.73	14.68	14.86	615.61	315.61	61.10
Merit King Size Filter soft pack Ultra-light/USA	1.34	15.60	17.99	694.03	364.93	66.57
1R4Filter Kentucky Reference	1.83	14.37	16.45	791.26	412.57	66.89
1R4Filter Kentucky Reference	1.93	14.20	15.23	704.15	355.96	57.62
平均值		15.33	15.19	694.97	359.42	67.55
标准偏差		1.55	3.12	121.70	59.72	12.51
变异系数		0.10	0.21	0.18	0.17	0.19
最大值	2.70	20.07	27.27	997.20	500.93	99.50
75%位值	2.14	16.11	16.41	774.51	396.02	74.79
90%位值	2.38	17.40	17.86	859.18	445.92	85.26
中位值	1.84	15.13	14.70	687.58	351.56	66.53
最小值	1.07	11.22	10.69	451.17	256.28	40.66

附录 3.1　菲利普·莫里斯公司国际牌号、加拿大牌号和澳大利亚牌号每毫克烟碱的有害物质水平

品牌	丁醛	丁烯醛	甲基乙基酮	丙醛
Marlboro Long Size F hard pack/Argentina	34.72	28.58	88.54	50.00
Marlboro Long Size Filter hard pack/Venezuela	39.95	31.01	95.23	57.54
SG Ventil Regular Filter soft pack/European Union	48.45	36.35	112.97	68.78
Petra Regular Filter hard pack/CEMA	42.11	30.27	97.30	58.27
Marlboro King Size Filter soft pack/USA	36.18	22.49	76.36	50.13
Marlboro King Size Filter hard pack/Norway	41.15	34.04	103.27	56.68
L & M King Size Filter hard pack/European Union	48.94	34.41	110.96	67.50
Marlboro King Size Filter hard pack/Malaysia	41.22	30.00	82.26	57.10
Chesterfield Originals King Size Filter hard pack	42.63	29.74	90.21	58.66
L & M King Size Filter hard pack/Malaysia	35.92	23.67	64.00	48.29
Marlboro King Size Filter hard pack 25 s/Australia	37.56	26.60	79.96	52.69
Marlboro King Size Filter hard pack/Taiwan	33.00	17.67	65.86	47.62
Marlboro 100 Filter hard pack/European Union	40.84	26.74	88.11	58.81
Marlboro King Size Filter hard pack Medium/European Union	38.09	25.93	84.33	55.52
Parliament 100 Filter soft pack Light/USA	34.36	17.51	68.76	50.66
Marlboro King Size Filter hard pack/Japan	26.25	15.55	61.02	39.57
L & M King Size Filter hard pack Light/European Union	52.27	37.27	123.07	74.33
Filter6 King Size Filter hard pack Light/European Union	44.92	29.05	95.70	62.07
Chesterfield Originals King Size Filter hard pack	45.27	31.50	97.96	64.61
Diana King Size Filter soft pack Specially Mild/E	43.76	33.66	96.49	60.82

续表

品牌	丁醛	丁烯醛	甲基乙基酮	丙醛
Muratti Ambassador King Size Filter hard pack/European Union	43.06	27.94	98.11	66.61
Merit King Size Filter hard pack/European Union	48.91	36.94	119.93	67.01
Parliament 100 Filter soft pack/CEMA	37.97	25.99	92.26	57.97
Marlboro King Size Filter hard pack Light/Germany/United Kingdom	44.94	27.59	95.44	64.30
Marlboro King Size Filter hard pack Light/Japan	38.74	22.87	85.10	62.52
Marlboro 100 Filter hard pack Light/Germany	45.63	28.25	95.10	65.00
Merit King Size Filter soft pack Ultra-light/USA	47.66	31.96	99.56	69.05
Marlboro King Size Filter hard pack Ultra-light Menthol/USA	51.46	36.58	105.57	75.38
Parliament King Size Filter hard pack Light/Japan	36.82	23.63	85.47	53.07
Virginia Slims 100 Filter hard pack Ultra-light Menthol	41.49	29.10	82.34	56.65
Chesterfield INTL King Size Filter hard pack Ultra-light/	46.14	36.43	117.71	63.93
Philip Morris 100 Filter hard pack Super L	45.78	31.57	94.86	63.57
Marlboro King Size Filter hard pack Ultra-light/European Union	45.65	30.00	91.77	64.56
Diana King Size Filter hard pack Ultra-light/European Union	47.73	33.83	100.28	70.35
Virginia Slims 100 Filter hard pack Ultra-light Menthol	60.00	38.27	115.97	88.42
Philip Morris One King Size Filter hard pack/European Union	56.38	33.88	106.55	72.76
Muratti King Size Filter hard pack Ultra-light 1 mg/CEMA	63.55	41.31	124.39	85.98
Longbeach One King Size Filter hard pack/Australia	53.87	39.58	119.16	76.30
Virginia Slims 100 Filter hard pack Menthol 1	54.62	33.31	104.92	74.00
Marlboro King Size Filter hard pack/Mexico	29.88	19.96	67.09	39.92

附录 3.1　菲利普·莫里斯公司国际牌号、加拿大牌号和澳大利亚牌号每毫克烟碱的有害物质水平

品牌	丁醛	丁烯醛	甲基乙基酮	丙醛
Raffles 100 Filter hard pack/European Union	36.85	23.07	78.11	43.56
Marlboro King Size Filter hard pack/Brazil	35.04	23.62	79.06	47.77
Peter Jackson King Size Filter hard pack Menthol/Australia	33.37	23.93	79.10	45.73
Marlboro 100 Filter hard pack Light/USA	37.26	22.79	80.19	49.02
Marlboro King Size Filter hard pack Light/Norway	37.86	24.78	86.65	51.59
Chesterfield King Size Filter hard pack Light/European Union	41.43	27.21	91.88	57.60
Philip Morris King Size Filter hard pack Super Light	38.21	24.39	80.58	52.02
Merit King Size Filter soft pack Ultra-light/USA	45.52	27.39	87.84	59.03
1R4Filter Kentucky Reference	51.04	28.52	114.21	70.44
1R4Filter Kentucky Reference	43.06	25.44	98.29	59.90
平均值	42.95	28.84	93.20	60.27
标准偏差	7.55	5.89	15.78	10.73
变异系数	0.18	0.20	0.17	0.18
最大值	63.55	41.31	124.39	88.42
75%位值	47.28	33.57	102.52	66.91
90%位值	52.43	36.62	116.15	74.03
中位值	42.37	28.55	93.56	58.92
最小值	26.25	15.55	61.02	39.57

续表

品牌	甲醛	丙烯腈	苯	1,3-丁二烯	异戊二烯
Marlboro Long Size F hard pack/Argentina	45.57	9.34	34.34	46.79	443.87
Marlboro Long Size Filter hard pack/Venezuela	44.87	10.00	34.57	49.30	440.20
SG Ventil Regular Filter soft pack/European Union	73.72	10.88	37.91	52.03	343.92
Petra Regular Filter hard pack/CEMA	57.73	10.27	39.19	45.73	323.78
Marlboro King Size Filter soft pack/USA	29.16	13.38	37.24	50.13	468.89
Marlboro King Size Filter hard pack/Norway	49.04	10.19	39.57	53.08	433.17
L & M King Size Filter hard pack/European Union	52.98	11.49	43.88	56.86	423.94
Marlboro King Size Filter hard pack/Malaysia	28.01	11.72	34.30	43.39	352.49
Chesterfield Originals King Size Filter hard pack	46.44	9.23	34.69	47.27	369.59
L & M King Size Filter hard pack/Malaysia	33.75	10.25	33.58	44.83	406.67
Marlboro King Size Filter hard pack 25 s/Australia	28.19	9.92	33.15	41.43	357.14
Marlboro King Size Filter hard pack/Taiwan	28.77	10.97	30.70	44.05	389.87
Marlboro 100 Filter hard pack/European Union	36.61	12.03	36.87	49.69	424.67
Marlboro King Size Filter hard pack Medium/European Union	44.38	10.88	37.22	48.35	400.00
Parliament 100 Filter soft pack Light/USA	25.39	11.12	31.66	46.60	421.99
Marlboro King Size Filter hard pack/Japan	29.41	6.72	25.70	35.78	283.20
L & M King Size Filter hard pack Light/European Union	53.00	12.00	47.00	62.40	464.67
Filter6 King Size Filter hard pack Light/European Union	71.79	11.62	41.01	54.80	400.00
Chesterfield Originals King Size Filter hard pack	44.07	12.51	42.81	55.69	444.31
Diana King Size Filter soft pack Specially Mild/E	49.23	10.52	38.09	49.23	352.58
Muratti Ambassador King Size Filter hard pack/European Union	59.39	10.00	34.44	53.28	364.44

附录 3.1　菲利普·莫里斯公司国际牌号、加拿大牌号和澳大利亚牌号每毫克烟碱的有害物质水平

品牌	甲醛	丙烯腈	苯	1,3-丁二烯	异戊二烯
Merit King Size Filter hard pack/European Union	43.81	12.65	43.88	60.48	482.99
Parliament 100 Filter soft pack/CEMA	30.78	9.08	31.24	48.11	383.41
Marlboro King Size Filter hard pack Light/Germany/United Kingdom	46.58	13.61	39.81	61.65	517.09
Marlboro King Size Filter hard pack Light/Japan	52.31	9.93	34.76	56.08	377.62
Marlboro 100 Filter hard pack Light/Germany	40.05	12.33	36.26	54.03	473.30
Merit King Size Filter soft pack Ultra-light/USA	24.18	14.94	47.66	59.24	510.13
Marlboro King Size Filter hard pack Ultra-light Menthol/USA	36.77	13.67	44.37	59.11	487.97
Parliament King Size Filter hard pack Light/Japan	24.80	9.66	32.01	50.67	443.58
Virginia Slims 100 Filter hard pack Ultra-light Menthol	32.23	12.02	36.54	50.48	445.21
Chesterfield INTL King Size Filter hard pack Ultra-light/	46.86	12.57	45.57	65.79	503.57
Philip Morris 100 Filter hard pack Super L	35.41	11.89	41.41	54.11	478.38
Marlboro King Size Filter hard pack Ultra-light/European Union	45.85	11.09	37.62	53.40	463.27
Diana King Size Filter hard pack Ultra-light/European Union	40.28	13.05	43.55	61.35	468.79
Virginia Slims 100 Filter hard pack Ultra-light Menthol	36.62	18.85	51.08	74.89	693.53
Philip Morris One King Size Filter hard pack/European Union	26.21	17.33	50.00	75.52	745.69
Muratti King Size Filter hard pack Ultra-light 1 mg/CEMA	28.79	17.01	47.85	75.14	644.86
Longbeach One King Size Filter hard pack/Australia	90.50	10.17	44.29	65.46	499.16
Virginia Slims 100 Filter hard pack Menthol 1	26.15	17.31	41.62	67.62	700.77
Marlboro King Size Filter hard pack/Mexico	35.51	9.92	30.12	39.39	363.16
Raffles 100 Filter hard pack/European Union	35.89	10.19	32.26	43.22	397.78

续表

品牌	甲醛	丙烯腈	苯	1,3-丁二烯	异戊二烯
Marlboro King Size Filter hard pack/Brazil	38.97	12.63	37.86	52.05	421.43
Peter Jackson King Size Filter hard pack Menthol/Australia	73.20	10.67	37.19	55.73	424.72
Marlboro 100 Filter hard pack Light/USA	24.56	15.95	45.72	55.02	539.53
Marlboro King Size Filter hard pack Light/Norway	38.57	12.31	35.44	47.75	410.44
Chesterfield King Size Filter hard pack Light/European Union	47.01	15.26	43.12	59.61	522.08
Philip Morris King Size Filter hard pack Super Light	33.53	14.97	39.77	56.71	540.46
Merit King Size Filter soft pack Ultra-light/USA	21.87	19.48	44.70	64.18	701.49
1R4Filter Kentucky Reference	33.06	16.01	45.52	57.38	520.22
1R4Filter Kentucky Reference	31.09	15.44	39.43	48.65	481.35
平均值	41.06	12.30	38.97	54.07	459.03
标准偏差	14.48	2.73	5.69	8.85	99.48
变异系数	0.35	0.22	0.15	0.16	0.22
最大值	90.50	19.48	51.08	75.52	745.69
75%位值	46.79	13.55	43.79	59.21	496.36
90%位值	57.90	16.11	45.85	65.49	550.90
中位值	37.67	11.81	38.00	53.34	443.72
最小值	21.87	6.72	25.70	35.78	283.20

续表

品牌	苯乙烯	甲苯	氨	总氰化氢
Marlboro Long Size F hard pack/Argentina	12.31	59.95	16.51	150.61
Marlboro Long Size Filter hard pack/Venezuela	12.76	64.92	22.96	169.70
SG Ventil Regular Filter soft pack/European Union	15.07	68.24	22.43	180.07
Petra Regular Filter hard pack/CEMA	15.08	73.62	21.51	155.24
Marlboro King Size Filter soft pack/USA	13.51	71.87	27.73	214.89
Marlboro King Size Filter hard pack/Norway	13.85	71.83	20.67	145.24
L & M King Size Filter hard pack/European Union	16.91	81.54	21.22	202.55
Marlboro King Size Filter hard pack/Malaysia	14.89	69.00	40.72	201.27
Chesterfield Originals King Size Filter hard pack	14.02	66.55	21.29	182.37
L & M King Size Filter hard pack/Malaysia	13.17	64.13	23.04	198.42
Marlboro King Size Filter hard pack 25 s/Australia	13.07	62.48	25.13	203.28
Marlboro King Size Filter hard pack/Taiwan	8.90	56.78	26.12	192.38
Marlboro 100 Filter hard pack/European Union	14.67	72.69	26.48	200.48
Marlboro King Size Filter hard pack Medium/European Union	13.81	69.95	17.89	170.36
Parliament 100 Filter soft pack Light/USA	8.88	54.90	26.72	201.54
Marlboro King Size Filter hard pack/Japan	8.36	45.59	16.95	115.70
L & M King Size Filter hard pack Light/European Union	18.53	84.13	20.20	199.53
Filter6 King Size Filter hard pack Light/European Union	14.13	73.74	14.97	177.54
Chesterfield Originals King Size Filter hard pack	14.13	77.13	20.36	192.57
Diana King Size Filter soft pack Specially Mild/E	14.85	70.57	18.30	180.26

续表

品牌	苯乙烯	甲苯	氨	总氰化氢
Muratti Ambassador King Size Filter hard pack/European Union	10.61	58.83	19.17	143.17
Merit King Size Filter hard pack/European Union	15.71	81.02	22.45	203.06
Parliament 100 Filter soft pack/CEMA	8.76	53.41	23.32	173.69
Marlboro King Size Filter hard pack Light/Germany/United Kingdom	14.94	77.22	20.06	206.71
Marlboro King Size Filter hard pack Light/Japan	10.77	61.12	19.79	187.83
Marlboro 100 Filter hard pack Light/Germany	14.22	72.04	17.82	169.22
Merit King Size Filter soft pack Ultra-light/USA	16.01	87.97	26.27	267.53
Marlboro King Size Filter hard pack Ultra-light Menthol/USA	15.13	79.43	27.53	276.39
Parliament King Size Filter hard pack Light/Japan	8.77	53.63	27.32	196.15
Virginia Slims 100 Filter hard pack Ultra-light Menthol	12.61	69.20	28.78	229.89
Chesterfield INTL King Size Filter hard pack Ultra-light/	15.43	80.50	21.14	202.21
Philip Morris 100 Filter hard pack Super L	14.49	75.62	19.51	218.59
Marlboro King Size Filter hard pack Ultra-light/European Union	14.35	71.84	16.73	211.70
Diana King Size Filter hard pack Ultra-light/European Union	16.17	77.87	18.30	237.73
Virginia Slims 100 Filter hard pack Ultra-light Menthol	16.62	90.86	24.96	390.22
Philip Morris One King Size Filter hard pack/European Union	16.72	93.02	21.81	287.33
Muratti King Size Filter hard pack Ultra-light 1 mg/CEMA	16.36	83.18	24.86	322.80
Longbeach One King Size Filter hard pack/Australia	16.64	72.44	9.24	157.90

附录 3.1　菲利普·莫里斯公司国际牌号、加拿大牌号和澳大利亚牌号每毫克烟碱的有害物质水平

续表

品牌	苯乙烯	甲苯	氨	总氧化氢
Virginia Slims 100 Filter hard pack Menthol 1	15.15	75.31	22.69	374.31
Marlboro King Size Filter hard pack/Mexico	10.45	52.06	19.27	148.70
Raffles 100 Filter hard pack/European Union	11.00	56.93	11.19	135.07
Marlboro King Size Filter hard pack/Brazil	12.81	65.00	17.46	148.17
Peter Jackson King Size Filter hard pack Menthol/Australia	11.40	57.53	10.06	114.66
Marlboro 100 Filter hard pack Light/USA	11.63	81.07	24.51	220.51
Marlboro King Size Filter hard pack Light/Norway	13.24	65.82	20.05	178.08
Chesterfield King Size Filter hard pack Light/European Union	13.25	75.84	18.12	172.99
Philip Morris King Size Filter hard pack Super Light	12.83	71.97	19.42	201.04
Merit King Size Filter soft pack Ultra-light/USA	13.43	78.36	20.82	319.33
1R4Filter Kentucky Reference	16.45	96.28	16.99	233.28
1R4Filter Kentucky Reference	13.06	80.98	17.20	218.76
平均值	13.60	71.12	21.16	203.62
标准偏差	2.41	11.11	5.19	57.34
变异系数	0.18	0.16	0.25	0.28
最大值	18.53	96.28	40.72	390.22
75%位值	15.12	78.24	24.21	217.67
90%位值	16.47	83.27	26.78	277.49
中位值	13.93	71.92	20.75	198.98
最小值	8.36	45.59	9.24	114.66

续表

品牌	氰化氢（滤嘴）	氰化氢（卷烟纸）	NO	氮氧化物	1-萘胺
Marlboro Long Size F hard pack/Argentina	91.98	58.63	144.81	159.91	16.75
Marlboro Long Size Filter hard pack/Venezuela	106.18	63.52	144.72	158.79	18.94
SG Ventil Regular Filter soft pack/European Union	113.18	66.89	131.76	156.76	17.50
Petra Regular Filter hard pack/CEMA	100.97	54.27	99.46	111.89	19.89
Marlboro King Size Filter soft pack/USA	139.69	75.20	212.44	234.67	16.80
Marlboro King Size Filter hard pack/Norway	88.89	56.35	153.37	167.31	17.21
L & M King Size Filter hard pack/European Union	131.70	70.85	153.19	168.09	18.83
Marlboro King Size Filter hard pack/Malaysia	123.39	77.83	214.93	247.06	24.80
Chesterfield Originals King Size Filter hard pack	112.32	70.05	134.54	153.09	17.84
L & M King Size Filter hard pack/Malaysia	126.17	72.25	166.25	187.08	20.63
Marlboro King Size Filter hard pack 25 s/Australia	135.76	67.52	183.61	207.98	17.52
Marlboro King Size Filter hard pack/Taiwan	127.67	64.71	208.37	223.35	16.70
Marlboro 100 Filter hard pack/European Union	126.56	73.92	168.72	184.58	17.27
Marlboro King Size Filter hard pack Medium/European Union	107.89	62.47	134.02	150.52	17.53
Parliament 100 Filter soft pack Light/USA	132.66	68.88	222.41	238.59	16.39
Marlboro King Size Filter hard pack/Japan	68.71	46.95	144.53	158.59	18.79
L & M King Size Filter hard pack Light/European Union	126.27	73.27	161.33	177.33	20.07
Filter6 King Size Filter hard pack Light/European Union	117.93	59.61	83.80	91.06	10.11
Chesterfield Originals King Size Filter hard pack	124.19	68.32	128.74	148.50	16.53
Diana King Size Filter soft pack Specially Mild/E	116.44	63.81	134.02	152.06	16.29

附录 3.1 菲利普·莫里斯公司国际牌号、加拿大牌号和澳大利亚牌号每毫克烟碱的有害物质水平

续表

品牌	氰化氢(滤嘴)	氰化氢(卷烟纸)	NO	氮氧化物	1-萘胺
Muratti Ambassador King Size Filter hard pack/European Union	87.67	55.50	110.00	127.78	16.17
Merit King Size Filter hard pack/European Union	132.38	70.68	191.16	208.16	15.78
Parliament 100 Filter soft pack/CEMA	113.36	60.28	173.27	186.64	18.76
Marlboro King Size Filter hard pack Light/Germany/United Kingdom	138.67	68.04	132.91	148.10	12.85
Marlboro King Size Filter hard pack Light/Japan	118.18	69.65	179.72	196.50	16.85
Marlboro 100 Filter hard pack Light/Germany	105.15	64.13	123.30	135.44	12.72
Merit King Size Filter soft pack Ultra-light/USA	182.09	85.44	278.48	312.03	17.53
Marlboro King Size Filter hard pack Ultra-light Menthol/USA	185.38	91.01	297.47	331.65	16.52
Parliament King Size Filter hard pack Light/Japan	131.28	64.86	243.58	262.57	17.37
Virginia Slims 100 Filter hard pack Ultra-light Menthol	157.23	72.61	243.09	276.60	18.51
Chesterfield INTL King Size Filter hard pack Ultra-light/	133.21	69.00	140.71	152.86	14.21
Philip Morris 100 Filter hard pack Super L	145.51	73.14	158.92	176.22	18.49
Marlboro King Size Filter hard pack Ultra-light/European Union	134.83	76.87	142.86	160.54	15.51
Diana King Size Filter hard pack Ultra-light/European Union	156.10	81.63	177.30	204.96	16.81
Virginia Slims 100 Filter hard pack Ultra-light Menthol	253.67	136.55	348.92	389.93	13.88
Philip Morris One King Size Filter hard pack/European Union	192.07	95.26	241.38	262.93	16.12
Muratti King Size Filter hard pack Ultra-light 1 mg/CEMA	213.93	108.88	273.83	302.80	16.73
Longbeach One King Size Filter hard pack/Australia	97.48	60.34	85.71	98.32	9.83
Virginia Slims 100 Filter hard pack Menthol 1	233.77	140.46	320.77	352.31	14.00

续表

品牌	氰化氢（滤嘴）	氰化氢（卷烟纸）	NO	氮氧化物	1-萘胺
Marlboro King Size Filter hard pack/Mexico	94.45	54.25	121.46	131.58	13.16
Raffles 100 Filter hard pack/European Union	86.00	49.07	118.52	129.26	11.59
Marlboro King Size Filter hard pack/Brazil	93.08	55.04	118.30	129.46	13.79
Peter Jackson King Size Filter hard pack Menthol/Australia	69.04	45.62	64.61	71.91	9.10
Marlboro 100 Filter hard pack Light/USA	152.56	67.95	246.51	267.44	15.86
Marlboro King Size Filter hard pack Light/Norway	117.97	60.11	165.93	180.22	14.45
Chesterfield King Size Filter hard pack Light/European Union	112.40	60.58	123.38	137.66	14.94
Philip Morris King Size Filter hard pack Super Light	133.99	67.11	152.02	168.21	12.49
Merit King Size Filter soft pack Ultra-light/USA	219.48	99.85	251.49	272.39	19.33
1R4Filter Kentucky Reference	163.44	69.84	334.43	354.64	15.79
1R4Filter Kentucky Reference	153.63	65.13	301.55	325.91	14.35
平均值	132.53	71.08	179.73	198.64	16.20
标准偏差	39.64	18.60	68.45	74.36	2.89
变异系数	0.30	0.26	0.38	0.37	0.18
最大值	253.67	140.46	348.92	389.93	24.80
75%位值	144.06	73.23	220.54	244.94	17.53
90%位值	186.05	91.44	280.38	313.41	18.98
中位值	126.42	68.00	160.13	176.77	16.61
最小值	68.71	45.62	64.61	71.91	9.10

附录 3.1　菲利普·莫里斯公司国际牌号、加拿大牌号和澳大利亚牌号每毫克烟碱的有害物质水平

续表

品牌	2-萘胺	3-氨基联苯	4-氨基联苯
Marlboro Long Size F hard pack/Argentina	10.19	3.11	2.23
Marlboro Long Size Filter hard pack/Venezuela	11.46	3.41	2.49
SG Ventil Regular Filter soft pack/European Union	10.74	3.29	2.57
Petra Regular Filter hard pack/CEMA	10.92	3.21	2.31
Marlboro King Size Filter soft pack/USA	10.31	2.94	2.21
Marlboro King Size Filter hard pack/Norway	10.53	3.08	2.26
L & M King Size Filter hard pack/European Union	11.97	3.52	2.66
Marlboro King Size Filter hard pack/Malaysia	14.34	4.14	3.18
Chesterfield Originals King Size Filter hard pack	10.67	2.69	2.08
L & M King Size Filter hard pack/Malaysia	11.79	2.92	2.17
Marlboro King Size Filter hard pack 25 s/Australia	11.01	3.00	2.30
Marlboro King Size Filter hard pack/Taiwan	10.22	2.75	2.09
Marlboro 100 Filter hard pack/European Union	9.91	2.82	2.16
Marlboro King Size Filter hard pack Medium/European Union	10.82	2.68	2.10
Parliament 100 Filter soft pack Light/USA	9.54	2.71	2.00
Marlboro King Size Filter hard pack/Japan	10.55	2.86	2.10
L & M King Size Filter hard pack Light/European Union	12.80	3.94	3.09
Filter6 King Size Filter hard pack Light/European Union	6.03	1.68	1.31
Chesterfield Originals King Size Filter hard pack	10.96	2.77	2.16
Diana King Size Filter soft pack Specially Mild/E	10.15	2.66	2.15

续表

品牌	2-萘胺	3-氨基联苯	4-氨基联苯
Muratti Ambassador King Size Filter hard pack/European Union	9.56	2.74	2.06
Merit King Size Filter hard pack/European Union	11.16	3.40	2.78
Parliament 100 Filter soft pack/CEMA	11.61	3.36	2.59
Marlboro King Size Filter hard pack Light/Germany/United Kingdom	8.10	2.44	1.87
Marlboro King Size Filter hard pack Light/Japan	10.98	2.92	2.17
Marlboro 100 Filter hard pack Light/Germany	8.01	2.17	1.70
Merit King Size Filter soft pack Ultra-light/USA	11.14	3.19	2.56
Marlboro King Size Filter hard pack Ultra-light Menthol/USA	11.20	3.37	2.65
Parliament King Size Filter hard pack Light/Japan	11.34	3.29	2.59
Virginia Slims 100 Filter hard pack Ultra-light Menthol	12.39	2.88	2.24
Chesterfield INTL King Size Filter hard pack Ultra-light/	10.00	3.04	2.49
Philip Morris 100 Filter hard pack Super L	11.19	2.62	2.08
Marlboro King Size Filter hard pack Ultra-light/European Union	10.27	2.52	2.09
Diana King Size Filter hard pack Ultra-light/European Union	10.92	3.22	2.50
Virginia Slims 100 Filter hard pack Ultra-light Menthol	8.78	2.55	2.10
Philip Morris One King Size Filter hard pack/European Union	11.47	3.71	3.09
Muratti King Size Filter hard pack Ultra-light 1 mg/CEMA	10.56	3.37	2.86
Longbeach One King Size Filter hard pack/Australia	6.55	1.78	1.37
Virginia Slims 100 Filter hard pack Menthol 1	8.38	2.55	2.11
Marlboro King Size Filter hard pack/Mexico	7.81	2.30	1.79

附录 3.1 菲利普·莫里斯公司国际牌号、加拿大牌号和澳大利亚牌号每毫克烟碱的有害物质水平

续表

品牌	2-萘胺	3-氨基联苯	4-氨基联苯
Raffles 100 Filter hard pack/European Union	6.56	1.79	1.30
Marlboro King Size Filter hard pack/Brazil	8.08	2.46	1.84
Peter Jackson King Size Filter hard pack Menthol/Australia	5.00	1.53	1.16
Marlboro 100 Filter hard pack Light/USA	10.65	2.78	2.17
Marlboro King Size Filter hard pack Light/Norway	9.18	2.70	2.14
Chesterfield King Size Filter hard pack Light/European Union	9.09	2.49	2.01
Philip Morris King Size Filter hard pack Super Light	7.98	2.36	1.86
Merit King Size Filter soft pack Ultra-light/USA	10.45	2.67	2.33
1R4Filter Kentucky Reference	10.22	2.95	2.49
1R4Filter Kentucky Reference	9.43	2.96	2.28
平均值	10.06	2.85	2.22
标准偏差	1.76	0.53	0.43
变异系数	0.18	0.19	0.19
最大值	14.34	4.14	3.18
75%位值	11.11	3.21	2.49
90%位值	11.63	3.40	2.67
中位值	10.49	2.84	2.17
最小值	5.00	1.53	1.16

续表

品牌	苯并[a]芘	邻苯二酚	间, 对甲基苯酚	邻甲基苯酚
Marlboro Long Size F hard pack/Argentina	7.70	48.73	9.15	3.65
Marlboro Long Size Filter hard pack/Venezuela	8.60	53.07	10.55	4.51
SG Ventil Regular Filter soft pack/European Union	8.85	58.18	11.42	4.08
Petra Regular Filter hard pack/CEMA	13.82	62.16	13.68	5.00
Marlboro King Size Filter soft pack/USA	9.86	44.84	7.91	3.19
Marlboro King Size Filter hard pack/Norway	7.10	53.41	9.38	4.11
L & M King Size Filter hard pack/European Union	9.99	63.78	11.33	4.84
Marlboro King Size Filter hard pack/Malaysia	11.77	54.30	12.53	4.45
Chesterfield Originals King Size Filter hard pack	10.35	53.45	9.79	3.81
L & M King Size Filter hard pack/Malaysia	12.04	54.83	9.79	3.65
Marlboro King Size Filter hard pack 25 s/Australia	9.08	41.89	8.61	2.74
Marlboro King Size Filter hard pack/Taiwan	9.15	47.18	9.74	3.76
Marlboro 100 Filter hard pack/European Union	10.44	51.89	8.55	3.35
Marlboro King Size Filter hard pack Medium/European Union	9.79	47.68	7.63	2.98
Parliament 100 Filter soft pack Light/USA	9.76	46.64	8.17	3.07
Marlboro King Size Filter hard pack/Japan	8.21	47.30	9.41	3.65
L & M King Size Filter hard pack Light/European Union	9.61	61.60	8.60	3.47
Filter6 King Size Filter hard pack Light/European Union	13.84	65.36	6.03	2.39
Chesterfield Originals King Size Filter hard pack	9.98	49.64	6.65	2.48
Diana King Size Filter soft pack Specially Mild/E	9.77	56.65	10.82	3.94

附录 3.1　菲利普·莫里斯公司国际牌号、加拿大牌号和澳大利亚牌号每毫克烟碱的有害物质水平

品牌	苯并[a]芘	邻苯二酚	间, 对甲基苯酚	邻甲基苯酚
Muratti Ambassador King Size Filter hard pack/European Union	12.55	65.11	12.94	4.59
Merit King Size Filter hard pack/European Union	9.18	49.25	6.46	2.62
Parliament 100 Filter soft pack/CEMA	7.71	57.93	10.83	3.79
Marlboro King Size Filter hard pack Light/Germany/United Kingdom	9.97	49.49	5.51	2.29
Marlboro King Size Filter hard pack Light/Japan	9.57	57.20	7.69	2.80
Marlboro 100 Filter hard pack Light/Germany	9.44	48.20	7.09	2.78
Merit King Size Filter soft pack Ultra-light/USA	7.69	38.86	7.59	2.66
Marlboro King Size Filter hard pack Ultra-light Menthol/USA	8.85	38.23	5.76	2.10
Parliament King Size Filter hard pack Light/Japan	7.00	43.52	7.04	2.59
Virginia Slims 100 Filter hard pack Ultra-light Menthol	7.03	39.10	6.06	2.00
Chesterfield INTL King Size Filter hard pack Ultra-light/	7.96	49.57	6.29	2.61
Philip Morris 100 Filter hard pack Super L	8.16	47.35	8.05	2.89
Marlboro King Size Filter hard pack Ultra-light/European Union	7.72	42.18	5.51	2.08
Diana King Size Filter hard pack Ultra-light/European Union	9.35	47.87	6.67	2.42
Virginia Slims 100 Filter hard pack Ultra-light Menthol	8.37	36.91	4.46	1.76
Philip Morris One King Size Filter hard pack/European Union	5.67	38.36	6.03	2.03
Muratti King Size Filter hard pack Ultra-light 1 mg/CEMA	7.16	42.43	7.20	2.74
Longbeach One King Size Filter hard pack/Australia	8.08	46.81	6.55	2.69
Virginia Slims 100 Filter hard pack Menthol 1	6.67	34.00	4.69	1.65
Marlboro King Size Filter hard pack/Mexico	9.26	41.46	6.92	2.98

续表

品牌	苯并[a]芘	邻苯二酚	间，对甲基苯酚	邻甲基苯酚
Raffles 100 Filter hard pack/European Union	11.09	61.96	9.81	4.32
Marlboro King Size Filter hard pack/Brazil	9.94	49.33	7.99	3.54
Peter Jackson King Size Filter hard pack Menthol/Australia	8.23	48.76	5.28	2.39
Marlboro 100 Filter hard pack Light/USA	9.47	43.02	5.53	2.24
Marlboro King Size Filter hard pack Light/Norway	9.08	46.10	6.04	2.58
Chesterfield King Size Filter hard pack Light/European Union	8.32	45.45	4.68	1.90
Philip Morris King Size Filter hard pack Super Light	7.68	40.98	5.09	2.08
Merit King Size Filter soft pack Ultra-light/USA	6.21	34.10	7.01	2.83
1R4Filter Kentucky Reference	7.44	47.60	5.52	2.31
1R4Filter Kentucky Reference	6.99	46.32	5.39	2.36
平均值	9.03	48.80	7.83	3.03
标准偏差	1.76	7.93	2.30	0.86
变异系数	0.19	0.16	0.29	0.28
最大值	13.84	65.36	13.68	5.00
75%位值	9.84	53.44	9.40	3.65
90%位值	11.15	61.64	10.88	4.33
中位值	9.08	47.78	7.40	2.79
最小值	5.67	34.00	4.46	1.65

续表

品牌	氢醌	苯酚	间苯二酚	吡啶	喹啉
Marlboro Long Size F hard pack/Argentina	49.72	12.55	0.88	24.81	0.36
Marlboro Long Size Filter hard pack/Venezuela	67.79	16.98	0.66	25.83	0.44
SG Ventil Regular Filter soft pack/European Union	85.00	15.61	1.05	23.78	0.41
Petra Regular Filter hard pack/CEMA	75.73	19.35	1.47	23.30	0.46
Marlboro King Size Filter soft pack/USA	48.36	11.64	1.04	24.80	0.34
Marlboro King Size Filter hard pack/Norway	56.63	14.04	0.76	24.38	0.37
L & M King Size Filter hard pack/European Union	80.48	17.98	1.35	28.14	0.44
Marlboro King Size Filter hard pack/Malaysia	71.04	18.46	1.24	27.24	0.44
Chesterfield Originals King Size Filter hard pack	61.44	13.04	1.13	22.94	0.39
L & M King Size Filter hard pack/Malaysia	59.21	14.33	0.90	21.38	0.42
Marlboro King Size Filter hard pack 25 s/Australia	46.09	11.01	0.78	24.20	0.33
Marlboro King Size Filter hard pack/Taiwan	50.62	15.02	1.40	17.36	0.39
Marlboro 100 Filter hard pack/European Union	61.98	12.11	1.28	22.56	0.36
Marlboro King Size Filter hard pack Medium/European Union	50.57	10.21	0.68	19.95	0.29
Parliament 100 Filter soft pack Light/USA	49.63	11.54	0.98	15.64	0.35
Marlboro King Size Filter hard pack/Japan	45.94	13.98	0.75	13.32	0.35
L & M King Size Filter hard pack Light/European Union	79.87	12.40	1.39	27.33	0.33
Filter6 King Size Filter hard pack Light/European Union	79.33	8.66	1.49	17.37	0.27
Chesterfield Originals King Size Filter hard pack	59.76	8.20	0.79	20.72	0.29
Diana King Size Filter soft pack Specially Mild/E	63.35	15.77	0.71	22.78	0.38

续表

品牌	氢醌	苯酚	间苯二酚	吡啶	喹啉
Muratti Ambassador King Size Filter hard pack/European Union	83.33	18.28	1.06	16.61	0.42
Merit King Size Filter hard pack/European Union	53.33	9.12	0.90	23.20	0.28
Parliament 100 Filter soft pack/CEMA	58.34	15.16	1.03	14.47	0.35
Marlboro King Size Filter hard pack Light/Germany/United Kingdom	65.70	7.85	1.60	21.14	0.25
Marlboro King Size Filter hard pack Light/Japan	58.11	9.09	1.23	14.97	0.32
Marlboro 100 Filter hard pack Light/Germany	60.19	10.39	1.18	20.34	0.32
Merit King Size Filter soft pack Ultra-light/USA	45.06	9.30	1.12	25.82	0.28
Marlboro King Size Filter hard pack Ultra-light Menthol/USA	48.29	7.66	0.84	24.18	0.23
Parliament King Size Filter hard pack Light/Japan	45.98	10.00	0.74	17.09	0.28
Virginia Slims 100 Filter hard pack Ultra-light Menthol	38.51	7.82	0.70	19.47	0.28
Chesterfield INTL King Size Filter hard pack Ultra-light/	62.29	9.43	1.25	22.93	0.28
Philip Morris 100 Filter hard pack Super L	49.08	10.76	1.23	20.16	0.30
Marlboro King Size Filter hard pack Ultra-light/European Union	49.59	6.94	0.90	21.56	0.25
Diana King Size Filter hard pack Ultra-light/European Union	59.57	7.59	0.94	22.20	0.26
Virginia Slims 100 Filter hard pack Ultra-light Menthol	44.96	5.90	1.15	24.24	0.24
Philip Morris One King Size Filter hard pack/European Union	45.78	8.02	1.14	23.71	0.22
Muratti King Size Filter hard pack Ultra-light 1 mg/CEMA	54.21	10.65	1.23	24.77	0.27
Longbeach One King Size Filter hard pack/Australia	51.60	7.73	1.11	20.00	0.24
Virginia Slims 100 Filter hard pack Menthol 1	39.46	6.23	1.02	21.92	0.25
Marlboro King Size Filter hard pack/Mexico	43.60	12.19	0.71	18.87	0.36

附录 3.1　菲利普·莫里斯公司国际牌号、加拿大牌号和澳大利亚牌号每毫克烟碱的有害物质水平

续表

品牌	氢醌	苯酚	间苯二酚	吡啶	唑啉
Raffles 100 Filter hard pack/European Union	63.07	19.78	0.94	17.22	0.39
Marlboro King Size Filter hard pack/Brazil	62.68	14.24	0.99	22.32	0.39
Peter Jackson King Size Filter hard pack Menthol/Australia	57.13	9.55	0.92	15.62	0.25
Marlboro 100 Filter hard pack Light/USA	44.05	8.56	0.78	18.79	0.28
Marlboro King Size Filter hard pack Light/Norway	49.12	9.34	0.87	21.37	0.32
Chesterfield King Size Filter hard pack Light/European Union	59.87	6.95	0.86	20.06	0.28
Philip Morris King Size Filter hard pack Super Light	46.71	8.03	0.87	20.81	0.28
Merit King Size Filter soft pack Ultra-light/USA	35.37	12.61	0.99	25.37	0.40
1R4Filter Kentucky Reference	57.81	7.54	0.72	22.95	0.29
1R4Filter Kentucky Reference	52.28	8.24	0.88	20.00	0.30
平均值	56.55	11.36	1.01	21.40	0.33
标准偏差	11.90	3.72	0.24	3.52	0.06
变异系数	0.21	0.33	0.23	0.16	0.20
最大值	85.00	19.78	1.60	28.14	0.46
75% 位值	62.21	14.02	1.18	24.08	0.37
90% 位值	76.09	17.08	1.35	25.42	0.42
中位值	55.42	10.52	0.98	21.74	0.32
最小值	35.37	5.90	0.66	13.32	0.22

续表

品牌	NNN	NNK	NAT	NAB	汞	镉	铅
Marlboro Long Size F hard pack/Argentina	103.30	79.10	104.81	15.19	2.69	27.17	19.67
Marlboro Long Size Filter hard pack/Venezuela	118.34	73.27	85.73	16.08	2.86	47.49	25.18
SG Ventil Regular Filter soft pack/European Union	80.74	49.32	71.15	9.86	3.65	41.82	22.30
Petra Regular Filter hard pack/CEMA	61.89	43.51	57.73	7.46	2.92	48.05	21.19
Marlboro King Size Filter soft pack/USA	151.33	111.11	130.62	17.11	2.93	63.60	26.31
Marlboro King Size Filter hard pack/Norway	189.04	101.97	151.11	15.87	2.50	50.48	18.61
L & M King Size Filter hard pack/European Union	92.71	57.02	78.78	10.80	3.51	53.56	24.52
Marlboro King Size Filter hard pack/Malaysia	185.79	80.54	140.59	20.90	2.90	70.72	32.08
Chesterfield Originals King Size Filter hard pack	75.00	54.85	69.18	8.87	2.89	44.64	23.71
L & M King Size Filter hard pack/Malaysia	100.08	52.33	76.42	11.63	2.50	41.04	26.04
Marlboro King Size Filter hard pack 25 s/Australia	133.78	97.52	122.31	15.50	2.86	57.18	21.30
Marlboro King Size Filter hard pack/Taiwan	169.74	97.53	143.39	17.53	2.51	37.53	24.32
Marlboro 100 Filter hard pack/European Union	110.26	83.08	95.02	11.32	2.91	50.88	25.33
Marlboro King Size Filter hard pack Medium/European Union	83.87	70.88	76.60	10.41	3.09	47.89	19.38
Parliament 100 Filter soft pack Light/USA	162.49	109.13	143.20	20.79	2.57	31.83	23.98
Marlboro King Size Filter hard pack/Japan	125.27	71.02	121.45	14.06	2.85	45.00	22.66
L & M King Size Filter hard pack Light/European Union	94.60	59.13	83.00	13.87	4.13	55.87	25.13
Filter6 King Size Filter hard pack Light/European Union	17.09	24.97	24.30	2.96	3.07	35.81	18.66
Chesterfield Originals King Size Filter hard pack	86.29	60.54	77.54	10.24	2.51	41.20	24.85
Diana King Size Filter soft pack Specially Mild/E	51.19	41.13	49.69	7.63	3.35	42.89	27.16

续表

品牌	NNN	NNK	NAT	NAB	汞	镉	铅
Muratti Ambassador King Size Filter hard pack/European Union	54.72	52.56	57.39	6.61	3.06	24.44	20.67
Merit King Size Filter hard pack/European Union	128.44	63.40	108.91	14.42	3.88	61.09	23.81
Parliament 100 Filter soft pack/CEMA	165.48	76.96	130.83	19.72	2.76	28.66	22.03
Marlboro King Size Filter hard pack Light/Germany/United Kingdom	63.54	50.32	57.85	6.84	3.48	43.67	16.27
Marlboro King Size Filter hard pack Light/Japan	116.92	82.66	101.47	11.26	3.43	38.46	32.87
Marlboro 100 Filter hard pack Light/Germany	65.68	51.80	60.39	7.33	3.11	36.70	15.49
Merit King Size Filter soft pack Ultra-light/USA	175.82	99.68	152.09	20.95	3.92	64.62	23.73
Marlboro King Size Filter hard pack Ultra-light Menthol/USA	157.85	94.75	143.99	20.13	4.18	66.96	25.13
Parliament King Size Filter hard pack Light/Japan	149.55	94.30	135.47	23.46	3.13	29.89	22.40
Virginia Slims 100 Filter hard pack Ultra-light Menthol	145.96	91.01	129.41	16.81	3.09	60.11	24.89
Chesterfield INTL King Size Filter hard pack Ultra-light/	75.71	38.71	65.86	10.57	3.86	50.14	22.93
Philip Morris 100 Filter hard pack Super L	117.84	79.30	107.24	12.65	3.57	47.89	16.11
Marlboro King Size Filter hard pack Ultra-light/European Union	74.35	51.90	82.11	8.98	3.67	38.23	17.48
Diana King Size Filter hard pack Ultra-light/European Union	56.17	42.27	57.52	8.37	4.11	42.98	26.31
Virginia Slims 100 Filter hard pack Ultra-light Menthol	120.72	94.24	106.19	12.88	4.68	60.94	33.17
Philip Morris One King Size Filter hard pack/European Union	161.29	62.24	147.84	21.38	5.09	47.07	22.16
Muratti King Size Filter hard pack Ultra-light 1 mg/CEMA	182.99	85.98	161.50	18.79	5.51	40.65	24.02
Longbeach One King Size Filter hard pack/Australia	17.31	32.86	41.43	3.61	3.70	38.32	21.60
Virginia Slims 100 Filter hard pack Menthol 1	174.38	77.54	164.62	19.31	4.92	46.46	19.77
Marlboro King Size Filter hard pack/Mexico	89.51	42.83	75.71	10.24	3.24	79.80	18.66

续表

品牌	NNN	NNK	NAT	NAB	汞	镉	铅
Raffles 100 Filter hard pack/European Union	17.22	23.33	29.07	4.37	2.59	24.93	14.11
Marlboro King Size Filter hard pack/Brazil	60.45	48.71	48.62	6.96	2.50	46.12	19.78
Peter Jackson King Size Filter hard pack Menthol/Australia	16.29	28.20	33.54	3.15	2.75	36.18	14.44
Marlboro 100 Filter hard pack Light/USA	132.79	98.00	121.67	18.51	3.53	60.37	24.14
Marlboro King Size Filter hard pack Light/Norway	174.01	108.19	140.60	17.36	3.08	55.38	21.87
Chesterfield King Size Filter hard pack Light/European Union	61.10	35.58	57.86	7.92	3.44	48.64	23.51
Philip Morris King Size Filter hard pack Super Light	105.09	79.02	102.20	11.10	3.18	43.35	20.23
Merit King Size Filter soft pack Ultra-light/USA	185.82	86.34	182.91	23.21	3.96	47.31	19.18
1R4Filter Kentucky Reference	126.28	109.23	136.12	20.98	5.52	87.49	48.63
1R4Filter Kentucky Reference	133.11	103.01	142.85	23.94	5.54	78.13	48.29
平均值	109.98	70.06	99.72	13.40	3.43	48.19	23.52
标准偏差	49.38	25.10	40.64	5.80	0.82	13.82	6.58
变异系数	0.45	0.36	0.41	0.43	0.24	0.29	0.28
最大值	189.04	111.11	182.91	23.94	5.54	87.49	48.63
75% 位值	150.89	93.44	135.96	18.27	3.82	55.75	25.07
90% 位值	174.53	102.07	148.17	20.95	4.70	64.85	27.66
中位值	113.59	72.14	101.83	12.76	3.15	46.77	22.79
最小值	16.29	23.33	24.30	2.96	2.50	24.44	14.11

续表

品牌	铬	镍	砷	硒
Marlboro Long Size F hard pack/Argentina			4.06	
Marlboro Long Size Filter hard pack/Venezuela				
SG Ventil Regular Filter soft pack/European Union			4.92	
Petra Regular Filter hard pack/CEMA			3.78	
Marlboro King Size Filter soft pack/USA			3.70	
Marlboro King Size Filter hard pack/Norway				
L & M King Size Filter hard pack/European Union			5.38	
Marlboro King Size Filter hard pack/Malaysia				
Chesterfield Originals King Size Filter hard pack			4.71	
L & M King Size Filter hard pack/Malaysia			4.41	
Marlboro King Size Filter hard pack 25 s/Australia			4.45	
Marlboro King Size Filter hard pack/Taiwan				
Marlboro 100 Filter hard pack/European Union				
Marlboro King Size Filter hard pack Medium/European Union			3.86	
Parliament 100 Filter soft pack Light/USA				
Marlboro King Size Filter hard pack/Japan				
L & M King Size Filter hard pack Light/European Union				
Filter6 King Size Filter hard pack Light/European Union				
Chesterfield Originals King Size Filter hard pack			4.38	
Diana King Size Filter soft pack Specially Mild/E				

续表

品牌	铬	镍	砷	硒
Muratti Ambassador King Size Filter hard pack/European Union			4.89	
Merit King Size Filter hard pack/European Union				
Parliament 100 Filter soft pack/CEMA			4.70	
Marlboro King Size Filter hard pack Light/Germany/United Kingdom				
Marlboro King Size Filter hard pack Light/Japan				
Marlboro 100 Filter hard pack Light/Germany				
Merit King Size Filter soft pack Ultra-light/USA				
Marlboro King Size Filter hard pack Ultra-light Menthol/USA			4.75	
Parliament King Size Filter hard pack Light/Japan			4.25	
Virginia Slims 100 Filter hard pack Ultra-light Menthol			5.16	
Chesterfield INTL King Size Filter hard pack Ultra-light/				
Philip Morris 100 Filter hard pack Super L				
Marlboro King Size Filter hard pack Ultra-light/European Union				
Diana King Size Filter hard pack Ultra-light/European Union				
Virginia Slims 100 Filter hard pack Ultra-light Menthol				
Philip Morris One King Size Filter hard pack/European Union				
Muratti King Size Filter hard pack Ultra-light 1 mg/CEMA				
Longbeach One King Size Filter hard pack/Australia				
Virginia Slims 100 Filter hard pack Menthol 1				
Marlboro King Size Filter hard pack/Mexico			5.87	

续表

品牌	铬	镍	砷	硒
Raffles 100 Filter hard pack/European Union				
Marlboro King Size Filter hard pack/Brazil				
Peter Jackson King Size Filter hard pack Menthol/Australia				
Marlboro 100 Filter hard pack Light/USA				
Marlboro King Size Filter hard pack Light/Norway				
Chesterfield King Size Filter hard pack Light/European Union				
Philip Morris King Size Filter hard pack Super Light				
Merit King Size Filter soft pack Ultra-light/USA				
1R4Filter Kentucky Reference			6.50	
1R4Filter Kentucky Reference			6.37	
平均值			4.79	
标准偏差			0.82	
变异系数			0.17	
最大值	0.00	0.00	6.50	0.00
75% 位值	#NUM!	#NUM!	5.10	#NUM!
90% 位值	#NUM!	#NUM!	6.02	#NUM!
中位值	#NUM!	#NUM!	4.70	#NUM!
最小值	0.00	0.00	3.70	0.00

注：NNK，4-（N-甲基亚硝胺基）-1-（3-吡啶基）-1-丁酮；NNN，N′-亚硝基降烟草碱；NAT，N′-亚硝基新烟草碱；NAB，N′-亚硝基假木贼碱

CEMA，中欧、中东和非洲

表 A1.3　修改的深度抽吸模式下，澳大利亚品牌中化学成分的每毫克烟碱含量

品牌	烟碱	乙醛	丙酮	丙烯醛	丙烯腈	氨
Longbeach Mild	2.50	429.32	189.32	45.88	6.80	10.24
Longbeach Super Mild	2.00	494.15	223.90	52.70	7.90	10.20
Longbeach Ultra Mild	1.60	574.50	258.63	61.94	8.56	9.63
Peter Jackson Extra Mild	2.40	546.96	242.25	58.83	6.92	9.21
Peter Jackson Super Mild	2.00	586.30	268.85	63.55	8.50	8.90
Peter Jackson Ultra Mild	1.60	677.56	295.50	71.44	10.63	10.31
Horizon Mild	2.10	612.38	265.24	67.62	9.91	10.95
Horizon Super Mild	2.20	562.27	245.00	62.73	9.46	11.64
Horizon Ultra Mild	1.54	683.12	292.21	72.73	11.04	12.40
Benson & Hedges Extra Mild 8	1.97	564.47	277.67	61.42	10.10	11.32
Benson & Hedges Special Filter King Size hard pack	2.49	466.67	232.93	50.20	8.80	11.45
Holiday 8 Super Mild hard pack	1.48	508.11	260.14	53.18	8.18	13.11
Winfield Extra Mild 25 hard pack	2.06	512.62	260.19	54.85	8.45	11.60
Winfield Filter King Size hard pack	2.27	486.78	244.93	51.10	8.15	10.93
Winfield Super Mild King Size hard pack	2.09	538.28	276.08	56.94	7.99	10.86
平均值	2.02	549.57	255.52	59.01	8.76	10.85
标准偏差	0.34	71.75	27.35	7.90	1.25	1.15
变异系数	0.17	0.13	0.11	0.13	0.14	0.11
最大值	2.50	683.12	295.50	72.73	11.04	13.11
75%位值	2.24	580.40	272.46	63.14	9.68	11.52
90%位值	2.45	651.49	286.39	69.91	10.42	12.10
中位值	2.06	546.96	260.14	58.83	8.50	10.93

附录 3.1 菲利普·莫里斯公司国际牌号、加拿大牌号和澳大利亚牌号每毫克烟碱的有害物质水平

品牌	苯	苯并[a]芘	丁醛	镉	CO	邻苯二酚	丁烯醛
Longbeach Mild	24.20	8.40	23.24	25.16	8.72	51.08	16.12
Longbeach Super Mild	30.30	9.10	24.75	27.95	10.10	51.90	17.80
Longbeach Ultra Mild	34.19	10.00	31.19	34.38	11.94	45.56	20.00
Peter Jackson Extra Mild	30.75	10.54	28.79	30.17	10.13	51.25	21.08
Peter Jackson Super Mild	35.80	10.05	32.20	33.65	10.95	44.60	21.85
Peter Jackson Ultra Mild	45.31	9.00	35.81	29.56	13.56	44.56	23.06
Horizon Mild	34.86	9.24	33.33	39.52	11.05	50.48	23.05
Horizon Super Mild	33.36	9.46	31.64	44.86	10.86	47.73	20.55
Horizon Ultra Mild	39.55	12.27	38.77	39.55	12.40	48.70	23.51
Benson & Hedges Extra Mild 8	37.41	6.90	38.27	43.86	10.96	52.79	20.71
Benson & Hedges Special Filter King Size hard pack	32.81	7.39	32.65	44.58	9.36	54.62	17.23
Holiday 8 Super Mild hard pack	35.95	8.24	32.91	42.91	11.08	51.69	19.39
Winfield Extra Mild 25 hard pack	35.49	7.38	35.49	39.13	10.44	51.46	19.66
Winfield Filter King Size hard pack	31.45	7.49	33.61	36.61	9.69	54.63	16.96
Winfield Super Mild King Size hard pack	33.88	7.37	37.70	35.26	10.57	50.24	21.15
平均值	34.35	8.86	32.69	36.48	10.79	50.09	20.14
标准偏差	4.68	1.48	4.50	6.32	1.21	3.24	2.31
变异系数	0.14	0.17	0.14	0.17	0.11	0.06	0.11
最大值	45.31	12.27	38.77	44.86	13.56	54.63	23.51
75%位值	35.87	9.73	35.65	41.23	11.06	51.79	21.50
90%位值	38.69	10.35	38.05	44.29	12.22	53.89	23.06
中位值	34.19	9.00	32.91	36.61	10.86	51.08	20.55

续表

品牌	甲醛	氰化氢	氢醌	异戊二烯	铅	汞	甲基乙基酮
Longbeach Mild	54.60	88.44	62.56	293.08	·	1.84	45.96
Longbeach Super Mild	63.95	101.50	68.90	328.45	·	2.10	51.85
Longbeach Ultra Mild	62.31	112.56	61.94	378.00	·	2.63	58.81
Peter Jackson Extra Mild	71.17	94.42	67.83	290.38	11.04	1.92	57.29
Peter Jackson Super Mild	70.80	103.95	56.35	363.50	·	2.35	65.65
Peter Jackson Ultra Mild	64.81	142.06	60.81	438.44	·	2.75	69.75
Horizon Mild	75.24	123.81	60.48	357.14	·	2.61	62.86
Horizon Super Mild	58.64	121.82	55.91	333.18	13.55	2.46	73.64
Horizon Ultra Mild	55.97	142.86	60.07	411.04	·	3.25	67.53
Benson & Hedges Extra Mild 8	55.33	127.92	57.87	411.68	·	3.12	77.16
Benson & Hedges Special Filter King Size hard pack	49.80	111.65	60.24	359.84	11.93	2.54	67.47
Holiday 8 Super Mild hard pack	58.65	138.51	62.70	343.92	·	2.96	71.62
Winfield Extra Mild 25 hard pack	55.83	116.51	59.71	396.12	12.12	2.71	74.76
Winfield Filter King Size hard pack	49.78	112.78	64.32	355.51	12.12	2.41	70.49
Winfield Super Mild King Size hard pack	53.59	118.18	60.77	382.78	·	2.57	80.38
平均值	60.03	117.13	61.36	362.87	12.16	2.55	66.35
标准偏差	7.82	16.37	3.64	42.08	1.04	0.40	9.54
变异系数	0.13	0.14	0.06	0.12	0.09	0.16	0.14
最大值	75.24	142.86	68.90	438.44	13.55	3.25	80.38
75%位值	64.38	125.86	62.63	389.45	12.47	2.73	72.63
90%位值	71.02	140.64	66.43	411.42	13.12	3.06	76.20
中位值	58.64	116.51	60.77	359.84	12.02	2.57	67.53

附录 3.1　菲利普·莫里斯公司国际牌号、加拿大牌号和澳大利亚牌号每毫克烟碱的有害物质水平

品牌	NNN	NNK	NAT	NAB	氮氧化物	NO	苯酚
Longbeach Mild	19.12	22.84	4.04	33.08	68.80	61.68	13.56
Longbeach Super Mild	16.00	27.15	5.25	27.95	74.50	68.00	10.20
Longbeach Ultra Mild	15.31	24.44	4.06	36.94	77.13	69.63	7.31
Peter Jackson Extra Mild	14.08	18.83	4.96	27.63	76.00	68.92	12.58
Peter Jackson Super Mild	10.95	20.30	5.10	26.30	86.30	77.75	8.70
Peter Jackson Ultra Mild	20.06	26.25	7.69	35.88	105.13	95.06	6.25
Horizon Mild	15.00	19.86	4.66	31.57	101.43	91.43	11.38
Horizon Super Mild	18.59	24.86	7.64	35.86	88.64	79.09	11.14
Horizon Ultra Mild	19.55	23.31	4.64	31.62	103.25	92.86	8.70
Benson & Hedges Extra Mild 8	23.91	32.64	6.50	41.73	85.28	77.67	11.83
Benson & Hedges Special Filter King Size hard pack	25.02	37.63	6.10	45.78	87.55	80.32	14.18
Holiday 8 Super Mild hard pack	33.24	25.61	7.77	49.73	93.24	85.81	13.31
Winfield Extra Mild 25 hard pack	28.59	38.20	8.69	48.54	89.32	82.04	13.50
Winfield Filter King Size hard pack	25.33	33.70	6.83	44.93	73.57	67.40	14.67
Winfield Super Mild King Size hard pack	27.13	34.59	8.13	48.33	72.25	66.03	13.16
平均值	20.79	27.35	6.14	37.72	85.49	77.58	11.36
标准偏差	6.22	6.43	1.58	8.19	11.71	10.52	2.61
变异系数	0.30	0.24	0.26	0.22	0.14	0.14	0.23
最大值	33.24	38.20	8.69	49.73	105.13	95.06	14.67
75%位值	25.18	33.17	7.66	45.36	91.28	83.93	13.40
90%位值	28.01	36.42	7.99	48.46	102.52	92.29	13.93
中位值	19.55	25.61	6.10	35.88	86.30	77.75	11.83

续表

品牌	丙醛	吡啶	噻吩	间苯二酚	苯乙烯	甲苯	1,3-丁二烯
Longbeach Mild	34.88	12.56	0.28	1.00	7.12	39.16	33.72
Longbeach Super Mild	40.90	11.45	0.20	1.20	7.75	45.65	39.40
Longbeach Ultra Mild	46.06	13.56	0.19	1.44	9.44	51.69	45.56
Peter Jackson Extra Mild	46.17	13.58	0.25	0.92	8.54	45.42	38.04
Peter Jackson Super Mild	47.20	12.90	0.20	0.90	9.90	54.85	44.55
Peter Jackson Ultra Mild	57.63	13.56	0.19	1.31	10.50	65.25	53.63
Horizon Mild	50.00	15.33	0.29	1.13	10.38	53.81	44.19
Horizon Super Mild	47.73	14.46	0.28	0.86	9.68	52.73	43.50
Horizon Ultra Mild	58.12	16.17	0.24	.	12.21	60.00	51.43
Benson & Hedges Extra Mild 8	47.82	15.43	0.29	1.22	11.47	59.90	52.28
Benson & Hedges Special Filter King Size hard pack	40.16	15.34	0.32	1.57	10.12	52.21	43.78
Holiday 8 Super Mild hard pack	42.30	15.54	0.29	1.78	10.74	57.23	49.53
Winfield Extra Mild 25 hard pack	43.93	17.67	0.31	1.56	11.31	56.31	47.33
Winfield Filter King Size hard pack	41.45	16.74	0.33	1.68	10.66	48.90	42.51
Winfield Super Mild King Size hard pack	46.51	16.84	0.30	1.34	10.81	55.02	47.85
平均值	46.06	14.74	0.26	1.28	10.04	53.21	45.15
标准偏差	6.14	1.77	0.05	0.30	1.38	6.58	5.48
变异系数	0.13	0.12	0.19	0.23	0.14	0.12	0.12
最大值	58.12	17.67	0.33	1.78	12.21	65.25	53.63
75%位值	47.77	15.86	0.30	1.53	10.78	56.77	48.69
90%位值	54.58	16.80	0.32	1.65	11.41	59.96	51.94
中位值	46.17	15.33	0.28	1.27	10.38	53.81	44.55

续表

品牌	1- 萘胺	2- 萘胺	3- 氨基联苯
Longbeach Mild	8.80	5.36	1.16
Longbeach Super Mild	7.55	4.60	1.15
Longbeach Ultra Mild	8.13	5.19	1.31
Peter Jackson Extra Mild	7.50	4.63	1.08
Peter Jackson Super Mild	7.05	4.35	1.15
Peter Jackson Ultra Mild	7.75	5.13	1.31
Horizon Mild	9.62	5.81	1.50
Horizon Super Mild	9.23	5.55	1.46
Horizon Ultra Mild	10.00	7.14	1.65
Benson & Hedges Extra Mild 8	10.86	6.90	1.71
Benson & Hedges Special Filter King Size hard pack	10.36	6.43	1.65
Holiday 8 Super Mild hard pack	11.42	7.30	2.03
Winfield Extra Mild 25 hard pack	10.73	6.94	1.73
Winfield Filter King Size hard pack	11.67	7.23	1.82
Winfield Super Mild King Size hard pack	10.14	6.56	1.72
平均值	9.39	5.94	1.50
标准偏差	1.52	1.04	0.29
变异系数	0.16	0.18	0.19
最大值	11.67	7.30	2.03
75% 位值	10.54	6.92	1.71
90% 位值	11.20	7.19	1.78
中位值	9.62	5.81	1.50

续表

品牌	4-氨基联苯	间,对甲基苯酚	邻甲基苯酚
Longbeach Mild	0.88	8.00	3.12
Longbeach Super Mild	0.90	6.30	2.40
Longbeach Ultra Mild	1.06	5.19	1.88
Peter Jackson Extra Mild	0.83	7.92	3.08
Peter Jackson Super Mild	0.90	6.25	2.45
Peter Jackson Ultra Mild	1.00	4.56	1.69
Horizon Mild	1.14	7.10	2.67
Horizon Super Mild	1.06	6.64	2.54
Horizon Ultra Mild	1.30	6.24	2.31
Benson & Hedges Extra Mild 8	1.39	7.11	2.75
Benson & Hedges Special Filter King Size hard pack	1.26	9.24	3.28
Holiday 8 Super Mild hard pack	1.63	8.99	3.54
Winfield Extra Mild 25 hard pack	1.33	8.35	3.03
Winfield Filter King Size hard pack	1.39	9.34	3.54
Winfield Super Mild King Size hard pack	1.33	7.94	3.23
平均值	1.16	7.28	2.77
标准偏差	0.24	1.43	0.56
变异系数	0.20	0.20	0.20
最大值	1.63	9.34	3.54
75% 位值	1.33	8.18	3.18
90% 位值	1.39	9.14	3.43
中位值	1.14	7.11	2.75

注：NNK，4-（N-甲基亚硝胺基）-1-（3-吡啶基）-1-丁酮；NNN，N'-亚硝基降烟碱；NAT，N'-亚硝基新烟草碱；NAB，N'-亚硝基假木贼碱。

附录 3.2　计算有害物质动物致癌性指数和非癌症响应指数的依据

　　T25 值是背景水平以上在一个特定的组织部位导致 25% 的动物产生肿瘤的长期每日剂量。将使肿瘤有统计学显著增加的最低剂量（这里称为临界剂量）进行线性外推可以确定 T25(Dybing et al., 1997)。T25 值可以由以下方程式计算得到：

$$C=[(B/100-A/100)/(1-A/100)]\times 100$$

$$T25=(25/C)\times 临界剂量$$

其中，A 是对照组中得肿瘤的动物的比例（%）；B 是暴露组中得肿瘤的动物的比例（%）；C 是肿瘤频率（%）的净增加。在下面给出了用于转换为每千克体重剂量浓度的饲料和饮用水的默认值。大多数的 T25 值来自口服喂养研究。通过使用在表 A2.1 中列出的默认吸入体积，生物试验吸入浓度被转换为口服剂量。

表 A 2.1　对一个标准的试验期为 2 年的试验，用于计算剂量的体重及通过喂食、饮水和吸入摄入的默认值

试验动物	性别	体重 (g)	食物 (g/d)	水 (mL/d)	吸入体积 (L/h)
小鼠	雄	30	3.60	5	1.8
	雌	25	3.25	5	1.8
大鼠	雄	500	20.00	25	6.0
	雌	350	17.50	20	6.0
仓鼠	雄	125	11.50	15	3.6
	雌	110	11.50	15	3.6

　　资料来源：引自 Gold 等（1984）

乙醛

6 周龄的 105 个雄性和 105 个雌性 Wistar 大鼠各组吸入暴露乙醛的浓度为 0 ppm*（对照）、750 ppm、1500 ppm 或 3000 ppm，每天 6 小时，每周 5 天，28 个月。对照测试表明，乙醛平均浓度的低、中剂量分别为 735 ppm 和 1412 ppm，而从 0 天到 141 天，高剂量为 3033 ppm，从 142 天到 210 天，为 2167 ppm，从 211 天到 238 天，为 2039 ppm，从 239 天到 300 天，为 1433 ppm，从 301 天到 312 天，为 1695 ppm，从 313 天到 359 天，为 1472 ppm，在研究中其余的天数为 977 ppm。逐步降低高剂量的原因是它相当大的毒性，导致生长发育迟缓，呼吸系统疾病和死亡。所有动物在高剂量 100 周后死亡。鼻腔鳞状上皮癌的发生率是：对照组雄性 1/49(2%)，低剂量组雄性 1/52(2%)、中剂量组雄性 5/53(9%) 和高剂量组雄性 15/49(31%)；对照组雌性 0/50(0%)，低剂量组雌性 0/48(0%)、中剂量组雌性 5/53(9%) 和高剂量组雌性 17/53(32%)。鼻腔腺癌的发病率：对照组雄性 0/59（0%），低剂量组雄性 16/52（31%），中剂量组雄性 31/53（59%）和高剂量组雄性 21/49（43%）；对照组雌性 0/50（0%），低剂量组雌性的 6/48（13%），中等剂量组雌性 26/53（49%）和高剂量组雌性的 21/53（40%）（Woutersen et al., 1986）。

研究备注

物种，品系，性别：	大鼠，Wistar，雄性
途径：	吸入
临界终点：	鼻腔腺癌
周期：	104 周（默认）

---

* ppm、parts per million，10^{-6}。——中文版注

临界剂量：735 ppm =735×44.1/24.45(换算系数) mg/m³=1326 mg/m³；每天吸入量 6 L/h×6 h/d×5 d/w/(7 d/w)=25.7 L/d；指定体重 450 g 的每天吸入剂量 =1326 mg/m³×25.7 L/d×1000/450 kg=75.8 mg/(kg bw·d)；处理和观测 28 个月、以 24 个月计的每日剂量：75.8 mg/(kg bw · d)×28/24×28/24=102.1 mg/(kg bw · d)

最低剂量引起的显著增加的肿瘤发生率

对照组：	0%
102.1 mg/(kg bw · d) 的剂量：	31%
净增：	31%

T25 计算

T25 = 25/31 × 102.1 mg/(kg bw · d)=82.4 mg/(kg bw · d)

丙烯腈

由 Biodynamics Inc. (1980) 所做的一项研究，2 年中在 Fischer 344 大鼠饮用水中施加丙烯腈，每种性别有 100 组，剂量为 1 mg/(kg bw · d)、3 mg/(kg bw · d)、10 mg/(kg bw · d)、30 mg/(kg bw · d) [规定对应于 2.5 mg/(kg bw·d)] 和 100 ppm，对照组每种性别大鼠有 200 只。期中尸检在 6 月、12 月和 18 月进行 (10 只 / 性别 / 暴露组，20 只 / 性别 / 对照组)。因为存活率低，研究被提前终止。在 3 ppm 或更高剂量组中观察到肿瘤 (脑和脊髓的星状细胞瘤和 Zymbal 腺癌) 发生率增加 (对照组中 3/200，30 ppm 组中 10/99),其发病率呈剂量依赖性。在 100 ppm 观察到雌性乳腺肿瘤的发病率增加。

研究备注

物种、品系、性别：	大鼠，Fischer 344，雄性
途径：	饮水

临界终点： 脑和脊髓星状细胞瘤

周期： 104 周

临界剂量： 2.5 mg/(kg bw · d)

最低剂量引起的显著增加的肿瘤发生率

对照组： 3/200 (0.2%)

0.04 mg/(kg bw · d) 的剂量：10/99(10%)

净增： $[(10/99-3/200)\times 100]/(1-3/200) = 9\%$

T25 计算

T25 = 25/9 × 2.5 mg/(kg bw · d)= 6.9 mg/(kg bw · d)

1- 萘胺

给 61 只雄性和雌性购买小鼠饮用水中添加 0.01% 的 1- 萘胺盐酸溶液（多次部分重结晶除去 2- 萘胺）84 周。雄性中，处理组肝癌发病率为 4/18(22%)，对照组为 4/24(17%)。雌性中，相应的发病率为 5/43(11%) 和 0/36(0%)(Clayson, Ashton, 1963)。

研究备注

物种，品系，性别： 小鼠，购买（品系不要求），雌性

途径： 饮水

临界终点： 肝癌

周期： 84 周

临界剂量： 0.01%=0.1 mg/mL，雌性小鼠体重
25 g，每天喝水 5 mL：0.1×5×1000/25 mg/(kg bw · d)=20 mg/(kg bw · d)

最低剂量引起的显著增加的肿瘤发生率

对照组： 0%

20 mg/(kg bw · d) 的剂量： 11%

净增：11%

T25 值计算

T25 = 25/11 $\times$ 20 mg/(kg bw $\cdot$ d) $\times$ 84/104 $\times$ 84/104 = 29.7 mg/(kg bw $\cdot$ d)

2- 萘胺

在 23 只 DBA 和 25 只 IF 小鼠中，通过胃管分别喂给含有 240 mg/kg bw 或 400 mg/kg bw（周剂量）2- 萘胺的花生油 90 周，50% 的动物发生肝脏肿瘤。两个相似的对照组小鼠仅喂给花生油，没有发现肝癌 (Bonser et al., 1952)。

研究备注

物种，品系，性别：　　　小鼠，DBA，性别不要求

途径：　　　　　　　　　管饲

临界终点：　　　　　　　肝脏肿瘤

周期：　　　　　　　　　90 周

临界剂量：　　　　　　　240 mg/kg bw，每周一次，240/7 mg/(kg bw $\cdot$ d)= 34.3 mg/(kg bw $\cdot$ d) 的剂量处理，观察 104 周，=34.3$\times$90/104$\times$90/104 mg/(kg bw $\cdot$ d) = 25.7 mg/(kg bw $\cdot$ d)

最低剂量引起的显著增加的肿瘤发生率

对照组：0%

25.7 mg/(kg bw $\cdot$ d) 的剂量：50%

净增：50%

T25 值计算

T25 = 25/50 $\times$ 25.7 mg/(kg bw $\cdot$ d)= 12.8 mg/(kg bw $\cdot$ d)

苯

在 103 周中，每周 5 天，对每种性别 50 只 B6C3F1 小鼠管饲含有苯的玉米油。暴露剂量为 0、25 mg/(kg bw · d)、50 mg/(kg bw · d) 或 100 mg/(kg bw · d)。苯剂量大于或等于 25 mg/(kg bw · d) 时，在两种性别小鼠中均引发恶性淋巴肿瘤显著增加；雄性小鼠剂量大于或等于 50 mg/(kg bw·d)，雌性小鼠剂量大于或等于 100 mg/(kg bw·d) 时，引发 Zymbal 腺癌；雄性小鼠剂量大于或等于 100 mg/(kg bw · d)，雌性小鼠剂量大于或等于 50 mg/(kg bw · d) 时，引发肺泡和肺支气管腺癌和基低细胞癌；雄性小鼠剂量大于或等于 25 mg/(kg bw · d) 时，引发 Harderian 腺瘤；剂量在 0、25 mg/(kg bw · d)、50 mg/(kg bw · d) 和 100 mg/(kg bw · d) 时，雄性包皮腺鳞癌的发病率分别为 0/21、5/28、19/29(66%)、31/35；剂量在 50 mg/(kg bw · d) 时，引发雌性乳腺腺癌 (National Toxicology Program, 1986)。

研究备注

物种，品系，性别：　　　小鼠，B6C3F1，雄性

途径：　　　　　　　　　管饲

临界终点：　　　　　　　包皮腺鳞癌，上皮癌（所有类型）

周期：　　　　　　　　　104 周，喂饲 103 周

临界剂量：　　　　　　　50 mg/(kg bw · d)，5 天 / 周；每日剂量 50 mg/(kg bw · d)×5/7=35.7 mg/(kg bw · d)；104 周的每日剂量为 35.7 mg/(kg bw · d)×103/104= 35.4 mg/(kg bw · d)

最低剂量引起的显著增加的肿瘤发生率

对照组：　　　　　　　　0/21(0%)

35.4 mg/(kg bw · d) 的剂量：19/29(66%)

净增： 66%

T25 值计算

T25 = 25/66 × 35.4 mg/(kg bw · d)= 13.4 mg/(kg bw · d)

苯并 [*a*] 芘

24 只雄性叙利亚金黄仓鼠吸入暴露于含有苯并 [*a*] 芘剂量为 0、2.2 mg/m³、9.5 mg/m³ 和 46.5 mg/m³ 的空气，相当于每个动物总平均剂量为 0、29 mg、127 mg 和 383 mg 苯并 [*a*] 芘。除了高剂量下的动物 (59 周)，平均存活时间为 96.4 周。中等剂量下的动物，34.6% 引发呼吸道肿瘤，26.9% 引发上消化道肿瘤。对照组或低剂量的动物没有引发此类肿瘤 (Thyssen et al., 1981)。

研究备注

物种、品系、性别： 仓鼠、叙利亚金色仓鼠、雄性

途径： 吸入

临界终点： 呼吸道肿瘤

周期： 对照组、低和中等剂量平均存活 96.4 周

临界剂量： 在 675 天 (96.4 周) 中 127 mg 的 总剂量相当于 0.19 mg/(只 · d)；默认雄性仓鼠体重 125 g；每日剂量 =0.19×1000/125 mg/(kg bw · d)=1.5 mg/(kg bw · d)

最低剂量引起的显著增加的肿瘤发生率

对照组： 0/24(0%)

1.5 mg/(kg bw · d) 的剂量：9/26(34.6%)

净增： 34.6%

T25 值的计算

T25 = 25/34.6 × 1.5 mg/(kg bw · d) = 1.1 mg/(kg bw · d)

1,3- 丁二烯

8 ～ 9 周龄的 70 只雄性和 70 只雌性 B6C3F1 小鼠暴露在含有 0、625 ppm 或 1250 ppm 1,3- 丁二烯的空气中，每天 6 小时，每周 5 次，为期 2 年 (Melnick et al., 1990)。使用两个最低浓度的结果见表 A2.2。

表 A2.2　通过气溶胶暴露于 1,3- 丁二烯中诱发 B6C3F1 小鼠肿瘤的情况

肿瘤类型	0 ppm		6.25 ppm		20 ppm	
	雄性	雌性	雄性	雌性	雄性	雌性
肺泡或支气管腺瘤或癌	22/70	4/70	23/60	15/60*	20/60	19/60*
	(31%)	(6%)	(38%)	(25%)	(33%)	(32%)
恶性淋巴瘤	4/70	10/70	3/70	14/70	8/70	18/49*
	(6%)	(14%)	(4%)	(20%)	(11%)	(26%)
心血管瘤	0/70	0/70	0/70	0/70	1/70	0/70
	(0%)	(0%)	(0%)	(0%)	(1%)	(0%)
前胃乳头状瘤或癌	1/70	2/70	0/70	2/70	1/70	3/70
	(1%)	(3%)	0%)	(3%)	(1%)	(4%)

*$P < 0.01$，经 Fisher 精确计算

研究备注

物种，品系，性别：	小鼠，B6C3F1，雌性
途径：	吸入
临界终点：	肺泡或支气管腺瘤或癌
周期：	104 周
临界剂量：	6.25 ppm=$(6.25 \times 2.21)/1000$ mg/m³=13.8

$\mu g/m^3$；每天吸入量 2.5 L/h×6 h，每周 5 天，合 15 L×5/7=10.7 L/d；指定体重 39 g 的每天吸入剂量 =13.8$\mu g/m^3$×10.7 L/d×1000/39 kg=3.8 mg/(kg bw·d)

最低剂量引起的显著增加的肿瘤发生率

对照组：　　　　　　　　　　4/7(6%)

3.8 mg/(kg bw·d) 的剂量：15/60(25%)

净增：　　　　　　　　　　[(25/100–6/100)/(1–6/100)]×100 = 20%

T25 值的计算

T25 = 25/20 × 3.8 mg/(kg bw·d) = 4.8 mg/(kg bw·d)

镉

　　四组 40 只雄性 SPF Wistar 大鼠 (TNO/W75)，6 周龄，在 18 个月中，每周 7 天，每天 23 小时，暴露在 12.5 μg/m³、25 μg/m³ 或 50 μg/m³ 的氯化镉气溶胶 (总气体动力学中位数直径为 0.55 μm；几何标准偏差为 1.8)。继续观察动物 13 个月后实验结束。暴露在过滤空气中的 41 只大鼠作为对照组。对所有的动物进行组织学检查。体重和存活不受镉处理的影响。与对照组比较 (0/38)，氯化镉处理的大鼠 [12.5 μg/m³、6/39(15%)；25 μg/m³、20/38(53%)；50 μg/m³、25/35(71%)] 中观察到剂量相关恶性肺肿瘤发病率增加 (主要是腺癌)。不断观察到产生多个肺部肿瘤；几个肿瘤显示发生转移或局部侵入。镉处理后腺瘤样增生发病率也显示增加 (Takenaka et al., 1983)。

研究备注

物种，品系，性别：　　　大鼠，SPF Wistar，雄性

途径：　　　　　　　　　吸入

周期：　　　　　　　　　每天 23 小时，每周 7 天，18 月，终止实验前观察 13 月

临界剂量：　　　　　　　25 μg/m³；23 h 的吸入量 =0.06 m³×23=0.138 m³；雄性大鼠体重 500 g；每日剂量：0.138×25 μg/0.5 kg=6.9

µg/kg bw

最低剂量引起的显著增加的肿瘤发生率

对照组：   0%

6.9 mg/(kg bw · d) 的剂量：53%

净增：   53%

T25 值的计算

T25 = 25/53 × 6.9 mg/(kg bw · d) × 18/24 × 31/24 = 3 mg/(kg bw · d)

邻苯二酚

Wistar、WKY、Lewis 和 Sprague-Dawley 大鼠 20 只或 30 只雄性组 (6 周龄)，104 周内，在饮食中加入 0 或 0.8% 的邻苯二酚。与对照组比较，暴露组的 WKY 和 Sprague-Dawley 大鼠前胃增生发病率显著增加。在 6/30 例 Sprague-Dawley 大鼠，2/30 例 Wistar 大鼠和 1/30 例 WKY 大鼠中引发乳状瘤，在 1/30 例 Sprague-Dawley 大鼠和 1/30 例 Wistar 大鼠中引发基底细胞癌，对照组无。所有品系胃部腺瘤发病率 97% ～ 100%，对照组无，23/30 例 Sprague-Dawley 大鼠、22/30 例 Lewis 大鼠、20/30 例 Wistar 大鼠和 3/30 例 WKY 大鼠胃腺中出现腺癌，对照组无 (Tanaka et al., 1995)。

研究备注

物种，品系，性别：   大鼠，Sprague-Dawley，雄性

途径：   喂食

临界终点：   胃部腺癌

周期：   104 周

临界剂量：   在饮食中含 0.8% = 8000 mg/kg 饮食，

雄性大鼠每天吃 20 g，体重 500g，每日剂量：$(8000\ mg/kg \times 0.02\ kg)/0.5\ kg = 320\ mg/(kg\,bw \cdot d)$

最低剂量引起的显著增加的肿瘤发生率

对照组：　　　　　　　　　　　　0/20(0%)

320 mg/(kg bw · d) 的剂量：23/30 (77%)

净增：　　　　　　　　　　　　　77%

T25 值的计算

$T25 = 25/77 \times 320\ mg/(kg\,bw \cdot d) = 104\ mg/(kg\,bw \cdot d)$

甲醛

　　Fischer 344 大鼠分为 119～120 只雄性组和 120 只雌性组，7 周龄，全身暴露在 0、2.0 ppm、5.6 ppm 或 14.3 ppm(0、2.5 mg/m³、6.9 mg/m³ 或 17.6 mg/m³) 甲醛 (纯度 >97.5%) 蒸气中，每周 5 天，每天 6 小时，为期 24 个月，然后观察 6 个月，没有进一步暴露。暴露于 0 或 2.0 ppm 甲醛的大鼠，没有发现鼻腔恶性肿瘤，但在 5.6 ppm 暴露组中两例引发鳞状细胞癌 (在 119 只雄性中一例，在 116 只雌性中一例)，在 14.3 ppm 暴露组 (P<0.001) 中有 107 例 (在 117 只雄性中有 51 例，在 115 只雌性中有 52 例)。在 14.3 ppm 暴露组大鼠中有其他 5 例引发鼻腔肿瘤 (分为上皮癌、未分化上皮癌、肉瘤、上皮癌肉瘤)；在发现肿瘤的大鼠中有两例也引发鼻腔鳞状细胞癌。与对照组比较 (P=0.02，Fisher 精度检验)，在处理后的动物中息肉状腺瘤总体发病率有显著的增加 (雄性和雌性共同)。在低剂量的雌性和中等剂量的雄性中息肉样腺瘤的发生率略微升高 (Swenberg et al., 1980；Kerns et al., 1983)。

　　由于甲醛引发鼻肿瘤的剂量 - 效应呈高度非线性关系，这种化合物不能计算 T25 值。

对苯二酚

Fischer 344 大鼠分为 65 只雄性组和 65 只雌性组 (7 ～ 9 周龄)，分别以 0、25 mg/kg 或 50 mg/kg 体重管饲对苯二酚，每周 5 天，为期 103 周。动物 111 ～ 113 周大时死亡。在雄性中肾腺瘤发病率为，对照组 0/55 例 (0%)，低剂量组 4/55(P=0.069)(7%)，高剂量组 8/55(P=0.003)(14.5%)。在雌性中，单核细胞白血病中发病率为，对照组 9/55 (16%)，低剂量组 15/55(P=0.048)(27%)，高剂量组 22/55(P=0.003)(40%)(National Toxicology Program, 1989)。

研究备注

物种，品系，性别：　　　大鼠，Fischer 344，雄性

途径：　　　　　　　　　管饲

临界终点：　　　　　　　肾管状腺瘤

周期：　　　　　　　　　103 周

临界剂量：　　　　　　　为期 104 周，每周 5 天，每日剂量

为 50 mg/(kg bw · d)，观察 112 周：50 mg/(kg bw · d)×5/7×103/104= 35.4 mg/(kg bw · d)

最低剂量引起的显著增加的肿瘤发生率

对照组：　　　　　　　　　　　　0/55(0%)

35.4 mg/(kg bw · d) 的剂量：　　8/55 (14.5%)

净增：　　　　　　　　　　　　　14.5%

T25 值的计算

T25 = 25/14.5 × 35.4 mg/(kg bw · d) = 61.0 mg/(kg bw · d)

异戊二烯

50 只雄性组和 50 只雌性组 B6C3F1 小鼠（年龄未指定），由全身吸入暴露于浓度为 0、10 ppm、70 ppm、140 ppm、280 ppm、700 ppm 或 2200 ppm(0、28 mg/m³、200 mg/m³、400 mg/m³、800 mg/m³、2000 mg/m³ 或 6160 mg/m³) 的异戊二烯，每天 4 小时或 8 小时，每周 5 天，为期 40 或 80 周，接着是保持期，直到在 96 周或 104 周终止实验。暴露于 ≥ 140 ppm 40 周以上后，在雄性中发现肺、肝、心、脾和哈德氏腺的肿瘤发病率增加。雌性小鼠的哈德氏腺瘤 [对照组有 2/49 例，在 10 ppm 出现 3/49 例，在 70 ppm 出现 8/49 例 ($P<0.005$)] 和垂体腺瘤 [对照组有 1/49 例，在 10 ppm 有 6/46 例，在 70 ppm 有 9/49 例 ($P<0.05$)] 在暴露 80 周后发病率增加 (Cox, Bird, Griffis, 1996；Placke et al., 1996)。

研究备注

物种，品系，性别：　　　　　小鼠，B6C3F1，雌性

途径：　　　　　　　　　　　吸入

临界终点：　　　　　　　　　脑垂体腺瘤

周期：　　　　　　　　　　　80 周

临界剂量：　　　　　　　　　200 mg/m³；每天 8 小时吸入量 =0.0018 m³/h×8 h×5/7=0.0103 m³；雌性小鼠体重 25 g；每日剂量：0.103×200/0.025 mg/(kg bw · d)=82. mg/(kg bw · d)；104 周的每日剂量 =82.3 mg/(kg bw · d)×80/104=63.3 mg/(kg bw · d)

最低剂量引起的显著增加的肿瘤发生率

对照组：　　　　　　　　　　1/49(2%)

63.3 mg/(kg bw · d) 的剂量：　　9/49 (18%)

净增： $[(18/100-2/100)/(1-2/100)]\times 100\% = 16.7\%$

T25 值的计算

$T25 = 25/16.7 \times 63.3\ mg/(kg\ bw \cdot d) = 94.8\ mg/(kg\ bw \cdot d)$

铅

在几个实验中碱式醋酸铅导致大鼠肾肿瘤。在一个实验中，Wistar 大鼠分别喂含 0.1% 和 1% 的碱式醋酸铅，为期 29 月和 24 月。两个对照组包括 24 ～ 30 只大鼠。在低剂量组，11/32 例 (34%) 引发肾肿瘤（三个上皮癌），在高剂量组，13/24(54%) 肾肿瘤（六个上皮癌）。在对照组中没有发现肾肿瘤 (van Esch, van Genderen, Vink, 1962)。

研究备注

物种，品系，性别：   大鼠，Wistar，性别没有指定

途径：   喂食

临界终点：   肾肿瘤

周期：   29 个月

临界剂量：   1000 mg/kg 饮食，默认喂食量 18.8 g/d(雄性和雌性平均值)，默认体重 425 g(雄性和雌性平均值)，每日剂量 =1000 mg/kg×0.0188 kg×1000/425=44.2 mg/(kg bw · d)；2 年的每日剂量 =44.2 mg/(kg bw · d)×29/24= 53.4 mg/(kg bw · d)

最低剂量引起的显著增加的肿瘤发生率

对照组：   没有发现肾肿瘤（对照组动物数量无报告）

53.4 mg/(kg bw · d) 的剂量：   11/32 (34%)

净增：   34%

T25 值的计算

T25 = 25/34 × 53.4 mg/(kg bw · d) = 39.3 mg/(kg bw · d)

NNK

Fischer 雄性大鼠用溶解在三辛酸甘油酯中的 NNK 处理，剂量为 0.03 mg/kg bw、0.1 mg/kg bw、0.3 mg/kg bw、1.0 mg/kg bw、10 mg/kg bw 或 50 mg/kg bw 或仅用三辛酸甘油酯皮下注射，每周 3 次，为期 20 周。在 104 周后终止处理，动物被杀死。肺肿瘤发生率如下：2.5%(对照组)，6.7%(0.03 mg/kg bw)，10.0%(0.1 mg/kg bw)，13.3%(0.3 mg/kg bw)，53.3%(1.0 mg/kg bw)，73.3%(10 mg/kg bw)，73.3%(10 mg/kg bw) 和 87.1%(50 mg/kg bw)。肿瘤的发生率随着剂量而增加，且这种趋势非常显著。肺泡增生的发生率分别为 2.5%、16.4%、16.0%、40.0%、73.3%、93.3% 和 93.5% (Belinsky et al., 1990)。

研究备注

物种，品系，性别：　　　大鼠，Fischer，雄性

途径：　　　　　　　　　皮下注射

临界终点：　　　　　　　肺腺瘤和基底细胞癌

周期：　　　　　　　　　20 周

临界剂量：　　　　　　　每周 3 次，0.03 mg/kg bw，每日剂量：

0.03 mg/(kg bw · d)×3/7= 0.013 mg/(kg bw · d)，2 年的每日剂量：12.9 μg/(kg bw · d)×20/104=2.5 μg/(kg bw · d)

最低剂量引起的显著增加的肿瘤发生率

对照组：　　　　　　　　　1/40(2.5%)

53.4 mg/(kg bw · d) 的剂量：　　　4/60 (6.7%)

净增：　　　　　　　[(6.7/100−2.5/100)/(1×2.5/100)]×100%= 4.3%

T25 值的计算

T25 = 25/4.3 × 2.5 µg/(kg bw · d)= 0.015 mg/(kg bw · d)

NNN

一组 20 只雄性 Fischer 大鼠，7 周龄，在 30 周中，每周 5 天，供给含有 200 mg/L NNN 的饮用水（总计约 630 mg)。动物在垂死时或在 11 个月后杀死所有的动物，进行尸检，除了那些同类相残或自溶的。尸检的处理组全部 12 只大鼠，都引发了食管肿瘤 (11 例乳状瘤和 3 个细胞癌)；此外，一例咽部乳状瘤和三例鼻腔癌，通过脑侵入观察。19 例对照没有肿瘤 (Hoffmann et al., 1975)。

研究备注

物种，品系，性别：	大鼠，Fischer，雄性
途径：	饮水
临界终点：	食管乳状瘤和细胞癌
周期：	30 周处理期，11 个月后尸检

临界剂量： 210 天共计 630 mg，雄性大鼠体重 500 g，每日剂量 630 mg/210 d×1000/500 kg=6.0 mg/(kg bw · d)；24 月的每日剂量 =6.0 mg/(kg bw · d)×210/728×11/24=0.8 mg/(kg bw · d)

对照组：	0%
0.8 mg/(kg bw · d) 的剂量：	12/12 (100%)
净增：	100%

T25 值的计算

T25 = 25/100 × 0.8 mg/(kg bw · d) = 0.2 mg/(kg bw · d)

参 考 文 献

Belinsky SA et al. (1990) Dose–response relationships beteen O6-methylguanine formation in Clara cells and induction of pulmonary neoplasia in the rat by 4-(methylnitrosamino)-1-(3-pyridyl)-1-butanone. *Cancer Research*, 50:3772–3780.

Biodynamics, Inc. (1990) *A twenty-four month oral toxicity/carcinogenicity study of arcrylonitrile administered in the drinking water to Fischer 344 rats*. Division of Biology and Safety Evaluation, East Millstone, New Jersey, under project No 77-1746 for Monsanto Company, St Louis, Missouri.

Bonser GM et al. (1952) The carcinogenic properties of 2-amino-1-naphthol hydrochloride and its parent amine 2- naphthylamine. *British Journal of Cancer*, 6:412–424.

Clayson DB, Ashton MJ (1963) The metabolism of 1-naphthylamine and its bearing on the mode of carcinogenesis of the aromatic amines. *Acta Unio International Contra Cancrum*, 19:539–542.

Cox LA, Bird MG, Griffis L (1996) Isoprene cancer risk and the time pattern of dose administration. *Toxicology*, 113:263–272.

Dybing E et al. (1997) T25: a simplified carcinogenic potency index. Description of the system and study of correlations between carcinogenic potency and species/site specificity and mutagenicity. *Pharmacology and Toxicology*, 80:272–279.

van Esch GJ, van Genderen H, Vink HH (1962) The induction of renal tumours by feeding of basic lead acetate to rats. *British Journal of Cancer*, 16:289–297.

Gold LS et al. (1984) A carcinogenic potency database of the standardized results of animal bioassays. *Environmental Health Perspectives*, 58:9–319.

Hoffmann D et al. (1975) A study of tobacco carcinogenesis. XIV. Effects of *N'*-nitrosonornicotine and *N'*- nitrosoanabasine in rats. *Journal of the National Cancer Institute*, 55:977–981.

Kerns WD et al. (1983) Carcinogenicity of formaldehyde in rats and mice after long-term inhalation exposure. *Cancer Research*, 43:4382–4392.

Melnick Rl, Huff J, Chou BJ, Miller RA. Carcinogenicity of 1,3-butadiene in C57Bl/6 x C3HF1 mice at low exposure concentrations. Cancer Res 1990; 50: 6592-6599.

National Toxicology Program (1986) *Toxicology and carcinogenesis studies of benzene (CAS No. 71-43-2) in F344/N rats and B6C3F1 mice (gavage studies).* Research Triangle Park, North Carolina. (NTP TR 289; National Institutes of Health Publication No. 86-2545).

National Toxicology Program (1989) *NTP toxicology and carcinogenesis studies of hydroquinone (CAS No. 123- 31-9) in F344/N rats and B6C3F1 mice (gavage studies).* Research Triangle Park, North Carolina. (NTP TR 366).

Placke ME et al. (1996) Chronic inhalation oncogenicity study of isoprene in B6C3F1 mice. *Toxicology*, 110:253262.

Swenberg JA et al. (1980) Induction of squamous cell carcinomas of the rat nasal cavity by inhalation exposure to formaldehyde vapor. *Cancer*

Research, 40:3398–3402.

Takenaka S et al. (1983) Carcinogenicity of cadmium chloride aerosols in W rats. *Journal of the National Cancer Institute*, 70:367–373.

Tanaka H et al. (1995) Rat strain differences in catechol carcinogenicity to the stomach. *Food and Chemical Toxicology*, 33:93–98.

Thyssen J et al. (1981) Inhalation studies with benzo(a)pyrene in Syrian golden hamsters. *Journal of the National Cancer Institute*, 66:575–577.

Woutersen RA et al. (1986) Inhalation toxicity of acetaldehyde in rats. III. Carcinogenicity study. *Toxicology*, 41:213–231.

附录 3.3 菲利普·莫里斯公司国际牌号、加拿大牌号和澳大利亚牌号的有害物质动物致癌性指数和非癌症响应指数的计算

在本报告中，使用 T25 致癌效力方法 (Dybing et al., 1997)，而不是在 Fowles 和 Dybing(2003) 研究中使用的，由美国环境保护局 (www.epa.gov/iris) 或美国加利福尼亚州环境保护局 (www.oehha.ca.gov) 发布的癌症效力因子。后者的效力因子是来自低于 95% 置信度的模型基准剂量 10% 的肿瘤发病率。作者研究了大量 T25 致癌效力方法的实用性 (Dybing et al., 1997；Sanner et al., 2001；Sanner, Dybing, 2005a,b)。此外，T25 方法已被应用于欧洲化学制品管制 (European Commission, 1999；Scientific Committee on Cosmetic and Non-food Products, 2003)。致癌效力估算方法的选择对有害物质动物致癌性指数的计算没有太大影响，因为估算效力因子的各种方法具有良好的相关性。例如，Dybing 等 (1997) 发现 110 美国国家癌症研究所 / 国家毒理学计划的致癌物质 T25 值和 Gold 等的方法 (1984) 导出的 TD50 致癌效力指数之间的相关系数为 0.96。有趣的是，使用 T25 方法，Sanne 和 Dybing(2005b) 发现基于流行病学数据和基于动物实验的危害特征一致，虽然进行比较的数据有限。

表 A3.1 至表 A3.3 显示了以烟气产生的每毫克烟碱有害物质计的动物致癌性指数和非癌症响应指数，基于 Counts 等 (2005) 在深度抽吸方案下获得的加拿大和澳大利亚品牌的数据。表 A3.4 至表 A3.9 显示了三个数据集中按有害物质动物致癌性指数和有害物质非癌症响应指数排序的烟气有害物质排名。表 A3.10 和 A3.11 显示了这三个数据集两个指数的比较。

一些物质计算的 T25 值与其他的相比不太确定，例如，当使用较早的不是依据现代生物学测试条件的实验数据时（如 1- 萘胺和 2- 萘胺）。NNN 值高度不确定，因为只有一个导致 100% 肿瘤发病率的剂量。报告的 NNK T25 值也很不确定，因为这个值来自一个每周 3 次的皮下注射 20 周的试验，假设剂量和时间呈线性，按 104 周的每日剂量进行数据推算得到的。NNK 和 NNN 的管制限量建议依据其已知的毒性、牌号之间的差异，以及改变烟叶烘烤方法可以减少这些有害物质水平的信息 (WHO, 2007)。4- 氨基联苯是一种人体致癌物 (IARC 第 1 类；IARC, 2006)；然而，这个有害物质的实验数据不适于 T25 值的计算。

表 A3.1　根据 Counts 等（2005）烟气有害物质水平数据，修改的深度抽吸模式下烟气中每毫克烟碱有害物质的动物致癌性指数和非癌症响应指数

有害物质	烟气中含量（μg/mg 烟碱）			$T25^a$ [mg/(kg·d)]	效力 [mg/(kg·d)]	动物致癌性指数			可容许量（μg/m³）	非癌症响应指数		
	平均	90%位值	最大值			平均	90%位值	最大值		平均	90%位值	最大值
乙醛	695	859	997	82.4	0.01	7.0	8.6	10.0	9	77.2	95.4	111
丙酮	359	446	501	ND	—	—	—	—	None	—	—	—
丙烯醛	67.6	85.3[b]	99.5	I	0.14	—	—	—	0.06	1127	1422	1658
丙烯腈	12.3	16.1	19.5	6.9	0.03	1.7	2.3	2.7	5	2.5	3.2	3.9
1-萘胺	16.2[b]	19.0[b]	24.8[b]	29.7	0.08	0.00049	0.00057	0.00074	None	—	—	—
2-萘胺	10.1[b]	11.6[b]	14.3[b]	12.8	—	0.00081	0.00093	0.0011	None	—	—	—
3-氨基联苯	2.9[b]	3.4[b]	4.1[b]	ND[c]	—	—	—	—	None	—	—	—
4-氨基联苯	2.2[b]	2.7[b]	3.2[b]	ND	—	—	—	—	None	—	—	—
氨	21.2	26.8	40.7	ND	—	—	—	—	200	0.11	0.13	0.20
砷	4.8[b]	6.0[b]	6.5[b]	NQ	—	—	—	—	0.03	0.16	0.20	0.22
苯	39.0	45.8	51.1	13.4	0.07	2.7	3.2	3.6	60	0.66	0.76	0.85
苯并 [a] 芘	9.0[b]	11.2[b]	13.8[b]	1.1d	0.91	0.0082	0.0102	0.0126	None	—	—	—
1,3-丁二烯	54.1	65.5	75.5	4.8	0.21	11.4	13.8	15.9	20	2.7	3.3	3.8
丁醛	43.0	52.4	63.6	ND	—	—	—	—	None	—	—	—
镉	48.2[b]	64.9[b]	87.5[b]	0.03	33	1.6	2.1	2.2	0.02	2.4	3.2	4.4
CO	15.2[c]	17.9[c]	27.3[c]	ND	—	—	—	—	10 000	1.5	1.8	2.7
邻苯二酚	48.8	61.6	65.4	104	0.01	0.49	0.62	0.65	None	—	—	—

附录 3.3　菲利普·莫里斯公司国际牌号、加拿大牌号和澳大利亚牌号的有害物质动物致癌性指数和非癌症响应指数的计算

续表

有害物质	烟气中含量 (µg/mg 烟碱)			T25 [mg/(kg·d)]	效力 [mg/(kg·d)]	动物致癌性指数			可容许量 (µg/m³)	非癌症响应指数		
	平均	90%位值	最大值			平均	90%位值	最大值		平均	90%位值	最大值
铬	NQ	NQ	NQ	NQ	—	—	—	—	0.2[v]	—	—	—
间，对甲基苯酚	7.8	10.9	13.7	ND	—	—	—	—	600[g]	0.01	0.02	0.02
邻甲基苯酚	3.0	4.3	5.0	ND	—	—	—	—	600[g]	0.01	0.01	0.01
丁烯醛	28.8	36.6	41.3	I	—	—	—	—	None	—	—	—
甲醛	41.1	57.9	90.5	NQ[h]	—	—	—	—	3	13.7	19.3	30.2
氰化氢	204	277	390	ND	—	—	—	—	9	22.7	30.8	43.3
氢醌	56.6	76.1	85.0	61.0	0.02	1.1	1.5	1.7	None	—	—	—
异戊二烯	459	551	746	94.8[d]	0.01	4.6	5.5	7.5	None	—	—	—
铅	23.5[b]	27.7[b]	48.6[b]	39.3[i]	0.03	0.00	0.00	0.00	None	—	—	—
汞	3.4[b]	4.7[b]	5.5[b]	L	—	—	—	—	0.09	0.04	0.05	0.06
甲基乙基酮	93.2	116	124	ND	—	—	—	—	1000	0.09	0.12	0.12
N'-亚硝基假木贼碱	13.4[b]	21.0[b]	23.9[b]	L	—	—	—	—	None	—	—	—
N'-亚硝基新烟草碱	99.7[b]	148[b]	183[b]	I	—	—	—	—	None	—	—	—
镍	NQ	NQ	NQ	NQ	—	—	—	—	0.05	—	—	—
NO	180	280	349	ND	—	—	—	—	None	—	—	—
氮氧化物	199	313	390	ND	—	—	—	—	40[j]	5.0	7.8	9.8
NNK	70.1[b]	102[b]	111[b]	0.015[k]	67	4.7	6.8	7.4	None	—	—	—

续表

有害物质	烟气中含量 (μg/mg 烟碱)			T25^a [mg/(kg·d)]	效力 [mg/(kg·d)]	动物致癌性指数			可容许量 (μg/m³)	非癌症响应指数		
	平均	90%位值	最大值			平均	90%位值	最大值		平均	90%位值	最大值
NNN	110^b	175^b	189^b	0.2	5.0	0.55	0.88	0.95	None	—	—	—
苯酚	11.4	17.1	19.8	I	—	—	—	—	200	0.06	0.09	0.10
丙醛	60.3	74.0	88.4	ND	—	—	—	—	None	—	—	—
吡啶	21.4	25.4	28.1	L	—	—	—	—	None	—	—	—
喹啉	0.33	0.42	0.46	ND	—	—	—	—	None	—	—	—
间苯二酚	1.0	1.4	1.6	I	—	—	—	—	None	—	—	—
硒	NQ	NQ	NQ	ND	—	—	—	—	20	—	—	—
苯乙烯	13.6	16.5	18.5	L	—	—	—	—	900	0.02	0.02	0.02
甲苯	71.1	83.3	96.3	E	—	—	—	—	300	0.24	0.28	0.32

注：ND，无数据；L，致癌性证据不足；NQ，无法量化；L，致癌性的证据有限 ；NNN，致癌性的证据有限,E，非致癌性的证据 ；NNN，N′- 亚硝基去甲烟碱；NNK，4-(N- 甲基亚硝胺基）-1-（3- 吡啶基）-1- 丁酮；E，非致癌性的证据

a 除非另有说明，数值均是口服得到
b 含量 (ng/mg 烟碱)
c T25 估算未得到合适的数据
d 吸入给药
e 含量 (mg/mg 烟碱)
f 六价铬
g 甲基苯酚混合物
h 高度非线性的剂量 - 效应关系
i 碱式醋酸铅
j WHO 关于二氧化氮的准则，未列入 2005 年美国加利福尼亚州环境保护局
k 皮下注射

表A3.2　根据加拿大关于烟气有害物质水平的数据，在修改的深度抽吸模式下，烟气中每毫克烟碱有害物质的动物致癌性指数和非癌症响应指数

有害物质	烟气中含量（μg/mg 烟碱）			T25^a [mg/(kg·d)]	效力 [mg/(kg·d)]	动物致癌性指数 [mg/(kg·d)]			可容许量（μg/m³）	非癌症响应指数		
	平均	90%位值	最大			平均	90%位值	最大		平均	90%位值	最大
乙醛	567	658	766	82	0.01	5.7	6.6	7.7	9	62.9	73.1	85.2
丙酮	289	323	386	ND^b	—	—	—	—	None	1188	1362	1659
丙烯醛	71.3	81.7	99.5	I	0.14	1.4	1.7	2.0	0.06	2.0	2.4	2.8
丙烯腈	10.0	12.0	14.0	6.9	0.03	0.00032	0.00045	0.00059	5	—	—	—
1-萘胺	10.8^b	15.1^b	19.6^b	29.7	0.08	0.00077	0.0011	0.0012	None	—	—	—
2-萘胺	9.7^b	14.2^b	14.5^b	12.8	—	—	—	—	None	—	—	—
3-氨基联苯	1.8^b	2.5^b	2.8^b	ND	—	—	—	—	None	—	—	—
4-氨基联苯	1.8^b	2.4^b	2.6^b	ND^c	—	—	—	—	None	—	—	—
氨	12.7	18.1	19.0	ND	0.07	2.8	3.4	3.6	200	0.06	0.08	0.09
砷	ND^b	ND^b	ND^b	NQ	0.91	0.0096	0.0158	0.0163	0.03	—	—	—
苯	40.6	48.6	51.8	13.4	0.21	8.9	10.8	11.9	60	0.68	0.81	0.86
苯并[a]芘	10.5^b	17.4^b	17.9^b	1.1^d	33	2.4	2.8	3.1	None	—	—	—
1,3-丁二烯	42.6	51.6	56.5	4.8	0.21	8.9	2.6	2.8	20	2.1	2.6	2.8
丁醛	32.3	37.4	41.3	ND	—	—	—	—	None	—	—	—
镉	71.4^b	83.6^b	93.2^b	0.03	33	—	—	—	0.02	3.6	4.2	4.7
CO	11.8^e	14.6^e	15.7^e	ND	—	—	—	—	10000	1.2	1.5	1.6
邻苯二酚	75.3	88.7	95.7	104	0.01	0.75	0.89	0.96	None	—	—	—
铬	ND	ND	ND	NQ	0.2^f	—	—	—	None	—	—	—

续表

有害物质	烟气中含量 (μg/mg 烟碱)			T25[a] [mg/(kg·d)]	效力 [mg/(kg·d)]	动物致癌性指数 [mg/(kg·d)]			可容许量 (μg/m³)	非癌症响应指数		
	平均	90%位值	最大			平均	90%位值	最大		平均	90%位值	最大
间, 对甲基苯酚	10.7	13.1	27.1	ND	600[g]	0.02	0.02	0.05	0.05			
邻甲基苯酚	4.3	4.8	11.1	ND	600[g]	0.01	0.01	0.02	0.02			
丁烯醛	30.3	35.9	39.6	I	None							
甲醛	77.3	116	118	NQ[h]	3	25.8	38.7	39.4				
氰化氢	143	196	230	ND	9	15.9	21.8	25.6				
氢醌	66.0	75.6	78.1	61.0	0.02	1.3	1.5	1.6	None			
异戊二烯	289	377	438	94.8[d]	0.01	2.9	3.8	4.4	None			
铅	18.7[b]	23.3[b]	23.3[b]	39.3[j]	0.03	0.00	0.00	0.00	None			
汞	2.9[b]	3.3[b]	4.0[b]	L	0.09	0.03	0.04	0.04				
甲基乙基酮	ND	ND	ND	ND	1000	0.09	0.12					
N'-亚硝基假木贼碱	8.8[b]	37.6[b]	43.3[b]	L	None			0.12	None			
N'-亚硝基新烟草碱	37.8[b]	45.3[b]	169[b]	I	—	—	—	—	None	—	—	—
镍	ND	ND	ND	ND	—	—	—	—		—	—	—
NO	81.5	166	284	ND	—	—	—	—	0.05	—	—	—
氮氧化物	88.8	182	311	ND	20[l]	2.2	4.6	7.8	None			
NNK	56.1[b]	88.3[b]	104[b]	0.015[k]	67	3.8	5.9	7.0	None			
NNN	43.5[b]	144[b]	163[b]	0.2	5.0	0.22	0.72	0.82	None	—	—	—

续表

有害物质	烟气中含量 (μg/mg 烟碱) 平均	90% 位值	最大	T25[a] [mg/(kg·d)]	效力 [mg/(kg·d)]	动物致癌性指数 [mg/(kg·d)] 平均	90% 位值	最大	可容许量 (μg/m³)	非癌症响应指数 平均	90% 位值	最大
苯酚	18.3	19.4	54.5	I	—	—	—	—	200	0.09	0.10	0.27
丙醛	48.2	54.9	65.3	ND	None	—	—	—				
吡啶	16.5	20.0	22.1	L	None	—	—	—				
喹啉	0.35	0.43	0.80	ND	None	—	—	—				
间苯二酚	1.3	1.7	1.8	I	—	—	—	—	None	—	—	—
硒	ND	ND	ND	ND	—	—	—	—	20	—	—	—
苯乙烯	12.3	12.9	61.8	L	—	—	—	—	900	0.01	0.01	0.07
甲苯	71.6	91.4	93.7	E	—	—	—	—	300	0.24	0.30	0.31

注：ND，无数据；I，致癌性证据不足；NQ，致癌性证据不足，无法量化；L，非致癌性的证据
（3- 吡啶基）-1- 丁酮；E，致癌性的证据有限；NNN，N'- 亚硝基降烟碱；NNK，4-（N- 甲基亚硝胺基）-1-

a 除非另有说明，数值均是口服得到

b 含量（ng/mg 烟碱）

c T25 估算未得到合适的数据

d 吸入给药

e 含量（mg/mg 烟碱）

f 六价铬

g 甲基苯酚混合物

h 高度非线性剂量 - 效应关系

i 碱式醋酸铅

j WHO 关于二氧化氮的准则，未列入 2005 年加利福尼亚州环境保护局

k 皮下注射

表 A3.3 根据澳大利亚关于烟气有害物质水平的数据，在修改的深度抽吸模式下，烟气中每毫克烟碱有害物质的动物致癌性指数和非癌症响应指数

有害物质	烟气中含量 (μg/mg 烟碱) 平均	90%位值	最大	T25[a] [mg/(kg·d)]	效力 [mg/(kg·d)]	动物致癌指数 [mg/(kg·d)] 平均	90%位值	最大	可容许量 (μg/m³)	非癌症响应指数 平均	90%位值	最大
乙醛	550	651	683	82	0.01	5.5	6.5	6.8	9	61.1	72.3	75.9
丙酮	253	286	296	ND	—	—	—	—	None	983	1165	1212
丙烯醛	59.0	69.9	72.7	1	0.14	—	—	—	0.06	—	—	—
丙烯腈	8.8	10.4	11.0	6.9	0.03	1.2	1.5	1.5	5	1.8	2.1	2.2
1-萘胺	9.4[b]	11.2[b]	11.7[b]	29.7	0.08	0.000028	0.00034	0.00035	None	—	—	—
2-萘胺	5.9[b]	7.2[b]	7.3[b]	12.8	—	0.00047	0.00058	0.00058	None	—	—	—
3-氨基联苯	1.5[b]	1.9[b]	2.0[b]	ND	—	—	—	—	None	—	—	—
4-氨基联苯	1.2[b]	1.4[b]	1.6[b]	ND[c]	—	—	—	—	None	—	—	—
氨	10.8	12.1	13.1	ND	—	—	—	—	200	—	—	—
砷	ND[b]	ND[b]	ND[b]	NQ	0.07	—	—	—	0.03	0.05	0.06	0.07
苯	34.4	38.7	45.3	13.4	0.91	2.4	2.7	3.2	60	0.57	0.65	0.76
苯并[a]芘	8.9[b]	10.3[b]	12.3[b]	1.1[d]	0.21	0.0081	0.0094	0.0112	None	—	—	—
1,3-丁二烯	45.2	51.9	53.6	4.8	—	9.5	10.9	11.3	20	2.3	2.6	2.7
丁醛	32.7	38.0	38.8	ND	—	—	—	—	None	—	—	—
镉	36.5[b]	44.3[b]	44.9[b]	0.03	33	1.2	1.5	1.5	0.02	1.8	2.2	2.2
CO	10.8[e]	12.2[e]	13.6[e]	ND	—	—	—	—	10000	1.1	1.2	1.4
邻苯二酚	50.1	53.9	54.6	104	0.01	0.50	0.54	0.55	None	—	—	—

附录 3.3　菲利普·莫里斯公司国际牌号、加拿大牌号和澳大利亚牌号的有害物质动物致癌性指数和非癌症响应指数的计算

有害物质	烟气中含量 (μg/mg 烟碱)			T25^a [mg/(kg·d)]	效力 [mg/(kg·d)]	动物致癌性指数 [mg/(kg·d)]			可容许量 (μg/m³)	非癌症响应指数		
	平均	90%位值	最大			平均	90%位值	最大		平均	90%位值	最大
铬	ND	ND	ND	NQ	—	—	—	—	0.2^f	—	—	—
同, 对甲基苯酚	7.3^b	9.1	9.3	ND	—	—	—	—	600^g	0.01	0.02	0.02
邻甲基苯酚	2.8	3.4	3.5	ND	—	—	—	—	600^g	0.00	0.01	0.01
丁烯醛	20.1	23.1	23.5	I	—	—	—	—	None	—	—	—
甲醛	60.0	71.0	75.2	NQ^h	—	—	—	—	3	20.0	23.7	25.1
氰化氢	117	141	143	ND	—	—	—	—	9	13.0	15.7	15.9
氢醌	61.4^b	66.4	68.9	61.0	0.02	1.2	1.3	1.4	None	—	—	—
异戊二烯	363	411	438	94.8^d	0.01	3.6	4.1	4.4	None	—	—	—
铅	12.2^b	13.1^b	13.5^b	39.3^i	0.03	0.00	0.00	0.00	None	—	—	—
汞	2.5^b	3.1^b	3.3^b	L	—	—	—	—	0.09	0.00	0.00	0.00
甲基乙基酮	66.3	76.2	80.4	ND	—	—	—	—	1000	0.07	0.08	0.08
N'-亚硝基假木贼碱	6.1^b	8.0^b	8.7^b	L	—	—	—	—	None	—	—	—
N'-亚硝基新烟草碱	37.7^b	48.5^b	49.7^b	I	—	—	—	—	None	—	—	—
镍	ND	ND	ND	NQ	—	—	—	—	0.05	—	—	—
NO	77.6	92.3	95.1	ND	—	—	—	—	20^j	2.1	2.6	2.6
氮氧化物	85.5	103	105	ND	—	—	—	—	None	—	—	—
NNK	27.3^b	36.4^b	38.2^b	0.015^k	67	1.8	2.4	2.6	None	—	—	—
NNN	20.8^b	28.0^b	33.2^b	0.2	5.0	0.10	0.14	0.17	None	—	—	—
苯酚	11.4	13.9	14.7	I	—	—	—	—	200	0.06	0.07	0.07

续表

有害物质	烟气中含量 (µg/mg 烟碱)			T25ᵃ [mg/ (kg·d)]	效力 [mg/(kg·d)]	动物致癌性指数 [mg/(kg·d)]			可容许量 (µg/m³)	非癌症响应指数		
	平均	90% 位值	最大			平均	90% 位值	最大		平均	90% 位值	最大
丙醛	46.1	54.6	58.1	ND	—	—	—	—	None	—	—	—
吡啶	14.7	16.8	17.7	L	—	—	—	—	None	—	—	—
喹啉	0.26	0.32	0.33	ND	—	—	—	—	None	—	—	—
间苯二酚	1.33	1.6	1.8	I	—	—	—	—	None	—	—	—
硒	ND	ND	ND	ND	—	—	—	—	20ᵍ	—	—	—
苯乙烯	10.0	11.4	12.2	L	—	—	—	—	900	0.01	0.01	0.01
甲苯	53.2	60.0	65.3	E	—	—	—	—	300	0.18	0.20	0.22

注：ND，无数据；I，致癌性证据不足；NQ，无法量化；L，致癌性的证据有限；NNN，N'-亚硝基降烟碱；NNK，4-（N-甲基亚硝胺基）-1-（3-吡啶基）-1-丁酮；E，非致癌性的证据

a 除非另有说明，数值均是口服得到

b 含量（ng/mg 烟碱）

c T25 估算未得到合适的数据

d 吸入给药

e 含量（mg/mg 烟碱）

f 六价铬

g 甲基苯酚混合物

h 高度非线性的剂量 - 效应关系

i 碱式醋酸铅

j WHO 关于二氧化氮的准则，未列入 2005 年加利福尼亚州环境保护局

k 皮下注射

表 A3.4　根据 Counts 等（2005）有害物质动物致癌性指数，

烟气中有害物质的排序

有害物质	平均值	90% 位值	最大值
1,3- 丁二烯	11.4	13.8	15.9
乙醛	7.0	8.6	10.0
NNK	4.7	6.8	7.4
异戊二烯	4.6	5.5	7.5
苯	2.7	3.2	3.6
丙烯腈	1.7	2.3	2.7
镉	1.6	2.1	2.2
氢醌	1.1	1.5	1.7
NNN	0.55	0.88	0.95
邻苯二酚	0.49	0.62	0.65
苯并 [a] 芘	0.0082	0.0102	0.0126
2- 萘胺	0.00081	0.00093	0.0011
铅	0.00	0.00	0.00
1- 萘胺	0.00049	0.00057	0.00074

注：NNK, 4-（N- 甲基亚硝胺基）-1-（3- 吡啶基）-1- 丁酮；NNN，N'- 亚硝基降烟碱

表 A3.5　根据 Counts 等（2005）有害物质动物非癌症响应指数，

烟气中有害物质的排序

有害物质	平均值	90% 位值	最大值
丙烯醛	1127	1422	1658
乙醛	77.2	95.4	111
氰化氢	22.7	30.8	43.3
甲醛	13.7	19.3	30.2
氮氧化物	5.0	7.8	9.8
镉	2.4	3.2	4.4
1,3- 丁二烯	2.7	3.3	3.8
丙烯腈	2.5	3.3	3.9
CO	1.5	1.8	2.7

续表

有害物质	平均值	90% 位值	最大值
苯	0.66	0.76	0.85
甲苯	0.24	0.28	0.32
砷	0.16	0.20	0.22
氨	0.11	0.13	0.20
甲基乙基酮	0.09	0.12	0.12
苯酚	0.06	0.09	0.10
汞	0.04	0.05	0.06
苯乙烯	0.02	0.02	0.02
间，对甲基苯酚	0.01	0.02	0.02
邻甲基苯酚	0.01	0.01	0.01

表 A3.6　根据加拿大数据中的有害物质动物致癌性指数，
烟气中有害物质的排序

有害物质	平均值	90% 位值	最大值
1,3- 丁二烯	8.9	10.8	11.9
乙醛	5.7	6.6	7.7
NNK	3.8	5.9	7.0
异戊二烯	2.9	3.8	4.4
苯	2.8	3.4	3.6
镉	2.4	2.8	3.1
丙烯腈	1.4	1.7	2.0
氢醌	1.3	1.5	1.6
邻苯二酚	0.75	0.89	0.96
NNN	0.22	0.72	0.82
苯并 [a] 芘	0.0096	0.0158	0.0163
2- 萘胺	0.00077	0.0011	0.0012
铅	0.00	0.00	0.00
1- 萘胺	0.00032	0.00045	0.00059

注：NNK, 4-（N- 甲基亚硝胺基)-1-(3- 吡啶基)-1- 丁酮；NNN，N'- 亚硝基降烟碱

表 A3.7　根据加拿大数据中有害物质动物非癌症响应指数，烟气中有害物质的排序

有害物质	平均值	90% 位值	最大值
丙烯醛	1188	1362	1659
乙醛	62.9	73.1	85.2
甲醛	25.8	38.7	39.4
氰化氢	15.9	21.8	25.6
镉	3.6	4.2	4.7
氮氧化物	2.2	4.6	4.6
1,3- 丁二烯	2.1	2.6	2.8
丙烯腈	2.0	2.4	2.8
CO	1.2	1.5	1.6
苯	0.68	0.81	0.86
甲苯	0.24	0.30	0.31
苯酚	0.09	0.10	0.27
氨	0.06	0.08	0.09
苯乙烯	0.01	0.01	0.07
间，对甲基苯酚	0.02	0.02	0.05
汞	0.03	0.04	0.04
邻甲基苯酚	0.01	0.01	0.02

表 A3.8　根据澳大利亚数据中的有害物质动物致癌性指数，烟气中有害物质的排序

有害物质	平均值	90% 位值	最大值
1,3- 丁二烯	9.5	10.9	11.3
乙醛	5.5	6.5	6.8
异戊二烯	3.6	4.1	4.4
苯	2.4	2.7	3.2
NNK	1.8	2.4	2.6
丙烯腈	1.2	1.5	1.5
镉	1.2	1.5	1.5
氢醌	1.2	1.3	1.4

续表

有害物质	平均值	90% 位值	最大值
邻苯二酚	0.50	0.54	0.55
NNN	0.10	0.14	0.17
苯并 [a] 芘	0.0081	0.0094	0.0112
2- 萘胺	0.00047	0.00058	0.00058
铅	0.00	0.00	0.00
1- 萘胺	0.00028	0.00034	0.00035

注：NNK, 4-（N- 甲基亚硝胺基）-1-（3- 吡啶基）-1- 丁酮；NNN，N'- 亚硝基降烟碱

表 A3.9　根据澳大利亚数据中有害物质动物非癌症响应指数，
烟气中有害物质的排序

有害物质	平均值	90% 位值	最大值
丙烯醛	983	1165	1212
乙醛	61.1	72.3	75.9
甲醛	20.0	23.7	25.1
氰化氢	13.0	15.7	15.9
1,3- 丁二烯	2.3	2.6	2.7
氮氧化物	2.1	2.6	2.6
镉	1.8	2.2	2.2
丙烯腈	1.8	2.1	2.2
CO	1.1	1.2	1.4
苯	0.57	0.65	0.76
甲苯	0.18	0.20	0.22
甲基乙基酮	0.07	0.08	0.08
苯酚	0.06	0.07	0.07
氨	0.05	0.06	0.07
间, 对甲基苯酚	0.01	0.02	0.02
苯乙烯	0.01	0.01	0.01
邻甲基苯酚	0.00	0.01	0.01
汞	0.00	0.00	0.00

附录 3.3 菲利普·莫里斯公司国际牌号、加拿大牌号和澳大利亚牌号的有害物质动物致癌性指数和非癌症响应指数的计算

表 A3.10 根据有害物质动物致癌性指数，烟气中有害物质的排序

有害物质	平均值			平均值
	Counts 等 (2005)	加拿大数据	澳大利亚数据	
1,3- 丁二烯	11.4	8.9	9.5	9.9
乙醛	7.0	5.7	5.5	6.1
异戊二烯	4.6	2.9	3.6	3.7
NNK	4.7	3.8	1.8	3.4
苯	2.7	2.8	2.4	2.6
镉	1.6	2.4	1.2	1.7
丙烯腈	1.7	1.4	1.2	1.4
氢醌	1.1	1.3	1.2	1.2
邻苯二酚	0.49	0.75	0.50	0.58
NNN	0.55	0.22	0.10	0.29
苯并 [a] 芘	0.0082	0.0096	0.0081	0.0086
2- 萘胺	0.00081	0.00077	0.00047	0.00068
铅	0.00	0.00	0.00	0.00
1- 萘胺	0.00049	0.00032	0.00028	0.00036

注：NNK, 4-（N- 甲基亚硝胺基）-1-（3- 吡啶基）-1- 丁酮；NNN, N′- 亚硝基降烟碱

表 A3.11 根据有害物质动物非癌症响应指数，烟气中有害物质的排序

有害物质	平均值			平均值
	Counts 等 (2005)	加拿大数据	澳大利亚数据	
丙烯醛	1127	1188	983	1099
乙醛	77.2	62.9	61.1	67.1
甲醛	13.7	25.8	20.0	19.8
氰化氢	22.7	15.9	13.0	17.2
氮氧化物	5.0	2.2	2.1	3.1
镉	2.4	3.6	1.8	2.6

续表

有害物质	平均值			平均值
	Counts 等 (2005)	加拿大数据	澳大利亚数据	
1,3- 丁二烯	2.7	2.1	2.3	2.4
丙烯腈	2.5	2.0	1.8	2.1
CO	1.5	1.2	1.1	1.3
苯	0.66	0.68	0.57	0.64
甲苯	0.24	0.24	0.18	0.22
砷	0.16	–	–	0.16
甲基乙基酮	0.09	–	0.07	0.08
氨	0.11	0.06	0.05	0.07
苯酚	0.06	0.09	0.06	0.07
汞	0.04	0.03	0.00	0.02
苯乙烯	0.02	0.01	–	0.02
间，对甲基苯酚	0.01	0.02	0.01	0.01
邻甲基苯酚	0.01	0.01	0.0	00.01

参 考 文 献

Counts ME et al. (2005) Smoke composition and predicting relationships for international commercial cigarettes smoked with three machine-smoking conditions. *Regulatory Toxicology and Pharmacology*, 41:185–227.

Dybing E et al. (1997) T25: a simplified carcinogenic potency index. Description of the system and study of correlations between carcinogenic potency and species/site specificity and mutagenicity. *Pharmacology and Toxicology*, 80:272–279.

European Commission (1999) *Guidelines for setting specific concentration limits for carcinogens in Annex 1 of Directive 67/548/EEC. Inclusion of potency considerations.* Brussels, Commission Working Group on the Classification and Labelling of Dangerous Substances.

Fowles J, Dybing E (2003) Application of toxicological risk assessment principles to the chemical toxicants of cigarette smoke. *Tobacco Control*, 12:424–430.

Gold LS et al. (1984) A carcinogenic potency database of the standardized results of animal bioassays. *Environmental Health Perspectives*, 58:9–319.

IARC (2006) *Formaldehyde, 2-butoxyethanol and 1-tert-butoxy-2-propanol.* Lyon, International Agency for Research on Cancer (IARC Monographs on the Evaluation of Carcinogenic Risks to Humans, Vol. 88).

Sanner T et al. (2001) A simple method for quantitative risk assessment of nonthreshold carcinogens based on the dose descriptor T25. *Pharmacology and Toxicology*, 88:331–341.

Sanner T, Dybing E (2005a) Comparison of carcinogen hazard characterisation based on animal studies and epidemiology. *Basic and Clinical Pharmacology and Toxicology*, 96:66–70.

Sanner T, Dybing E (2005b) Comparison of carcinogenic and *in vivo* genotoxic potency estimates. *Basic and Clinical Pharmacology and Toxicology*, 96:131–139.

Scientific Committee on Cosmetic Products and Non-food Products

(2003) *The SCCNFP's notes of guidance for the testing of cosmetic ingredients and their safety evaluation*. 5th revision. Brussels, European Commission.

WHO (2007) *Setting maximal limits for toxic constituents in cigarette smoke*. Geneva, World Health Organization, Study Group on Tobacco Product Regulation. http://www.who.int/tobacco/global_interaction/ tobreg/tsr/en/ index.html.

附录 3.4 深度抽吸条件下吸烟机测量的国际牌号、加拿大牌号和澳大利亚牌号低于 100 ng/mg 烟碱的有害物质测量值的相关性

表 A4.1 修改的深度抽吸模式下，国际牌号的相关系数

	(1)	(2)	(3)	(4)	(5)	(6)	(7)	(8)	(9)
(1) 乙醛	1.000								
(2) 丙烯醛	0.949	1.000							
(3) 苯	0.760	0.764	1.000						
(4) 苯并 [a] 芘	−0.272	−0.208	−0.266	1.000					
(5) 1,3- 丁二烯	0.852	0.855	0.874	−0.401	1.000				
(6) 一氧化碳	0.830	0.761	0.673	−0.369	0.807	1.000			
(7) 甲醛	0.156	0.244	0.081	0.340	0.094	−0.111	1.000		
(8) NNK	0.010	−0.111	0.002	−0.393	−0.051	0.214	−0.639	1.000	
(9) NNN	0.103	−0.014	0.042	−0.476	0.062	0.252	−0.717	0.853	1.000

注：NNK, 4-（N- 甲基亚硝胺基）-1-（3- 吡啶基）-1- 丁酮；NNN，N'- 亚硝基降烟碱

表 A4.2 修改的深度抽吸模式下，国际牌号的复相关系数

成分	复相关系数
苯并 [a] 芘	0.44
甲醛	0.63
NNK	0.79
苯	0.81
一氧化碳	0.82
NNN	0.82

续表

成分	复相关系数
1,3- 丁二烯	0.91
丙烯醛	0.92
乙醛	0.93

注：NNK, 4-（N- 甲基亚硝胺基）-1-（3- 吡啶基）-1- 丁酮；NNN, N′- 亚硝基降烟碱

表 A 4.3　修改的深度抽吸模式下，加拿大数据（NNN 受限）中的相关系数

	(1)	(2)	(3)	(4)	(5)	(6)	(7)	(8)	(9)
(1) 乙醛	1.000								
(2) 丙烯醛	0.792	1.000							
(3) 苯	0.957	0.779	1.000						
(4) 苯并 [a] 芘	0.810	0.474	0.859	1.000					
(5) 1,3- 丁二烯	0.953	0.836	0.944	0.765	1.000				
(6)CO	0.949	0.848	0.972	0.810	0.949	1.000			
(7) 甲醛	0.844	0.568	0.867	0.912	0.827	0.810	1.000		
(8) NNK	0.707	0.426	0.762	0.817	0.627	0.744	0.710	1.000	
(9) NNN	0.454	0.128	0.462	0.464	0.376	0.447	0.347	0.774	1.000

注：NNK, 4-（N- 甲基亚硝胺基）-1-（3- 吡啶基）-1- 丁酮；NNN, N′- 亚硝基降烟碱

表 A4.4　修改的深度抽吸模式下，加拿大数据（NNN 受限）的复相关系数

成分	复相关系数
NNN	0.82
甲醛	0.90
丙烯醛	0.91
NNK	0.92
苯并 [a] 芘	0.93
乙醛	0.94
1,3- 丁二烯	0.96
苯	0.97
一氧化碳	0.98

注：NNK, 4-（N- 甲基亚硝胺基）-1-（3- 吡啶基）-1- 丁酮；NNN, N′- 亚硝基降烟碱

表 A 4.5　修改的深度抽吸模式下，加拿大数据（全部）中的相关系数

	(1)	(2)	(3)	(4)	(5)	(6)	(7)	(8)	(9)
(1) 乙醛	1.000								
(2) 丙烯醛	0.720	1.000							
(3) 苯	0.921	0.752	1.000						
(4) 苯并 [a] 芘	0.630	0.490	0.753	1.000					
(5) 1,3- 丁二烯	0.941	0.776	0.940	0.633	1.000				
(6) 一氧化碳	0.945	0.798	0.934	0.680	0.936	1.000			
(7) 甲醛	0.511	0.555	0.658	0.895	0.565	0.559	1.000		
(8) NNK	0.574	0.137	0.567	0.385	0.532	0.569	0.138	1.000	
(9) NNN	0.270	–0.197	0.109	–0.258	0.192	0.166	–0.498	0.657	1.000

注：NNK, 4-（N- 甲基亚硝胺基）-1-（3- 吡啶基）-1- 丁酮；NNN, N'- 亚硝基降烟碱

表 A4.6　修改的深度抽吸模式下，加拿大数据（全部）的复相关系数

成分	复相关系数
NNK	0.81
丙烯醛	0.86
NNN	0.88
苯并 [a] 芘	0.91
甲醛	0.91
乙醛	0.94
1,3- 丁二烯	0.94
苯	0.94
一氧化碳	0.96

注：NNK, 4-（N- 甲基亚硝胺基）-1-（3- 吡啶基）-1- 丁酮；NNN, N'- 亚硝基降烟碱

表 A4.7　修改的深度抽吸模式下，菲利浦·莫里斯国际品牌（Counts et al., 2004）烟草中每毫克烟碱各成分之间的相关性

成分	Tpm	水	一氧化碳	乙醛	丙酮	丙烯醛
焦油抽吸口数						
Tpm	1.000					
水	0.958	1.000				
一氧化碳	0.656	0.707	1.000			
乙醛	0.597	0.611	0.830	1.000		
丙酮	0.563	0.585	0.817	0.983	1.000	
丙烯醛	0.565	0.585	0.761	0.949	0.936	1.000
丁醛	0.533	0.524	0.781	0.967	0.951	0.931
丁烯醛	0.482	0.427	0.558	0.844	0.860	0.869
甲基乙基酮	0.438	0.397	0.609	0.889	0.919	0.844
丙醛	0.617	0.622	0.804	0.984	0.970	0.948
甲醛	0.065	0.028	-0.111	0.156	0.204	0.244
丙烯腈	0.321	0.322	0.694	0.545	0.511	0.487
苯	0.365	0.346	0.673	0.760	0.785	0.764
1,3-丁二烯	0.421	0.457	0.807	0.852	0.857	0.855
异戊二烯	0.266	0.318	0.755	0.624	0.609	0.588

附录 3.4 深度抽吸条件下吸烟机测量的国际牌号、加拿大牌号和澳大利亚牌号低于 100ng/mg 烟碱的有害物质测量值的相关性

续表

成分	Tpm	水	一氧化碳	乙醛	丙酮	丙烯醛
苯乙烯	0.429	0.372	0.501	0.723	0.723	0.742
甲苯	0.359	0.335	0.610	0.719	0.719	0.683
氨	0.410	0.349	0.115	0.074	0.008	0.050
总氰化氢	0.567	0.597	0.852	0.672	0.627	0.620
氰化氢（滤嘴）	0.517	0.549	0.819	0.646	0.606	0.594
氰化氢（卷烟纸）	0.647	0.669	0.882	0.693	0.641	0.644
一氧化氮	0.364	0.403	0.604	0.413	0.381	0.288
氮氧化物	0.392	0.429	0.615	0.429	0.395	0.310
1-萘胺	0.292	0.196	-0.105	-0.037	-0.065	-0.117
2-萘胺	0.330	0.269	0.020	0.140	0.127	0.069
3-氨基联苯	0.393	0.304	0.101	0.280	0.267	0.196
4-氨基联苯	0.420	0.353	0.242	0.411	0.398	0.319
苯并[a]芘	0.032	-0.067	-0.369	-0.272	-0.320	-0.208
邻苯二酚	-0.088	-0.218	-0.431	-0.142	-0.156	-0.144
间,对甲基苯酚	0.030	-0.137	-0.481	-0.260	-0.282	-0.291
邻甲基苯酚	-0.049	-0.225	-0.539	-0.325	-0.334	-0.359
氢醌	0.153	0.008	-0.245	0.115	0.078	0.113
苯酚	-0.129	-0.309	-0.561	-0.388	-0.413	-0.419

续表

成分	Tpm	水	一氧化碳	乙醛	丙酮	丙烯醛
间苯二酚	0.258	0.203	0.220	0.338	0.297	0.366
吡啶	0.462	0.338	0.263	0.424	0.416	0.422
喹啉	-0.015	-0.196	-0.534	-0.446	-0.480	-0.503
NNN	0.230	0.230	0.252	0.103	0.089	-0.014
NNK	0.209	0.222	0.214	0.010	0.005	-0.111
NAT	0.194	0.220	0.318	0.144	0.140	0.012
NAB	0.135	0.150	0.225	0.111	0.104	-0.030
汞	0.308	0.342	0.704	0.743	0.740	0.621
镉	0.110	0.072	0.130	0.090	0.112	0.029
铅	0.234	0.225	0.220	0.229	0.211	0.081
烟气的 pH	0.446	0.507	0.737	0.819	0.842	0.809

Tpm, 总粒相物

附录 3.4 深度抽吸条件下吸烟机测量的国际牌号、加拿大牌号和澳大利亚牌号低于 100ng/mg 烟碱的有害物质测量值的相关性

成分	丁醛	丁烯醛	甲基乙基酮	丙醛	甲醛	丙烯腈
焦油抽吸口数						
Tpm						
水						
一氧化碳						
乙醛						
丙酮						
丙烯醛						
丁醛	1.000					
丁烯醛	0.876	1.000				
甲基乙基酮	0.885	0.914	1.000			
丙醛	0.965	0.853	0.878	1.000		
甲醛	0.137	0.348	0.354	0.188	1.000	
丙烯腈	0.610	0.324	0.385	0.514	-0.369	1.000
苯	0.825	0.731	0.762	0.760	0.081	0.762
1,3-丁二烯	0.846	0.692	0.740	0.810	0.094	0.734
异戊二烯	0.657	0.408	0.441	0.559	-0.307	0.889
苯乙烯	0.810	0.831	0.773	0.746	0.245	0.472

续表

成分	丁醛	丁烯醛	甲基乙基酮	丙醛	甲醛	丙烯腈
甲苯	0.798	0.665	0.716	0.728	-0.042	0.763
氨	0.049	0.026	-0.093	0.078	-0.554	0.158
总氰化氢	0.695	0.436	0.400	0.655	-0.455	0.818
氰化氢（滤嘴）	0.678	0.407	0.388	0.632	-0.483	0.841
氰化氢（卷烟纸）	0.697	0.476	0.405	0.672	-0.372	0.729
一氧化氮	0.413	0.144	0.204	0.399	-0.662	0.662
氮氧化物	0.429	0.170	0.212	0.419	-0.651	0.661
1-萘胺	-0.052	0.036	-0.081	-0.012	-0.379	-0.141
2-萘胺	0.105	0.189	0.099	0.149	-0.387	-0.053
3-氨基联苯	0.234	0.314	0.294	0.268	-0.333	0.049
4-氨基联苯	0.377	0.403	0.397	0.388	-0.378	0.217
苯并[a]芘	-0.237	-0.164	-0.215	-0.197	0.340	-0.401
邻苯二酚	-0.159	0.010	0.072	-0.111	0.550	-0.581
间，对甲基苯酚	-0.257	-0.059	-0.140	-0.213	0.152	-0.587
邻甲基苯酚	-0.309	-0.091	-0.140	-0.289	0.207	-0.591
氢醌	0.103	0.242	0.298	0.148	0.602	-0.341
苯酚	-0.351	-0.173	-0.235	-0.364	0.089	-0.519

续表

成分	丁醛	丁烯醛	甲基乙基酮	丙醛	甲醛	丙烯腈
间苯二酚	0.329	0.222	0.277	0.346	0.246	0.103
吡啶	0.514	0.631	0.505	0.439	-0.055	0.373
喹啉	-0.418	-0.262	-0.322	-0.417	0.030	-0.450
NNN	0.076	-0.044	-0.047	0.069	-0.717	0.334
NNK	-0.030	-0.180	-0.111	0.013	-0.639	0.285
NAT	0.125	-0.045	-0.015	0.107	-0.714	0.416
NAB	0.088	-0.064	-0.004	0.071	-0.735	0.380
汞	0.758	0.518	0.653	0.710	-0.152	0.711
镉	0.161	0.115	0.150	0.118	-0.293	0.386
铅	0.205	0.058	0.205	0.254	-0.205	0.279
烟气的 pH	0.798	0.696	0.701	0.775	0.205	0.550
Tpm,总粒相物	·	·	·	·	·	·

续表

成分	苯	1,3-丁二烯	异戊二烯	苯乙烯	甲苯	氨
焦油油吸口数						
Tpm						
水						
一氧化碳						
乙醛						
丙酮						
丙烯醛						
丁醛						
丁烯醛						
甲基乙基酮						
丙醛						
甲醛						
丙烯腈						
苯	1.000					
1,3-丁二烯	0.874	1.000				
异戊二烯	0.737	0.845	1.000			
苯乙烯	0.800	0.635	0.439	1.000		

附录 3.4 深度抽吸条件下吸烟机测量的国际牌号、加拿大牌号和澳大利亚牌号低于 100ng/mg 烟碱的有害物质测量值的相关性

成分	苯	1,3-丁二烯	异戊二烯	苯乙烯	甲苯	氨
甲苯	0.931	0.741	0.669	0.849	1.000	·
氨	-0.029	-0.066	0.038	0.001	0.079	1.000
总氰化氢	0.628	0.683	0.811	0.451	0.630	0.394
氰化氢（滤嘴）	0.643	0.672	0.813	0.435	0.654	0.389
氰化氢（卷烟纸）	0.566	0.672	0.768	0.464	0.551	0.385
一氧化氮	0.381	0.363	0.586	0.164	0.468	0.513
氮氧化物	0.389	0.368	0.581	0.185	0.475	0.532
1-萘胺	-0.135	-0.262	-0.212	0.033	-0.009	0.670
2-萘胺	0.040	-0.091	-0.094	0.150	0.164	0.684
3-氨基联苯	0.159	0.069	0.020	0.255	0.252	0.657
4-氨基联苯	0.302	0.226	0.185	0.351	0.388	0.640
苯并[a]芘	-0.266	-0.401	-0.581	-0.034	-0.214	0.029
邻苯二酚	-0.266	-0.332	-0.640	-0.034	-0.241	-0.209
间,对甲基苯酚	-0.451	-0.515	-0.627	-0.170	-0.399	0.220
邻甲基苯酚	-0.445	-0.523	-0.621	-0.169	-0.401	0.087
氢醌	-0.022	-0.088	-0.452	0.233	0.006	-0.110
苯酚	-0.481	-0.541	-0.572	-0.252	-0.448	0.123

续表

成分	苯	1,3-丁二烯	异戊二烯	苯乙烯	甲苯	氨
间苯二酚	0.239	0.298	0.085	0.324	0.236	0.089
吡啶	0.534	0.333	0.317	0.768	0.620	0.338
喹啉	-0.507	-0.600	-0.562	-0.254	-0.423	0.195
NNN	0.042	0.062	0.317	-0.096	0.118	0.699
NNK	0.002	-0.051	0.204	-0.150	0.121	0.568
NAT	0.100	0.122	0.408	-0.083	0.170	0.586
NAB	0.087	0.062	0.354	-0.099	0.180	0.615
汞	0.691	0.691	0.682	0.561	0.725	-0.020
镉	0.321	0.032	0.148	0.372	0.493	0.328
铅	0.198	0.053	0.071	0.176	0.378	0.242
烟气 pH	0.714	0.881	0.686	0.576	0.568	-0.098
Tpm, 总粒相物	.	.	.	.	.	.

附录 3.4 深度抽吸条件下吸烟机测量的国际牌号、加拿大牌号和澳大利亚牌号低于 100ng/mg 烟碱的有害物质测量值的相关性

成分	总氰化氢	氰化氢（滤嘴）	氰化氢（卷烟纸）	一氧化氮	氮氧化物	1-萘胺
焦油抽吸口数						
Tpm	·	·	·	·	·	·
水	·	·	·	·	·	·
一氧化碳	·	·	·	·	·	·
乙醛	·	·	·	·	·	·
丙酮	·	·	·	·	·	·
丙烯醛	·	·	·	·	·	·
丁醛	·	·	·	·	·	·
丁烯醛	·	·	·	·	·	·
甲基乙基酮	·	·	·	·	·	·
丙醛	·	·	·	·	·	·
甲醛	·	·	·	·	·	·
丙烯腈	·	·	·	·	·	·
苯	·	·	·	·	·	·
1,3-丁二烯	·	·	·	·	·	·
异戊二烯	·	·	·	·	·	·
苯乙烯	·	·	·	·	·	·

续表

成分	总氰化氢	氰化氢（滤嘴）	氰化氢（卷烟纸）	一氧化氮	氮氧化物	1-萘胺
甲苯						
氨						
总氰化氢	1.000					
氰化氢（滤嘴）	0.993	1.000				
氰化氢（卷烟纸）	0.967	0.930	1.000			
一氧化氮	0.813	0.835	0.728	1.000		
氮氧化物	0.825	0.844	0.745	0.998	1.000	
1-萘胺	0.102	0.095	0.112	0.230	0.247	1.000
2-萘胺	0.196	0.200	0.177	0.337	0.354	0.931
3-氨基联苯	0.239	0.238	0.229	0.386	0.397	0.804
4-氨基联苯	0.387	0.392	0.360	0.484	0.494	0.741
苯并[a]芘	-0.409	-0.426	-0.354	-0.482	-0.471	0.084
邻苯二酚	-0.609	-0.623	-0.549	-0.598	-0.600	0.129
间,对甲基苯酚	-0.431	-0.457	-0.356	-0.354	-0.343	0.583
邻甲基苯酚	-0.518	-0.543	-0.441	-0.424	-0.422	0.470
氢醌	-0.416	-0.437	-0.350	-0.511	-0.502	0.112
苯酚	-0.471	-0.489	-0.409	-0.380	-0.379	0.445

附录 3.4 深度抽吸条件下吸烟机测量的国际牌号、加拿大牌号和澳大利亚牌号低于 100ng/mg 烟碱的有害物质测量值的相关性

续表

成分	总氰化氢	氰化氢（滤嘴）	氰化氢（卷烟纸）	一氧化氮	氮氧化物	1-萘胺
间苯二酚	0.135	0.118	0.163	-0.128	-0.127	-0.010
吡啶	0.400	0.385	0.413	0.246	0.266	0.375
喹啉	-0.419	-0.437	-0.360	-0.316	-0.316	0.520
NNN	0.507	0.520	0.456	0.723	0.716	0.518
NNK	0.403	0.434	0.317	0.731	0.721	0.363
NAT	0.563	0.584	0.492	0.788	0.779	0.422
NAB	0.504	0.538	0.407	0.806	0.793	0.480
汞	0.699	0.716	0.628	0.654	0.651	-0.103
镉	0.298	0.334	0.209	0.504	0.504	0.178
铅	0.271	0.303	0.192	0.587	0.581	0.244
烟气 pH	0.584	0.566	0.595	0.234	0.247	-0.164
Tpm,总粒相物	·	·	·	·	·	·

续表

成分	2-萘胺	3-氨基联苯	4-氨基联苯	苯并[a]芘	邻苯二酚	间,对甲基苯酚
焦油抽吸口数						
Tpm	·	·	·	·	·	
水	·	·	·	·	·	
一氧化碳						
乙醛	·	·	·	·	·	
丙酮	·	·		·	·	
丙烯醛	·	·	·	·	·	
丁醛		·				
丁烯醛	·	·	·	·	·	
甲基乙基酮	·	·	·	·	·	
丙醛	·	·		·	·	
甲醛						
丙烯腈	·	·	·	·	·	
苯	·	·	·	·	·	
1,3-丁二烯	·	·	·	·	·	
异戊二烯						
苯乙烯						

附录 3.4　深度抽吸条件下吸烟机测量的国际牌号、加拿大牌号和澳大利亚牌号低于 100ng/mg 烟碱的有害物质测量值的相关性

续表

成分	2-萘胺	3-氨基联苯	4-氨基联苯	苯并[a]芘	邻苯二酚	间,对甲基苯酚
甲苯						
氨						
总氰化氢						
氰化氢（滤嘴）						
氰化氢（卷烟纸）						
一氧化氮						
氮氧化物						
1-萘胺						
2-萘胺	1.000					
3-氨基联苯	0.897	1.000				
4-氨基联苯	0.865	0.971	1.000			
苯并[a]芘	-0.067	-0.125	-0.239	1.000		
邻苯二酚	0.034	0.058	-0.069	0.702	1.000	
间,对甲基苯酚	0.403	0.374	0.229	0.508	0.680	1.000
邻甲基苯酚	0.277	0.284	0.129	0.500	0.724	0.957
氢醌	0.044	0.155	0.069	0.650	0.886	0.578
苯酚	0.231	0.236	0.099	0.485	0.659	0.933

续表

成分	2- 萘胺	3- 氨基联苯	4- 氨基联苯	苯并 [a] 芘	邻苯二酚	间，对甲基苯酚
间苯二酚	-0.058	0.045	0.041	0.372	0.353	0.181
吡啶	0.417	0.528	0.562	-0.082	-0.098	0.113
喹啉	0.281	0.232	0.090	0.487	0.570	0.869
NNN	0.556	0.576	0.608	-0.476	-0.491	-0.038
NNK	0.415	0.390	0.393	-0.393	-0.464	-0.129
NAT	0.469	0.491	0.547	-0.573	-0.582	-0.147
NAB	0.549	0.598	0.641	-0.532	-0.498	-0.103
汞	0.060	0.232	0.393	-0.480	-0.389	-0.468
镉	0.260	0.297	0.350	-0.156	-0.338	-0.258
铅	0.328	0.369	0.388	-0.107	-0.036	-0.084
烟气 pH	-0.009	0.115	0.268	-0.412	-0.322	-0.409
Tpm, 总粒相物				.	.	.

附录 3.4　深度抽吸条件下吸烟机测量的国际牌号、加拿大牌号和澳大利亚牌号低于 100ng/mg 烟碱的有害物质测量值的相关性

成分	邻甲基苯酚	氢醌	苯酚	间苯二酚	吡啶	喹啉	NNN	NNK	NAT	NAB
焦油抽吸口数										
Tpm										
水										
一氧化碳										
乙醛										
丙酮										
丙烯醛										
丁醛										
丁烯醛										
甲基乙基酮										
丙醛										
甲醛										
丙烯腈										
苯										
1,3-丁二烯										
异戊二烯										
苯乙烯										

续表

成分	邻甲基苯酚	氢醌	苯酚	间苯二酚	吡啶	喹啉	NNN	NNK	NAT	NAB
甲苯										
氨										
总氰化氢										
氰化氢（滤嘴）										
氰化氢（卷烟纸）										
一氧化氮										
氮氧化物										
1-萘胺										
2-萘胺										
3-氨基联苯										
4-氨基联苯										
苯并[a]芘										
邻苯二酚										
间,对甲基苯酚										
邻甲基苯酚	1.000									
氢醌	0.607	1.000								
苯酚	0.967	0.542	1.000							

附录 3.4　深度抽吸条件下吸烟机测量的国际牌号、加拿大牌号和澳大利亚牌号低于 100ng/mg 烟碱的有害物质测量值的相关性

成分	邻甲基苯酚	氢醌	苯酚	间苯二酚	吡啶	喹啉	NNN	NNK	NAT	NAB
间苯二酚	0.162	0.458	0.131	1.000						
吡啶	0.138	0.149	0.083	0.143	1.000					
喹啉	0.908	0.475	0.916	0.073	0.158	1.000				
NNN	-0.110	-0.505	-0.079	-0.138	0.229	-0.003	1.000			
NNK	-0.176	-0.514	-0.190	-0.227	0.136	-0.060	0.853	1.000		
NAT	-0.220	-0.594	-0.184	-0.175	0.187	-0.111	0.971	0.864	1.000	
NAB	-0.169	-0.498	-0.129	-0.233	0.208	-0.066	0.917	0.831	0.939	1.000
汞	-0.496	-0.178	-0.496	0.082	0.307	-0.521	0.228	0.183	0.350	0.370
镉	-0.235	-0.215	-0.245	-0.176	0.434	-0.111	0.347	0.401	0.356	0.404
铅	-0.102	0.008	-0.158	-0.122	0.160	-0.021	0.274	0.443	0.318	0.445
烟气 pH	-0.463	-0.092	-0.494	0.255	0.275	-0.548	0.049	-0.140	0.119	0.033
Tpm, 总粒相物										

续表

成分	汞	镉	铅	烟气 pH	甲基乙基酮	铬	镍	砷	硒
焦油抽吸口数									
Tpm									
水									
一氧化碳									
乙醛									
丙酮									
丙烯醛									
丁醛									
丁烯醛									
甲基乙基酮									
丙醛									
甲醛									
丙烯腈									
苯									
1,3-丁二烯									
异戊二烯									
苯乙烯									

附录 3.4 深度抽吸条件下吸烟机测量的国际牌号、加拿大牌号和澳大利亚牌号低于 100ng/mg 烟碱的有害物质测量值的相关性

成分	甲苯	汞	镉	铅	烟气pH	甲基乙基酮	铬	镍	砷	硒
甲苯										
氨										
总氰化氢										
氰化氢（滤嘴）										
氰化氢（卷烟纸）										
一氧化氮										
氮氧化物										
1-萘胺										
2-萘胺										
3-氨基联苯										
4-氨基联苯										
苯并[a]芘										
邻苯二酚										
间,对甲基苯酚										
邻甲基苯酚										
氢醌										
苯酚										

续表

成分	汞	镉	铅	烟气pH	甲基乙基酮	铬	镍	砷	硒
同苯二酚									
吡啶									
喹啉									
NNN									
NNK									
NAT									
NAB									
汞	1.000								
镉	0.449	1.000							
铅	0.506	0.592	1.000						
烟气pH	0.662	-0.056	-0.008	1.000					
Tpm,总粒相物									

表 A4.8　修改的深度抽吸模式下，每毫克烟碱中 NNN 含量 <100 ng（Health Canada, 2004）的卷烟品牌，其每毫克烟碱中所有成分之间的相关系数

成分	一氧化碳	氨	1-萘胺	2-萘胺	3-氨基联苯	4-氨基联苯
一氧化碳	1.000					
氨	0.625	1.000				
1-萘胺	-0.338	-0.594	1.000			
2-萘胺	0.859	0.804	-0.514	1.000		
3-氨基联苯	0.307	-0.155	0.550	0.047	1.000	
4-氨基联苯	0.877	0.790	-0.500	0.985	0.154	1.000
苯并[a]芘	0.810	0.847	-0.613	0.959	-0.155	0.926
甲醛	0.810	0.817	-0.516	0.878	-0.071	0.852
乙醛	0.949	0.645	-0.362	0.858	0.239	0.879
丙酮	0.935	0.477	-0.119	0.756	0.452	0.780
丙烯醛	0.848	0.306	0.065	0.568	0.624	0.607
丙醛	0.944	0.579	-0.257	0.816	0.397	0.853
丁烯醛	0.863	0.578	-0.179	0.817	0.250	0.807
丁醛	0.959	0.620	-0.267	0.871	0.307	0.883
氰化氢	0.945	0.746	-0.441	0.929	0.202	0.951
汞	0.674	0.161	0.133	0.341	0.466	0.405
铅	0.892	0.657	-0.535	0.919	0.728	0.927
镉	0.249	-0.178	0.502	0.015	0.603	0.035

续表

成分	一氧化碳	氨	1-萘胺	2-萘胺	3-氨基联苯	4-氨基联苯
一氧化氮	0.890	0.552	-0.374	0.838	0.264	0.864
氮氧化物	0.902	0.585	-0.404	0.868	0.232	0.886
NNN	0.447	0.480	-0.438	0.588	0.138	0.634
NNK	0.744	0.666	-0.573	0.902	0.078	0.904
N′-亚硝基假木贼碱	0.573	0.500	-0.433	0.715	0.152	0.734
N′-亚硝基新烟草碱	0.737	0.678	-0.483	0.854	0.151	0.870
吡啶	0.830	0.712	-0.286	0.814	0.310	0.839
喹啉	0.205	0.538	-0.362	0.527	-0.463	0.453
氢醌	0.733	0.577	-0.187	0.772	0.103	0.715
间苯二酚	0.765	0.724	-0.531	0.885	-0.107	0.861
邻苯二酚	0.619	0.606	-0.388	0.766	-0.211	0.685
苯酚	-0.389	-0.033	0.130	-0.114	-0.419	-0.199
间,对甲基苯酚	-0.055	0.282	-0.144	0.271	-0.457	0.184
邻甲基苯酚	-0.273	0.079	0.046	0.025	-0.442	-0.063
1,3-丁二烯	0.949	0.652	-0.323	0.796	0.266	0.815
异戊二烯	0.918	0.785	-0.483	0.915	0.090	0.926
丙烯腈	0.938	0.725	-0.489	0.864	0.090	0.901
苯	0.972	0.719	-0.401	0.892	0.253	0.901
甲苯	0.864	0.711	-0.389	0.872	0.206	0.893
苯乙烯	0.045	-0.067	0.012	-0.051	0.280	-0.080
抽吸总数	0.847	0.453	-0.202	0.777	-0.204	0.790

续表

成分	苯并[a]芘	甲醛	乙醛	丙酮	丙烯醛	丙醛
一氧化碳						
氨						
1-萘胺						
2-萘胺						
3-氨基联苯						
4-氨基联苯						
苯并[a]芘	1.000					
甲醛	0.912	1.000				
乙醛	0.810	0.844	1.000			
丙酮	0.675	0.740	0.944	1.000		
丙烯醛	0.474	0.568	0.792	0.912	1.000	
丙醛	0.746	0.788	0.972	0.974	0.860	1.000
丁烯醛	0.762	0.844	0.887	0.894	0.801	0.886
丁醛	0.805	0.828	0.976	0.965	0.843	0.974
氟化氢	0.885	0.844	0.932	0.855	0.720	0.910
汞	0.315	0.419	0.675	0.759	0.797	0.708
铅	0.911	0.852	0.879	0.888	0.885	0.896
镉	-0.081	-0.008	0.067	0.313	0.526	0.195
一氧化氮	0.766	0.638	0.849	0.800	0.670	0.835
氮氧化物	0.801	0.679	0.860	0.805	0.671	0.841

续表

成分	苯并[a]芘	甲醛	乙醛	丙酮	丙烯醛	丙醛
NNN	0.464	0.347	0.454	0.322	0.128	0.424
NNK	0.817	0.710	0.707	0.609	0.426	0.690
N'-亚硝基假木贼碱	0.596	0.476	0.520	0.449	0.258	0.523
N'-亚硝基新烟草碱	0.770	0.668	0.756	0.689	0.455	0.749
吡啶	0.746	0.771	0.817	0.803	0.682	0.830
喹啉	0.621	0.516	0.259	0.099	-0.051	0.182
氢醌	0.757	0.773	0.713	0.727	0.649	0.691
间苯二酚	0.925	0.835	0.781	0.672	0.493	0.723
邻苯二酚	0.811	0.750	0.607	0.542	0.418	0.554
苯酚	-0.025	-0.073	-0.348	-0.384	-0.379	-0.372
间,对甲基苯酚	0.356	0.261	-0.002	-0.107	-0.203	-0.054
邻甲基苯酚	0.119	0.062	-0.221	-0.282	-0.317	-0.254
1,3-丁二烯	0.765	0.827	0.953	0.925	0.836	0.935
异戊二烯	0.905	0.884	0.954	0.848	0.689	0.900
丙烯腈	0.811	0.806	0.924	0.855	0.729	0.914
苯	0.859	0.867	0.957	0.915	0.779	0.934
甲苯	0.802	0.785	0.871	0.834	0.749	0.871
苯乙烯	0.017	0.053	-0.011	-0.021	-0.118	-0.043
抽吸口数	0.695	0.679	0.851	0.896	0.847	0.885

续表

成分	丁烯醛	丁醛	氰化氢	汞	铅	镉
一氧化碳						
氨						
1-萘胺						
2-萘胺						
3-氨基联苯						
4-氨基联苯						
苯并[a]芘						
甲醛						
乙醛						
丙酮						
丙烯醛						
丙醛	1.000					
丁烯醛	0.944					
丁醛	0.855	1.000				
氰化氢	0.637	0.936	1.000			
汞	0.906	0.683	0.584	1.000		
铅	0.315	0.920	0.951	0.868	1.000	
镉	0.734	0.217	0.133	0.431	0.523	1.000
一氧化氮	0.757	0.863	0.886	0.536	0.878	0.199
氮氧化物		0.876	0.903	0.521	0.891	0.193

续表

成分	丁烯醛	丁醛	氰化氢	汞	铅	镉
NNN	0.274	0.411	0.541	-0.030	0.706	-0.213
NNK	0.643	0.717	0.818	0.157	0.894	0.040
N′-亚硝基假木贼碱	0.437	0.532	0.638	0.057	0.822	0.086
N′-亚硝基新烟草碱	0.676	0.761	0.814	0.342	0.918	0.078
吡啶	0.814	0.859	0.866	0.520	0.895	0.290
喹啉	0.407	0.286	0.368	-0.109	0.014	-0.287
氢醌	0.792	0.765	0.730	0.357	0.673	0.188
间苯二酚	0.734	0.775	0.814	0.347	0.679	-0.110
邻苯二酚	0.700	0.648	0.646	0.171	0.252	-0.055
苯酚	-0.053	-0.280	-0.280	-0.382	-0.514	-0.145
间,对甲基苯酚	0.226	0.051	0.087	-0.254	-0.295	-0.234
邻甲基苯酚	0.061	-0.158	-0.143	-0.316	-0.402	-0.152
1,3-丁二烯	0.850	0.936	0.889	0.703	0.780	0.132
异戊二烯	0.852	0.933	0.954	0.598	0.885	-0.013
丙烯腈	0.799	0.907	0.940	0.544	0.859	0.080
苯	0.884	0.962	0.949	0.634	0.921	0.197
甲苯	0.822	0.884	0.887	0.508	0.775	0.165
苯乙烯	0.005	-0.004	0.003	0.059	-0.049	0.064
抽吸口数	0.828	0.890	0.793	0.604	0.795	0.278

续表

成分	一氧化氮	氨氧化物	NNN	NNK	N'-亚硝基新烟草碱	N'-亚硝基假木贼碱
一氧化碳						
氨						
1-萘胺						
2-萘胺						
3-氨基联苯						
4-氨基联苯						
苯并[a]芘						
甲醛						
乙醛						
丙酮						
丙烯醛						
丙醛						
丁烯醛						
丁醛						
氰化氢						
汞						
铅						
镉						
一氧化氮	1.000					
氨氧化物	0.997	1.000				

续表

成分	一氧化氮	氮氧化物	NNN	NNK	N'-亚硝基假木贼碱	N'-亚硝基新烟草碱
NNN	0.585	0.588	1.000			
NNK	0.804	0.831	0.774	1.000		
N'-亚硝基假木贼碱	0.723	0.737	0.856	0.918	1.000	
N'-亚硝基新烟草碱	0.844	0.856	0.828	0.923	0.917	1.000
吡啶	0.782	0.801	0.498	0.743	0.637	0.806
喹啉	0.196	0.233	0.204	0.384	0.190	0.324
氢醌	0.549	0.590	0.187	0.593	0.316	0.477
间苯二酚	0.700	0.726	0.405	0.716	0.476	0.639
邻苯二酚	0.482	0.523	0.230	0.590	0.305	0.443
苯酚	-0.396	-0.374	-0.262	-0.204	-0.291	-0.247
间, 对甲基苯酚	-0.042	-0.013	0.011	0.152	0.005	0.100
邻甲基苯酚	-0.268	-0.243	-0.194	-0.079	-0.190	-0.111
1,3-丁二烯	0.763	0.778	0.376	0.627	0.429	0.652
异戊二烯	0.837	0.856	0.478	0.736	0.526	0.753
丙烯腈	0.847	0.860	0.606	0.800	0.650	0.788
苯	0.881	0.898	0.462	0.762	0.597	0.790
甲苯	0.781	0.801	0.457	0.767	0.563	0.720
苯乙烯	0.062	0.062	-0.006	-0.041	0.064	0.069
抽吸口数	0.762	0.774	0.286	0.654	0.456	0.627

续表

成分	吡啶	喹啉	氢醌	间苯二酚	邻苯二酚	苯酚
一氧化碳						
氨						
1-萘胺						
2-萘胺						
3-氨基联苯						
4-氨基联苯						
苯并[a]芘						
甲醛						
乙醛						
丙酮						
丙烯醛						
丙醛						
丁烯醛						
丁醛						
氰化氢						
汞						
铅						
镉						
一氧化氮						
氮氧化物						

续表

成分	吡啶	喹啉	氢醌	间苯二酚	邻苯二酚	苯酚
NNN						
NNK						
N'-亚硝基假木贼碱						
N'-亚硝基新烟草碱						
吡啶	1.000					
喹啉	0.236	1.000				
氢醌	0.667	0.456	1.000			
间苯二酚	0.645	0.614	0.744	1.000		
邻苯二酚	0.476	0.771	0.843	0.852	1.000	
苯酚	-0.320	0.727	0.055	0.033	0.372	1.000
间,对甲基苯酚	-0.031	0.927	0.293	0.383	0.644	0.912
邻甲基苯酚	-0.200	0.811	0.150	0.144	0.459	0.983
1,3-丁二烯	0.779	0.218	0.731	0.744	0.618	-0.341
异戊二烯	0.820	0.421	0.725	0.857	0.683	-0.236
丙烯腈	0.829	0.245	0.655	0.763	0.587	-0.380
苯	0.882	0.265	0.730	0.790	0.626	-0.351
甲苯	0.851	0.307	0.765	0.750	0.623	-0.243
苯乙烯	-0.025	-0.050	-0.143	-0.039	-0.060	-0.108
抽吸口数	0.746	0.196	0.727	0.694	0.592	-0.260

附录 3.4 深度抽吸条件下吸烟机测量的国际牌号、加拿大牌号和澳大利亚牌号低于 100ng/mg 烟碱的有害物质测量值的相关性

成分	间,对甲基苯酚	邻甲基苯酚	1,3-丁二烯	异戊二烯	丙烯腈	苯	甲苯	苯乙烯	抽吸口数
一氧化碳									
氨									
1-萘胺									
2-萘胺									
3-氨基联苯									
4-氨基联苯									
苯并[a]芘									
甲醛									
乙醛									
丙酮									
丙烯醛									
丙醛									
丁烯醛									
丁醛									
氧化氢									
汞									
铅									
镉									
一氧化氮									
氮氧化物									

续表

成分	间，对甲基苯酚	邻甲基苯酚	1,3-丁二烯	异戊二烯	丙烯腈	苯	甲苯	苯乙烯	抽吸口数
NNN									
NNK									
N'-亚硝基假木贼碱									
N'-亚硝基新烟草碱									
吡啶哌啶									
氢醌									
间苯二酚									
邻苯二酚									
苯酚									
间，对甲基苯酚	1.000								
邻甲基苯酚	0.956	1.000							
1,3-丁二烯	-0.034	-0.239	1.000						
异戊二烯	0.132	-0.104	0.930	1.000					
丙烯腈	-0.031	-0.271	0.919	0.921	1.000				
苯	-0.004	-0.225	0.944	0.952	0.941	1.000			
甲苯	0.061	-0.131	0.856	0.884	0.866	0.881	1.000		
苯乙烯	-0.064	-0.086	-0.035	-0.034	0.002	0.063	-0.395	1.000	
抽吸口数	0.005	-0.163	0.821	0.796	0.763	0.833	0.890	-0.279	1.000

注：NNK，4-（N-甲基亚硝胺基）-1-（3-吡啶基）-1-丁酮；NNN，N'-亚硝基降烟碱。

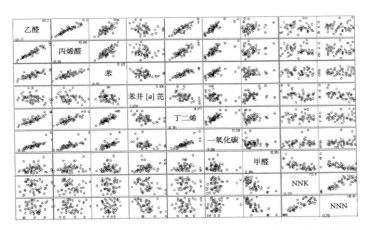

图 A4.1　相关系数散点分布图：国际品牌，修改的深度抽吸模式

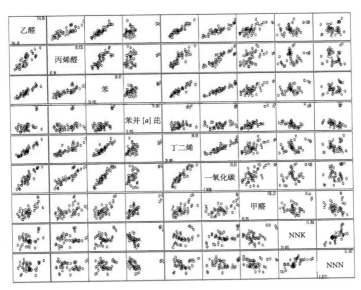

图 A4.2　相关系数散点分布图：加拿大数据（NNN 受限），修改的深度抽吸模式

NNN，N'- 亚硝基降烟碱

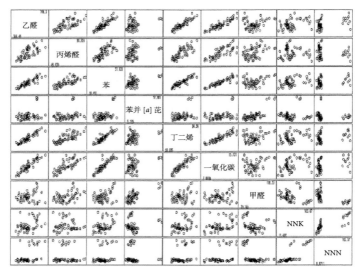

图 A4.3　相关系数散点分布图：加拿大数据（全部），修改的深度抽吸模式

附录 3.5　各牌号卷烟中选择的有害物质释放量的变化

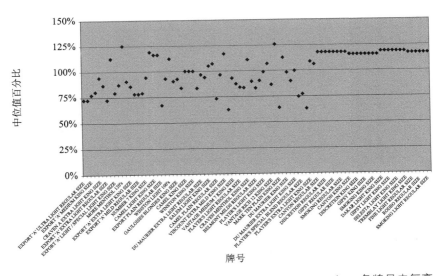

图 A5.1　根据给加拿大卫生部的报告（Health Canada，2004），各牌号中每毫克烟碱所含一氧化碳的释放量对中位值的百分比

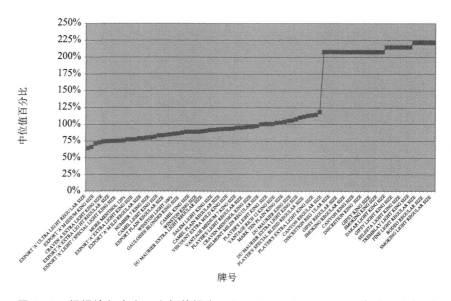

图 A5.2　根据给加拿大卫生部的报告（Health Canada，2004），各牌号中每毫克烟碱所含苯并 [a] 芘的释放量对中位值的百分比

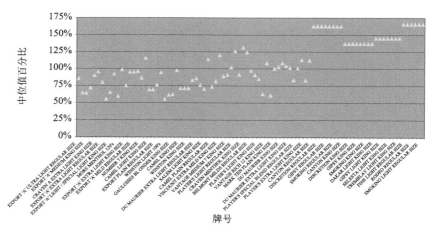

图 A5.3　根据给加拿大卫生部的报告（Health Canada，2004），各牌号中每毫克烟碱所含甲醛的释放量对中位值的百分比

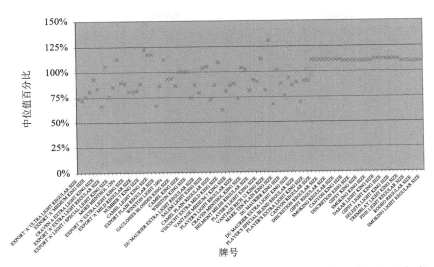

图 A5.4　根据给加拿大卫生部的报告（Health Canada，2004），各牌号中每毫克烟碱所含乙醛的释放量对中位值的百分比

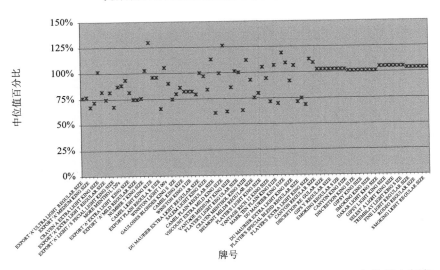

图 A5.5　根据给加拿大卫生部的报告（Health Canada，2004），各牌号中每毫克烟碱所含丙烯醛的释放量对中位值的百分比

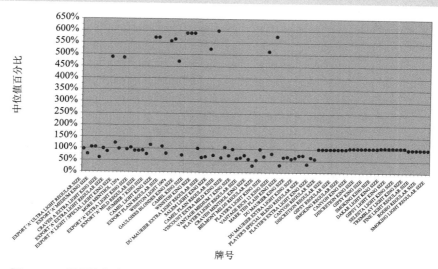

图 A5.6　根据给加拿大卫生部的报告（Health Canada，2004），各牌号中每毫克烟碱所含 NNN 的释放量对中位值的百分比

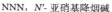

NNN，N′- 亚硝基降烟碱

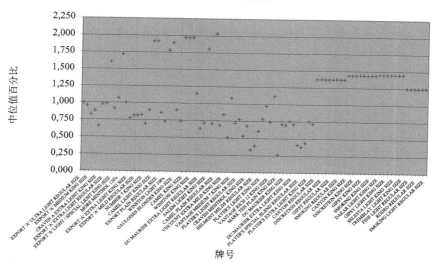

图 A5.7　根据给加拿大卫生部的报告（Health Canada，2004），各牌号中每毫克烟碱所含 NNK 的释放量对中位值的百分比

NNK, 4-（N- 甲基亚硝胺基）-1-（3- 吡啶基）-1- 丁酮

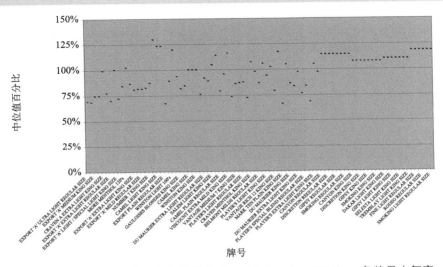

图 A5.8　根据给加拿大卫生部的报告（Health Canada，2004），各牌号中每毫克烟碱所含 1,3- 丁二烯的释放量对中位值的百分比

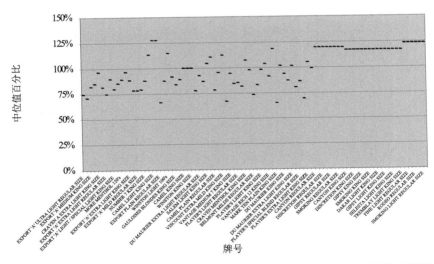

图 A5.9　根据给加拿大卫生部的报告（ Health Canada，2004），各牌号中每毫克烟碱所含苯的释放量对中位值的百分比

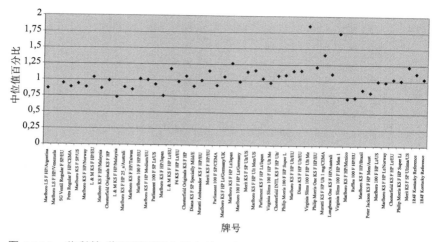

图 A5.10　菲利普·莫里斯国际公司各牌号卷烟中每毫克烟碱所含一氧化碳的释
放量对中位值的百分比

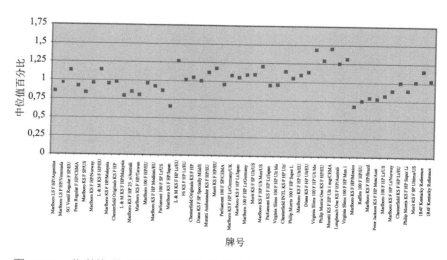

图 A5.11　菲利普·莫里斯国际公司各牌号卷烟中每毫克烟碱所含乙醛的释放量
对中位值的百分比

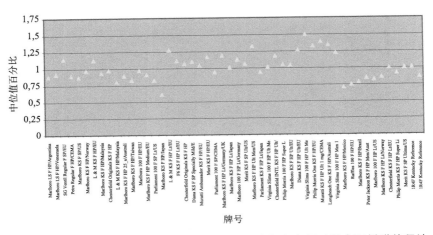

图 A5.12 菲利普·莫里斯国际公司各牌号卷烟中每毫克烟碱所含丙烯醛的释放量对中位值的百分比

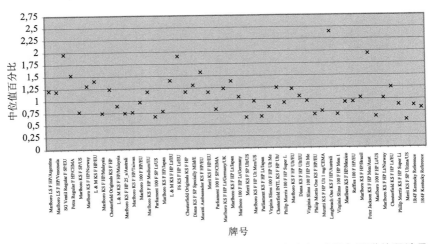

图 A5.13 菲利普·莫里斯国际公司各牌号卷烟中每毫克烟碱所含甲醛的释放量对中位值的百分比

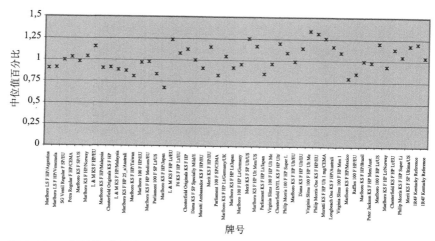

图 A5.14　菲利普·莫里斯国际公司各牌号卷烟中每毫克烟碱所含苯的释放量对
中位值的百分比

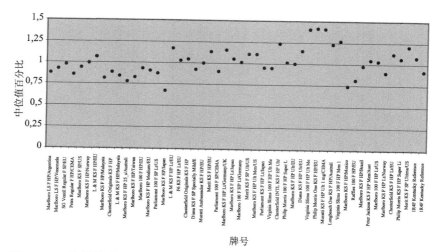

图 A5.15　菲利普·莫里斯国际公司各牌号卷烟中每毫克烟碱所含 1,3- 丁二烯的
释放量对中位值的百分比

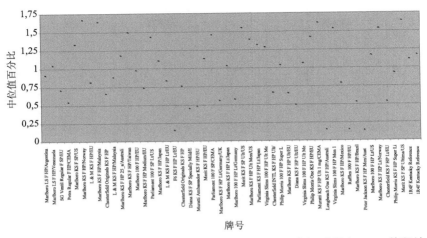

图 A5.16　菲利普·莫里斯国际公司各牌号卷烟中每毫克烟碱所含 NNN 的释放
量对中位值的百分比

NNN，N'-亚硝基降烟碱

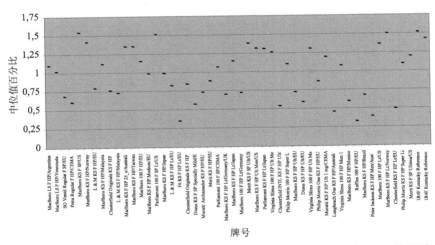

图 A5.17　菲利普·莫里斯国际公司各牌号卷烟中每毫克烟碱所含 NNK 的释放
量对中位值的百分比

NNK，4-（N-甲基亚硝胺基）-1-（3-吡啶基）-1-丁酮

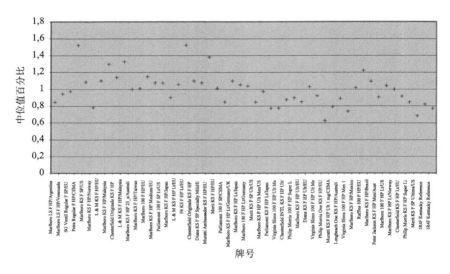

图 A5.18　菲利普·莫里斯国际公司各牌号卷烟中每毫克烟碱所含苯并 [*a*] 芘的
释放量对中位值的百分比

4. 关于卷烟吸烟机抽吸模式的建议

　　烟草制品特性描述是烟草制品管控的基本要素，也应是全面烟草控制计划必不可少的一个组成部分。烟草制品的毒性评估允许采用类似于其他消费产品的监管策略，包括告知监管机构烟草制品成分和释放物中有害物质的水平，以及在不需要测量人群暴露的情况下减少释放物中已知有害物质的水平。

　　WHO 建立的烟草制品管制科学咨询委员会于 2000 年 10 月举行了其首次会议。2003 年 11 月，WHO 总干事将其从一个咨询委员会改变为一个研究小组，它目前被称为 WHO 烟草制品管制研究小组（TobReg）。总干事向执行委员会报告了研究组的研究结果和建议，以引起成员国对 WHO 烟草制品管制努力的关注。TobReg 的目的是向 WHO 成员国提供科学全面的关于最有效的、有依据的手段的建议，填补烟草制品管制空白并建立烟草制品的协同管制框架。TobReg 的成员包括产品监管、烟草依赖治疗、烟草成分和释放物实验室分析及设计特性方面的国内和国际专家。

　　WHO 烟草制品管制科学咨询委员会 2003 年的一份标题为"关于 ISO/FTC 方法检测卷烟烟气释放量的健康声明的建议"的咨询报告，得出的结论是目前使用单一国际标准化组织（ISO）/ 美国联邦贸易委员会（FTC）吸烟机抽吸模式测量焦油、烟碱和一氧化碳的标准方法不为公共卫生领域接受。TobReg 调查了科学证据，发现现有 ISO 模式下吸烟机测量的焦油、烟碱和一氧化碳的释放量不能有效估算人体暴露或抽吸不同品牌卷烟引起的暴露。向吸烟者披露这种措施会造成危害，即误导他们认为转为抽吸具有较低吸烟机测量释放量的品牌可以降低暴露和风险，还会误导他们将这类产品作为戒烟替代产品。

ISO 技术委员会（TC）126 于 2006 年 5 月 22 ～ 23 日在美国拉斯维加斯举行会议，讨论了统一的烟草和烟草制品国际标准，认为误用吸烟机测量的烟气释放量会导致传递虚假信息给消费者。会议通过正式的决议，采取以下表述作为所有吸烟机抽吸方案的基本依据：

"没有吸烟机抽吸方案能代表所有人的吸烟行为；

"推荐的测试方法在不同吸烟机抽吸强度条件下测试产品以收集主流烟气；

"吸烟机抽吸测试可用于表征卷烟释放物，用于设计和监管目的，但向吸烟者披露吸烟机测试结果会导致对各品牌风险和暴露差异的误解；

"吸烟机测试的烟气释放数据可以作为产品风险评估的输入，但这些数据不能也不会成为人类暴露或风险的有效测量。将吸烟机测试的产品间的差异当作暴露或风险差异，是对 ISO 标准测试的误用。"

为了解决 WHO《烟草控制框架公约》第 9 条和第 10 条关于监管烟草制品成分、释放物和设计特征以及烟草制品披露的问题，缔约方 2006 年 2 月 6 ～ 17 日在瑞士日内瓦召开的第一次会议上建立了一个工作组，来起草实施这些条款的指南。2006 年 10 月 26 ～ 28 日在加拿大渥太华的第二次会议上，工作组请 WHO 烟草实验室网络（TobLabNet）评价当前 ISO 方法、加拿大深度抽吸方法、马萨诸塞方法（美国）和"补偿机制"的技术优势和缺点。TobLabNet 是一个由 WHO 无烟草行动组管理的政府、学术机构和独立实验室组成的全球网络，其于 2006 年 11 月 20 ～ 22 日在中国北京集会以完成这项任务。TobReg 认为讨论明显倾向于加拿大深度抽吸方法，该方法包括更密集的吸烟机抽吸方案，是评估释放物最有用的单一方案。然而，TobReg 和 TobLabNet 承认，需要多种抽吸方案来充分表征烟气释放。

2007 年 6 月 30 日至 7 月 6 日在泰国曼谷召开的第二次缔约方大会上，讨论了使用 ISO TC126 验证测量烟草制品成分的可能性，认为其存在很多问题，但具有潜在价值。ISO TC126 形成了工作组 10，这是一个 ISO 和 WHO 进行信息交流的论坛，包括的一般议题是关于 WHO 或缔约方商议设置产品监管的标准，特别议题是测试方法的设计和验证。ISO TC126 与 WHO 交流信息，以满足缔约方的需要，如果缔约方选择行使其制定烟草制品标准的能力，特别是在烟草测试和测量方法的设计和验证上。

基于现有的科学证据，TobReg 2007 年 7 月 25 ～ 27 日在加利福尼亚州斯坦福大学的会议上，通过 WHO《烟草控制框架公约》的秘书处负责人、无烟草行动组向缔约方负责准备第 9 条和第 10 条指南的工作组提出了以下建议：

TobReg 建议缔约方工作组会议完成其对吸烟机抽吸方案的决策，并建议选择加拿大深度抽吸方案。为协助缔约方加强烟草制品成分的管控，缔约方大会第一次会议上建立的第 9 条和第 10 条工作组（为履行第 9 条和第 10 条做准备），要求无烟草行动组与 TobLabNet 合作识别选择卷烟烟草中三组化学物质的方法以及主流烟气中释放的四组化学物质的方法。TobLabNet 准备进行强制方法验证，但需要缔约方会议做出终止吸烟机抽吸方案和任何与 ISO 交流需要的决定。

在这方面，TobReg 认为使用加拿大深度抽吸方案能反映深度抽吸条件下的释放量，能构成公共卫生预防策略的基础。例如，该方案测量的释放量可以用于设置产品性能标准。

本建议形成后，列入了第 9 条和第 10 条工作组在南非德班（2008 年 11 月 17 ～ 22 日）的第三次会议的进展报告，推荐使用两种抽吸方案，ISO 方案和深度抽吸方案，对报告中列出的测试方法进行验证。工作组确定了三组成分（氨、烟碱和保润剂）和四组释放物（烟草特有亚硝胺、苯并 [a] 芘、醛和挥发性有机化合物）进行方法验证。该报告建议缔约方会议通过会议秘书处请 WHO 无烟草行动组使用报告第 18 段列出的两种抽吸方案对本报告中确定为优先的卷烟成分和释放物测试和测量的分析方法进行验证，并定期通过会议秘书处向缔约方会议通告管制基础进展。第一个抽吸方案是 ISO 3308:2000，其定义了吸烟机例行分析的标准条件，抽吸容量为 35 mL，抽吸频率为 60 s 一次，不改变滤嘴通风。第二种方案类似，但抽吸容量为 55 mL，抽吸频率为 30 s 一次，使用聚酯薄膜胶带封闭所有滤嘴。

第三次缔约方会议审议了进展报告，并要求工作组继续其工作，一步一步阐述指南，并在第四次会议向缔约方会议提交审核第一套指南草案。此外，缔约方会议要求公约秘书处邀请 WHO 无烟草行动组进行以下工作：

（1）在缔约方第四次会议上提交一份报告用于审核，报告称：

a. 确定向监管部门报告成分、释放物和产品特性（包括电子系统）的最佳范例；

b. 确定向公众披露的最佳范例；

c. 收集法律问题信息，并分析与烟草制品信息披露相关的法律问题；

（2）5年之内使用报告第18段列出的两种抽吸方案对工作组（FCTC/COP/3/6）进展报告确定为优先的卷烟成分和释放物测试和测量的分析方法进行验证，并定期通过会议秘书处向缔约方会议通告进展。

5. 总体建议

5.1 减害与无烟烟草制品：管制建议和研究需求

5.1.1 主要建议

烟草减害的目的是减少不愿或无法戒断的持续烟草和烟碱使用者的发病率与死亡率，适当考虑人口水平的影响。卷烟烟气是最危险的烟碱摄入模式，而药物烟碱是危险最少的。市面上的无烟烟草制品中，低亚硝胺水平的产品，如瑞典鼻烟，被认为比卷烟的危害小，而非洲和亚洲使用的一些产品的风险接近吸烟的风险。瑞典男性长期使用无烟烟草可减少吸烟，这一发现尚未在其他广泛使用无烟烟草制品的国家得到证实。因此瑞典的经验可能不具有普遍性，还不适宜将其作为公众健康建议的基础。

建议进行研究以确定无烟烟草是否以及在何种条件下可以作为戒烟的辅助，以及将营销无烟烟草作为减害方法是否会鼓励开始吸烟和使用无烟烟草。使用无烟烟草会导致戒烟的证据尚不确定，尽管来自瑞典的调查数据表明其可能发生。无烟烟草的开始使用导致更高的燃烧型烟草制品的流行率的证据是不一致的。考虑到不同地理区域使用的无烟烟草制品组成、毒性和使用模式的广泛多样性，不应将无烟烟草制品视为一种单一的产品。

5.1.2　对公众健康政策的意义

所有的无烟烟草制品都应受独立的、科学的政府机构的全面监管控制。管控必须包括要求制造商披露成分。因为声称暴露减少可能会被解释为危害减少，因此前者必须基于风险降低的证据。

考虑到无烟烟草制品组成、使用模式、使用历史和使用者特征的广泛多样性，公众健康政策必须迎合不同人群。必须进行无烟烟草制品成分和释放物的持续测试和测量，以识别区域差异。应特别注意产品的特点和风险、人群使用烟草的模式、社会和文化差异以及市场信息，以评估特定无烟烟草制品的减害潜力。

5.1.3　对 WHO 方案的启示

无烟烟草制品的广泛使用及其使用特性的多样性，意味着WHO 应该支持基于个体和群体的特定产品研究。政府执行 WHO《烟草控制框架公约》需要更好地了解无烟烟草制品的效果和作用机制以及怎样调整以改变其效果。WHO 应该继续研究个体和群体水平由于使用无烟烟草制品带来的健康危害和风险。

5.2 "防火型"卷烟:降低引燃倾向的方法

5.2.1 主要建议

卷烟引起的火灾和相关的死亡是世界性的重大公共卫生问题。考虑到卷烟是住宅火灾的来源并会导致死亡,需要有公共卫生政策来随时间减少这种事件的数量。

减少引燃倾向的技术是可行的且已得以使用。引燃倾向性能标准已经建立,使得任由卷烟无人看管引起火灾的可能性显著减少。建议如美国国家标准与技术研究所等标准在成员国进行实施。

需要进行研究以确保降低引燃倾向的法规的有效性,且需要研究卷烟设计改变的效果来为未来政策提供基础。随着一些国家已采取降低引燃倾向的政策,其他国家也应该要求烟草制造商测试引燃能力,向有关部门报告并支付研究和执行的费用。

5.2.2 对公众健康政策的意义

有必要对降低引燃倾向技术减少卷烟引发的火灾造成的死亡、伤害和财产损失进行充分、适当的监测、报告和存档。这样的监测将增加公共保障,促成更有效的政策。

使用低引燃倾向产品会降低风险的宣称不应被允许,因为这可能会导致消费者误以为整体健康风险降低。公共教育计划应继续进行,以告知消费者烟草制品是致命的,吸烟者应戒断。该计划还应包括教育公众如何预防火灾的教育活动。

5.2.3 对 WHO 方案的启示

由于降低引燃倾向的技术是可行的，且是有益的，各成员国应基于美国国家标准与技术研究所的标准或任何其他已被证明有效的标准，要求降低卷烟引燃倾向。国家和国家的行政区应该保留基于以人口为基础的标准有效性数据来修改标准的权利。政策应要求烟草制造商委托独立实验室进行测试，独立实验室应得到 ISO 17025 标准"检测和校准实验室能力的通用要求"的认证。WHO 应该促进这些政策的实施，并支持开发更有效的手段来降低卷烟引发火灾的损失。

5.3 强制降低卷烟烟气中的有害物质：烟草特有亚硝胺和其他优先成分

5.3.1 主要建议

目前将吸烟机测定的每支卷烟焦油、烟碱和一氧化碳释放量作为衡量不同产品人体暴露或风险差异并进行披露会误导吸烟者，使其认为低释放量卷烟具有较低的风险，是戒烟的合理替代品。在管理中，用于评估使用不同产品的人体暴露和危害的科学能力尚不完整。与此同时，一个新的监管策略得以提出，该策略建立产品性能标准，要求披露释放量，并通过禁止不符合标准产品的销售来强制降低标准条件下产生的有害物质含量。这方法类似于大多数消费产品，要求产品中有害物质水平调控减少到部分良好制造工艺的水平。该建议的一个重要组成部分是禁止作为人体暴露或风险的测量措施向公众披露，并且禁止任何根据有害物质释放量的产品排名。

有害物质水平将以单位烟碱进行比较，着重标准条件下卷烟的毒性，避免其作为暴露的测量。有害物质的选择基于多重标准，其中最重要的是毒性证据。

提议的监管策略的主要目标是降低标准化条件下市面上卷烟的烟气有害成分水平。次要目标是防止烟气有害物质水平高于市场上现有品牌的卷烟进入市场。

5.3.2 对公众健康政策的意义

监管机构应该考虑采用新的监管策略，以避免由于披露每支卷烟中的焦油、烟碱和一氧化碳带来的继续伤害，并类似于其他消费产品中使用的监管有害物质水平的策略，作为降低烟气中有害物质的一种手段。建议监管策略的实施应该在卷烟制造商向监管机构提交有害物质水平年度报告时同步开始。之后应公布有害物质水平限量，高于该限量的品牌不能进行销售。最后，确定的水平会被执行，违反的品牌禁止上市。

基于标准化条件下释放量的任何管理方法都应该禁止使用测试结果、测试水平品牌排名或品牌已达到政府监管标准的声明作为暴露或风险指标。监管当局有义务确保测试结果不被用来误导公众，这种事情过去发生过。

5.3.3 对 WHO 方案的启示

考虑到现有方法允许披露单位烟支释放物测量值而引起的不良

影响，WHO 应该促使尽快使用推荐监管策略替代现有方法。强制降低卷烟烟气中单位烟碱有害物质水平会使得卷烟监管与其他产品中强制降低已知有害物质水平的监管方法相一致。WHO《烟草控制框架公约》在第 9 条和第 10 条确认了烟草制品管制的需要。

5.4　卷烟吸烟机抽吸模式

5.4.1　主要建议

第二次缔约方会议确认与国际标准化组织（ISO）技术委员会 126 合作建立吸烟机抽吸方案的 ISO 标准方案的潜在价值。对新方案的建议是基于科学共识，即需要新的、更深度的抽吸方案来更好地表征能反映卷烟使用模式强度上限的条件下卷烟烟气的组成。评估了几种吸烟机抽吸方案后，TobReg 建议 ISO 选择加拿大深度抽吸方案。

5.4.2　对公众健康政策的意义

对目前 ISO 方案产生的"每支卷烟释放量"的持续滥用对公众健康是有害的，并导致对不同产品产生的烟气的表征不充分。加拿大深度抽吸方案中，测试了更深度的抽吸条件，从而更好地表征卷烟烟气特性用于公共卫生。该方案产生的释放量可以用于，例如，建立产品的性能标准。

吸烟机抽吸测试可用于表征卷烟释放物，用于设计和监管目的；

然而，它不能也不会成为人体暴露或风险的有效测量。应注意保证措施不被消费者误读为暴露或风险的不同。

5.4.3 对 WHO 方案的启示

如框架公约第 9 条和第 10 条所述，准确表征烟草制品并向监管机构披露，对烟草制品的管控必不可少。允许更好地表征不同产品产生的烟气的吸烟机抽吸方案，对改善公共健康至关重要，可能导致释放物中已知有害物质水平的降低。WHO 必须继续支持 TobReg 标准化新的吸烟机抽吸方案的建议。